本書で学習する内容

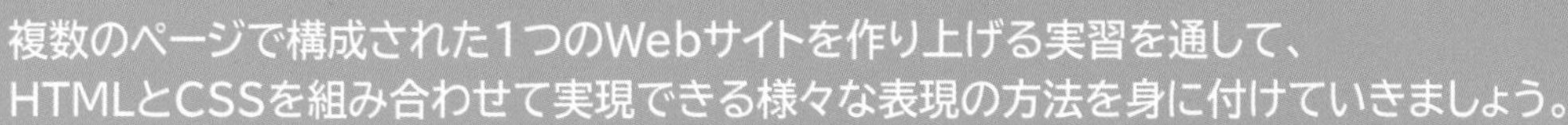

複数のページで構成された1つのWebサイトを作り上げる実習を通して、
HTMLとCSSを組み合わせて実現できる様々な表現の方法を身に付けていきましょう。

HTMLとCSSを組み合わせて表現力豊かなWebページを作成できる！

■トップページ

ロゴや写真などの画像を挿入しよう

ナビゲーションメニューを作ってリンクを設定しよう

テキストの表示位置を設定して装飾しよう

ポイントすると文字色が変わる！

見出しスタイルをデザインしよう

リストを作成しよう

■ サブページ

パンくずリストを作成しよう

画像を角丸や影付きに装飾しよう

Hiiragi Real Estate
トップ
物件選びのポイント
おすすめ物件
会社案内
お問い合わせ
トップ > 物件選びのポイント
物件選びのポイント
お部屋探しで内覧する際におさえておきたいポイントをまとめています。
日当たり
水まわり
セキュリティ
収納
コンセント
ベランダ
日当たり
冷暖房費に影響するため、非常に重要です。日当たりが悪いと湿気が多く、カビなどの原因になります。南向きは日の当たる時間が長いので、1日中部屋が明るく、冬でも温かく、人気のある方角です。東向きは朝方の日当たりが良いので、快適な気持ちで朝の身支度ができます。西向きは夕方の日当たりがよいので、冬でも夕方まで日差しが入るといったメリットがあります。ただし、窓の前に大きな建物があれば、日差しはさえぎられてしまうので注意しましょう。
このページの先頭へ
水まわり

行頭文字を画像にして
ページ内リンクを設定しよう

テキストと画像を
左右に分けて配置しよう

Hiiragi Real Estate
トップ
物件選びのポイント
おすすめ物件
会社案内
お問い合わせ
トップ > おすすめ物件
おすすめ物件
今月のおすすめ賃貸物件です。人気の賃貸物件をピックアップしています。あなたにぴったりのお部屋を見つけてください。
スカーレットタワー青島
新丸子駅より徒歩5分の2LDK。充実設備のリノベーション物件。室内から花火大会が望めます。
間取り
洋6
LDK9
ベランダ
玄
おすすめポイント
花火大会開催時に、窓から見える風景が再生されます。再生ボタンをクリックしてください。
0:00
今月のおすすめ物件
花火が見える
オール電化
ペット相談可
眺望良好10階以上
駅近徒歩5分以内

動画を挿入しよう

サイドメニューを作成しよう

背景にグラデーションを付けよう　　表を挿入してスタイルを設定しよう

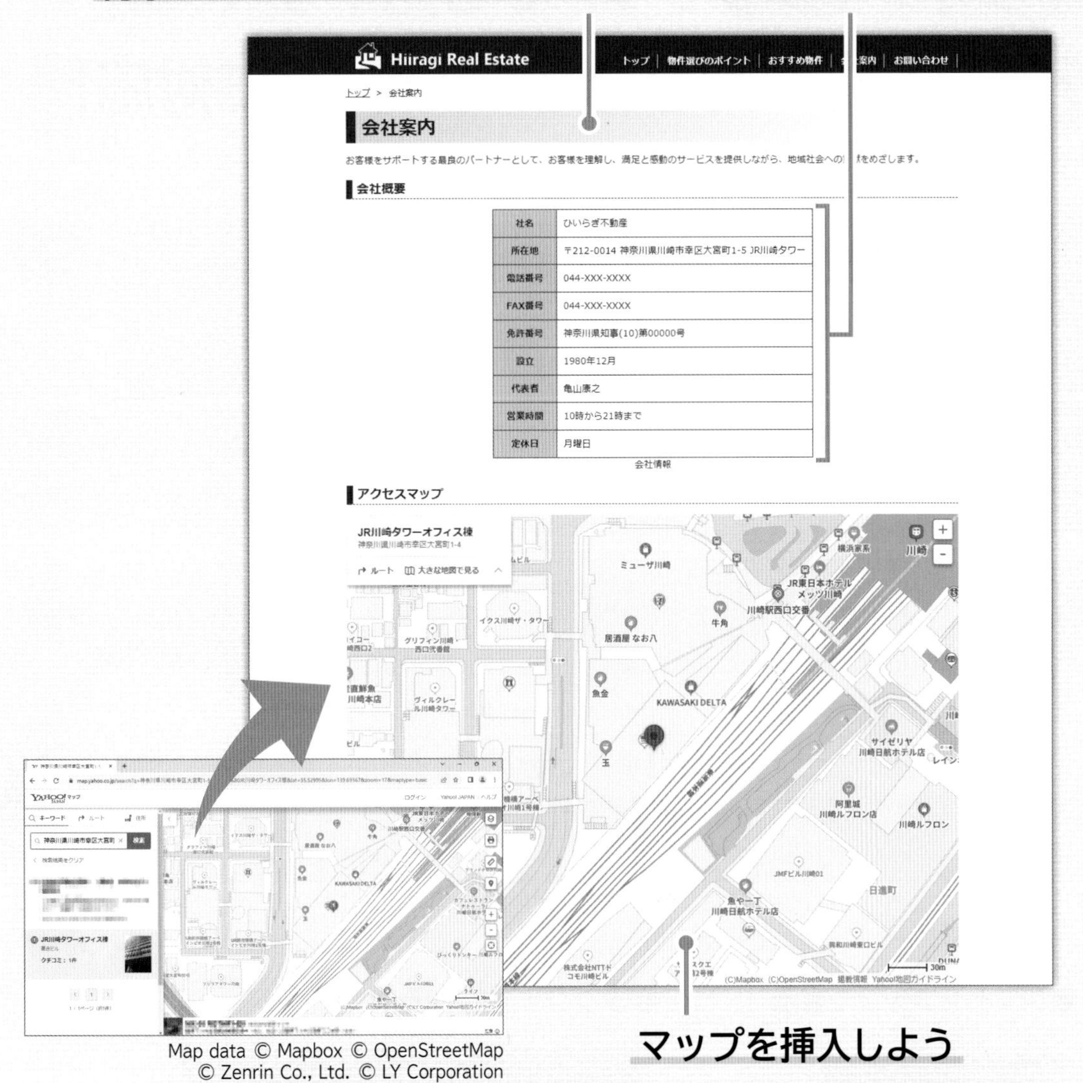

Map data © Mapbox © OpenStreetMap
© Zenrin Co., Ltd. © LY Corporation

マップを挿入しよう

Hiiragi Real Estate

トップ | 物件選びのポイント | おすすめ物件 | 会社案内 | お問い合わせ

トップ > お問い合わせ

お問い合わせ

フォームによるお問い合わせについては、多少お時間をいただく可能性がございます。お急ぎの場合は、お電話にてお問い合わせください。

お電話によるお問い合わせ

電話番号：0120-XXX-XXX
営業時間：10時から21時まで（毎週月曜日定休）

フォームによるお問い合わせ

以下のフォームにご記入の上、送信してください。

名前（必須）：
全角で入力してください。

フリガナ（任意）：
全角カタカナで入力してください。

電話番号（必須）：
ハイフンなしの半角数字で入力してください。

メールアドレス（必須）：
半角で入力してください。

希望地域（複数選択可）：
☐ 幸区 ☐ 中原区 ☐ その他川崎市内 ☐ 川崎市以外

お問い合わせ内容：
できるだけ具体的な内容を入力してください。

送信

問い合わせフォームを作成しよう

スマートフォンやタブレットでも見やすく！
レスポンシブWebデザインに対応！

●パソコンで表示

●スマートフォンで表示

●タブレットで表示

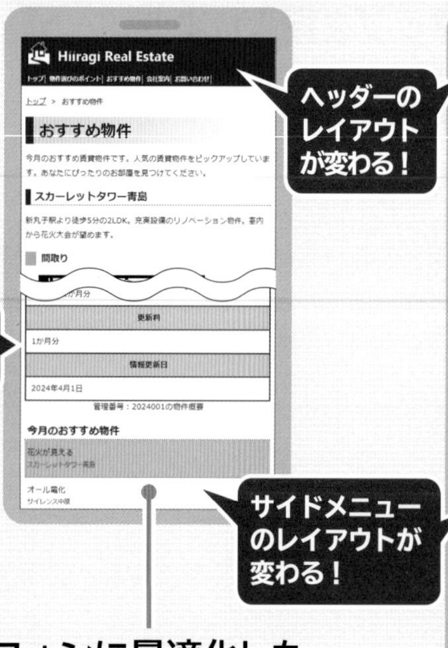

ヘッダーのレイアウトが変わる！

表のレイアウトが変わる！

サイドメニューのレイアウトが変わる！

スマートフォンに最適化したレイアウトで表示させよう

タブレットに最適化したレイアウトで表示させよう

はじめに

多くの書籍の中から**「よくわかる はじめてのHTML&CSSコーディング HTML Living Standard準拠」**を手に取っていただき、ありがとうございます。
近年、スマートフォンやタブレットなど様々なデバイスの普及により、Webを取り巻く環境は大きく変化しています。Webサイトを構築する際には、Webの標準規格に準拠することはもちろん、誰もがどのような環境でも情報を得ることができるように、Webアクセシビリティに配慮したWebページを作成することが求められます。

本書は、これからWebサイト作成を始める方を対象に、HTML Living StandardやCSS3を使った作成方法をご紹介しています。HTMLやCSSのコードの基本的な書き方から、誰もが利用できるWebサイトにするためのアクセシビリティの考え方、迷わず使いやすいWebサイトにするためのユーザビリティの考え方、様々な画面サイズに合わせたレスポンシブWebデザインの対応の仕方まで、順を追ってマスターできます。また、総合問題を使って、学習した内容を復習していただけます。

本書は、根強い人気の**「よくわかる」**シリーズの開発チームが、積み重ねてきたノウハウをもとに作成しており、講習会や授業の教材としてご利用いただくほか、自己学習の教材としても最適です。
本書を学習することで、HTMLとCSSの知識を深め、幅広く活用していただければ幸いです。

本書を購入される前に必ずご一読ください
本書に記載されている操作方法は、2024年1月現在の次の環境で動作確認しております。
・Windows 11（バージョン23H2　ビルド22635.3061）
・Google Chrome（バージョン121.0.6167.86）

本書発行後のWindowsやブラウザーのアップデートによって機能が更新された場合には、本書の記載のとおりに操作できなくなる可能性があります。あらかじめご了承のうえ、ご購入・ご利用ください。

2024年3月31日
FOM出版

目次

総合問題の標準解答は、FOM出版のホームページで提供しています。P.3「5　学習ファイルと標準解答のご提供について」を参照してください。

本書をご利用いただく前に

本書で学習を進める前に、ご一読ください。

1 本書の記述について

操作の説明のために使用している記号には、次のような意味があります。

記述	意味	例
	キーボード上のキーを示します。	Ctrl　Enter
+	複数のキーを押す操作を示します。	Ctrl + C （Ctrl を押しながら C を押す）
《　》	ダイアログボックス名やタブ名、項目名など画面の表示を示します。	《名前を付けて保存》ダイアログボックスが表示されます。
「　」	重要な語句や機能名、画面の表示、入力する文字などを示します。	「リンク」といいます。 「sample.html」と入力します。

学習の前に開くファイル

知っておくべき重要な内容

知っていると便利な内容

※　補足的な内容や注意すべき内容

次に進む前に必ず操作しよう　省略すると、次の操作が正しくできないので、必ず実習する内容

操作手順　次に進む前に必ず操作しようの操作手順

Let's Try　学習した内容の確認問題

確認問題の答え

HINT　問題を解くためのヒント

2 製品名の記載について

本書では、次の名称を使用しています。

正式名称	本書で使用している名称
Windows 11	Windows 11 または Windows

3 学習環境について

本書を学習するには、次のアプリが必要です。
また、インターネットに接続できる環境で学習することを前提にしています。

●テキストエディター
●ブラウザー

◆本書の開発環境

本書を開発した環境は、次のとおりです。

OS	Windows 11 Pro（バージョン23H2　ビルド22635.3061）
テキストエディター	メモ帳（バージョン11.2311.35.0）
ブラウザー	Google Chrome（バージョン121.0.6167.86）
ディスプレイの解像度	1280×768ピクセル
その他	・WindowsにMicrosoftアカウントでサインインし、インターネットに接続した状態 ・OneDriveと同期していない状態

※本書は、2024年1月現在のWindows、メモ帳、Google Chromeに基づいて解説しています。今後のアップデートによって機能が更新された場合には、本書の記載のとおりに操作できなくなる可能性があります。

4 学習時の注意事項について

お使いの環境によっては、次のような内容について本書の記載と異なる場合があります。
ご確認のうえ、学習を進めてください。

◆拡張子の表示

Webページを作成する場合は、様々な形式のファイルを扱うので、拡張子を表示しておくと安心です。本書では、拡張子を表示した状態で操作しています。
ファイルの拡張子を表示する方法は、次のとおりです。

①タスクバーの（エクスプローラー）をクリックします。
②（レイアウトとビューのオプション）をクリックします。
③**《表示》**をポイントします。
④**《ファイル名拡張子》**をクリックしてオンにします。

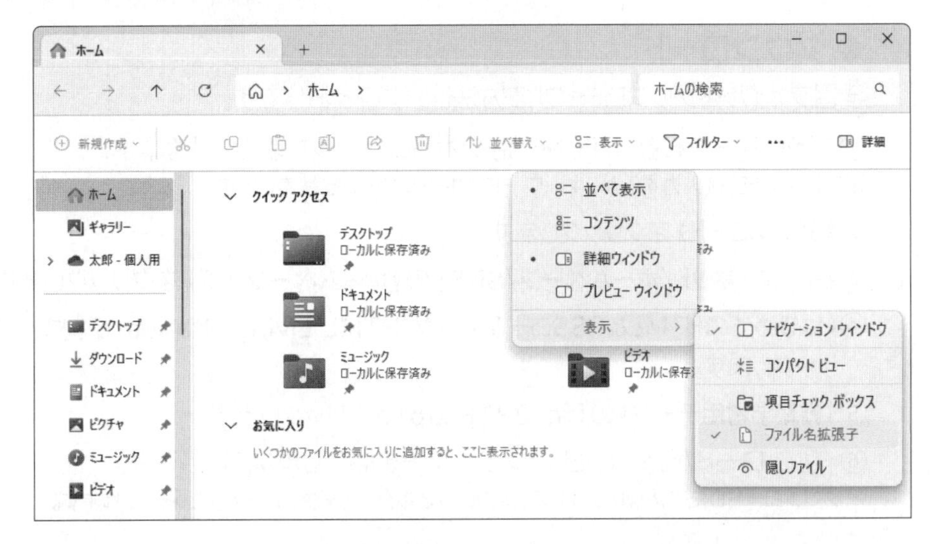

1
2
3
4
5
6
7
8
9
10
11
総合問題
索引

◆アップデートに伴う注意事項

Windowsやブラウザーは、アップデートによって不具合が修正され、機能が向上する仕様となっています。そのため、アップデート後に、コマンドやボタンなどの名称や位置が変更される場合があります。

本書に記載されているコマンドやボタンなどの名称が表示されない場合は、掲載画面の色が付いている位置を参考に操作してください。

※本書の最新情報については、P.5に記載されているFOM出版のホームページにアクセスして確認してください。

POINT お使いの環境のバージョン・ビルド番号を確認する

Windowsやブラウザーはアップデートにより、バージョンやビルド番号が変わります。
お使いの環境のバージョン・ビルド番号を確認する方法は、次のとおりです。

Windows 11

◆ (スタート)→《設定》→《システム》→《バージョン情報》

Google Chrome

◆ (Google Chromeの設定)→《ヘルプ》→《Google Chromeについて》

5 学習ファイルと標準解答のご提供について

本書で使用する学習ファイルと標準解答のPDFファイルは、FOM出版のホームページで提供しています。

ホームページアドレス

https://www.fom.fujitsu.com/goods/

※アドレスを入力するとき、間違いがないか確認してください。

ホームページ検索用キーワード

FOM出版

1 学習ファイル

学習ファイルはダウンロードしてご利用ください。

◆ダウンロード

学習ファイルをダウンロードする方法は、次のとおりです。

①ブラウザーを起動し、FOM出版のホームページを表示します。
※アドレスを直接入力するか、キーワードでホームページを検索します。

②**《ダウンロード》**をクリックします。

③**《インターネット/ホームページ/SNS》**の**《ホームページ作成》**をクリックします。

④**《はじめてのHTML&CSSコーディング HTML Living Standard準拠　FPT2318》**をクリックします。

⑤**《書籍学習用データ》**の**「fpt2318.zip」**をクリックします。

⑥ダウンロードが完了したら、ブラウザーを終了します。
※ダウンロードしたファイルは、パソコン内のフォルダー「ダウンロード」に保存されます。

◆ダウンロードしたファイルの解凍

ダウンロードしたファイルは圧縮されているので、解凍（展開）します。

ダウンロードしたファイル**「fpt2318.zip」**を**《ドキュメント》**に解凍する方法は、次のとおりです。

①デスクトップ画面を表示します。

②タスクバーの（エクスプローラー）をクリックします。

③左側の一覧から**《ダウンロード》**をクリックします。

④ファイル**「fpt2318」**を右クリックします。

⑤**《すべて展開》**をクリックします。

⑥**《参照》**をクリックします。

⑦左側の一覧から**《ドキュメント》**をクリックします。

⑧**《フォルダーの選択》**をクリックします。

⑨**《ファイルを下のフォルダーに展開する》**が**「C:¥Users¥（ユーザー名）¥Documents」**に変更されます。

⑩**《完了時に展開されたファイルを表示する》**を☑にします。

⑪**《展開》**をクリックします。

⑫ファイルが解凍され、**《ドキュメント》**が開かれます。

⑬フォルダー**「はじめてのHTML&CSSコーディング」**が表示されていることを確認します。

※すべてのウィンドウを閉じておきましょう。

◆学習ファイルの一覧

フォルダー**「はじめてのHTML&CSSコーディング」**には、学習ファイルが入っています。タスクバーの（エクスプローラー）→**《ドキュメント》**をクリックし、一覧からフォルダーを開いて確認してください。

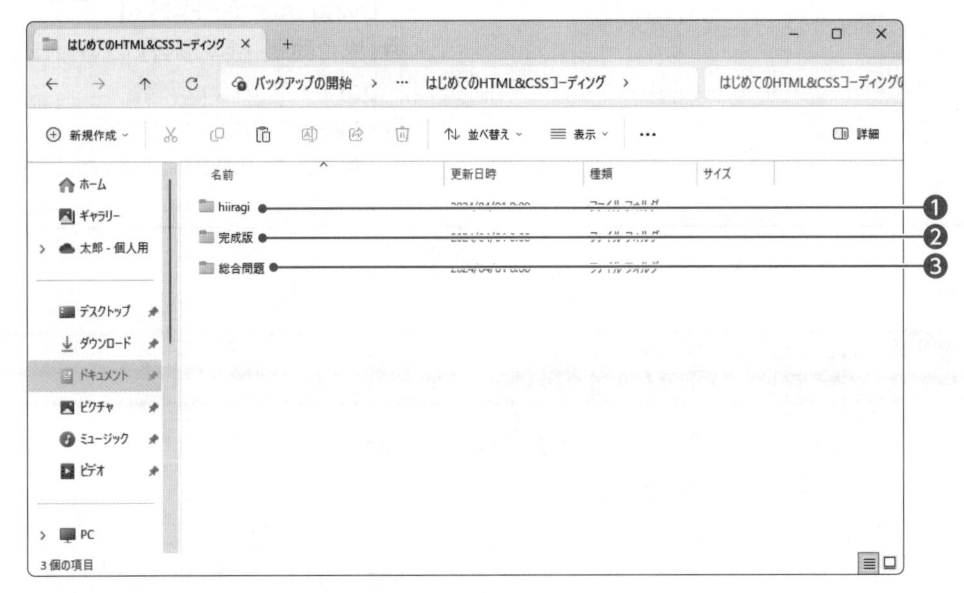

❶フォルダー「hiiragi」

「第4章」から**「第11章」**で使用するファイルが収録されています。

❷フォルダー「完成版」

「第1章」から**「第2章」**、**「第4章」**から**「第11章」**、**「総合問題」**の完成ファイルが収録されています。

❸フォルダー「総合問題」

「総合問題」で使用するファイルが収録されています。

◆学習ファイルの場所

本書では、学習ファイルの場所を**《ドキュメント》**内のフォルダー**「はじめてのHTML&CSSコーディング」**としています。**《ドキュメント》**以外の場所にコピーした場合は、フォルダーを読み替えてください。

2 総合問題の標準解答

総合問題の標準的な操作手順を記載した解答をFOM出版のホームページで提供しています。標準解答は、スマートフォンやタブレットで表示したり、パソコンでブラウザーやコーディングの画面と並べて表示したりすると、操作手順を確認しながら学習できます。自分にあったスタイルでご利用ください。

スマートフォン・タブレットで表示する

❶スマートフォン・タブレットで次のQRコードを読み取ります。

❷標準解答が表示されます。

パソコンで表示する

❶ブラウザーを起動し、次のホームページを表示します。

https://www.fom.fujitsu.com/goods/

※アドレスを入力するとき、間違いがないか確認してください。

❷《ダウンロード》を選択します。

❸《インターネット/ホームページ/SNS》の《ホームページ作成》を選択します。

❹《はじめてのHTML&CSSコーディング HTML Living Standard準拠 FPT2318》を選択します。

❺《総合問題 標準解答》の《fpt2318_kaitou.pdf》をクリックします。

❻標準解答が表示されます。

※必要に応じて、印刷または保存してご利用ください。

6 本書の最新情報について

本書に関する最新のQ&A情報や訂正情報、重要なお知らせなどについては、FOM出版のホームページでご確認ください。

ホームページアドレス

https://www.fom.fujitsu.com/goods/

※アドレスを入力するとき、間違いがないか確認してください。

ホームページ検索用キーワード

FOM出版

第1章

HTMLの基礎知識

STEP 1 Webサイトの基礎知識

1 Webサイトの構成

インターネット上でWebサイトを公開する場合、通常は複数のページをまとめて公開します。それぞれのページのことを**「Webページ」**といい、まとまった単位を**「Webサイト」**または**「サイト」**（以下、**「Webサイト」**と記載）といいます。
Webサイト内の各Webページは**「リンク」**で結ばれ、リンクが設定されている場所をクリックすることで自由に移動できるようになっています。Webサイトの入り口にあたるWebページを**「トップページ」**といいます。

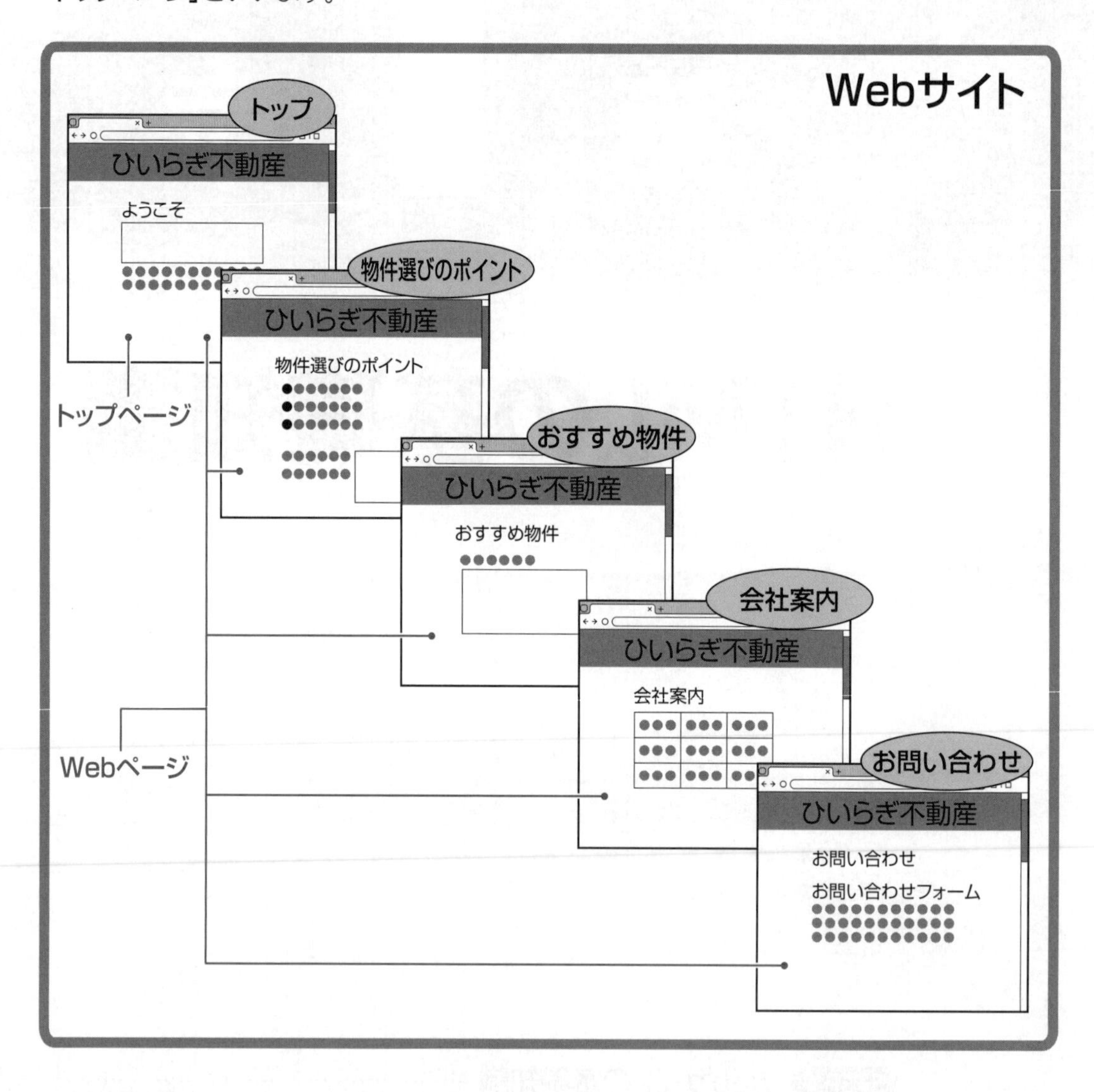

POINT リンク

Webページ上の文字列や画像をクリックすると、ほかのWebページやファイルへジャンプする仕組みを「リンク」といいます。

2 Webページの構成

Webページは、文書構造を記述したHTMLファイルや書式を設定したCSSファイル、画像ファイル、動画ファイルなど複数のファイルから構成されています。
例えば、次のWebページは、HTMLファイル**「index.html」**とCSSファイル**「mystyle.css」**、画像ファイル**「logo.png」「topimage.jpg」**などが組み合わされて構成されています。

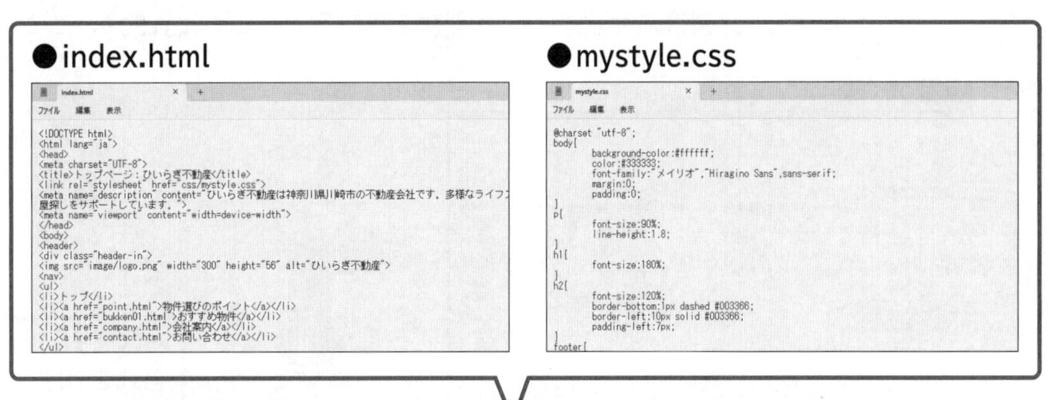

●index.html

```
<!DOCTYPE html>
<html lang="ja">
<head>
<meta charset="UTF-8">
<title>トップページ：ひいらぎ不動産</title>
<link rel="stylesheet" href="css/mystyle.css">
<meta name="description" content="ひいらぎ不動産は神奈川県川崎市の不動産会社です。多様なライフ
屋探しをサポートしています。">
<meta name="viewport" content="width=device-width">
</head>
<body>
<header>
<div class="header-in">
<img src="image/logo.png" width="300" height="56" alt="ひいらぎ不動産">
<nav>
<ul>
<li>トップ</li>
<li><a href="point.html">物件選びのポイント</a></li>
<li><a href="bukken01.html">おすすめ物件</a></li>
<li><a href="company.html">会社案内</a></li>
<li><a href="contact.html">お問い合わせ</a></li>
</ul>
```

●mystyle.css

```
@charset "utf-8";
body{
	background-color:#ffffff;
	color:#333333;
	font-family:"メイリオ","Hiragino Sans",sans-serif;
	margin:0;
	padding:0;
}
p{
	font-size:90%;
	line-height:1.8;
}
h1{
	font-size:180%;
}
h2{
	font-size:120%;
	border-bottom:1px dashed #003366;
	border-left:10px solid #003366;
	padding-left:7px;
}
footer{
```

●Webページ

●logo.png

●topimage.jpg

STEP UP URL

「URL」（Uniform Resource Locator）はインターネット上の情報の場所を示し、「アドレス」ともいいます。URLは身近なものにたとえると住所にあたります。
ブラウザーに閲覧したいWebページのURLを入力すると、URLが示しているWWWサーバー内のWebページを探し出してブラウザーに表示します。
アドレスは、WWWサーバーの「ドメイン名」やWWWサーバー内の「フォルダー名」などで構成されています。

●URLの例

https://www.fom.fujitsu.com/goods/index.html

- www.fom.fujitsu.com：ドメイン名
- goods：フォルダー名
- index.html：ファイル名

3 文書構造を記述するHTMLと書式を設定するCSS

HTMLでは、Webページに表示する見出しや文章、画像などが何であるかを記述します。これを**「文書構造を記述する」**といいます。

これに対して、CSSでは、HTMLで記述した文書構造の各要素に対して、色やサイズ、配置などの書式を設定します。

HTMLで文書構造を記述し、CSSで書式を設定することで、Webページが作成されます。

●HTMLファイル

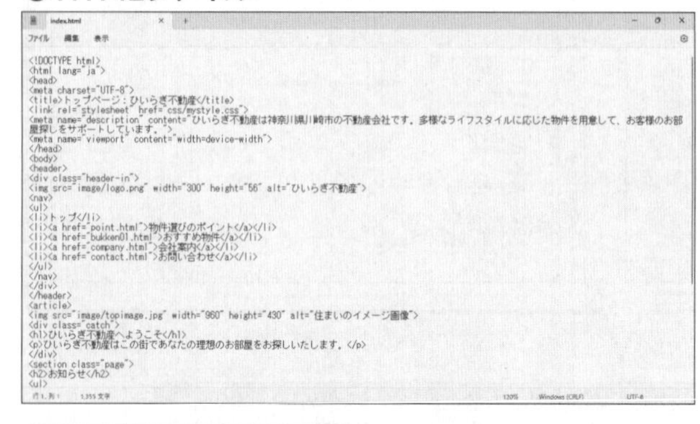

●CSSファイル

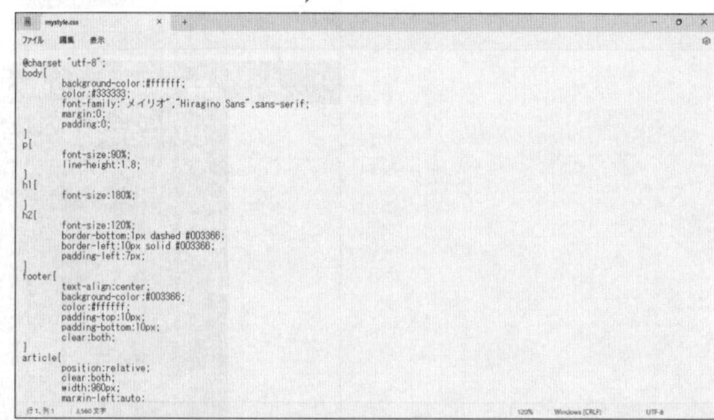

HTMLファイルだけを
ブラウザーで見ると

●Webページ

文書構造だけのWebページ

●Webページ

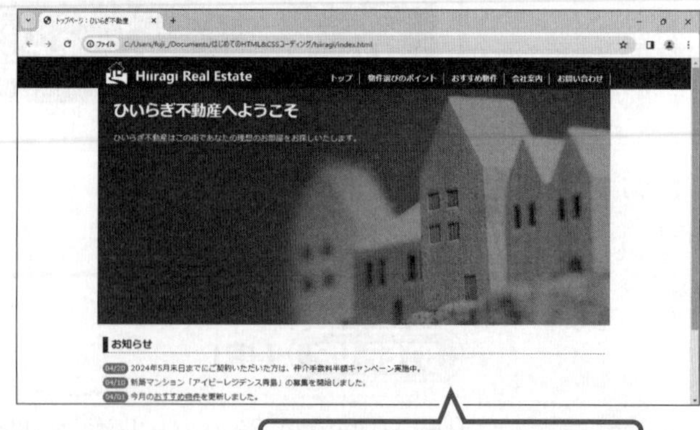

デザインされたWebページ

STEP UP WWWサーバー

Webページが完成したら、企業や大学、プロバイダーなどがそれぞれ所有する「WWWサーバー」または「Webサーバー」(以下、「WWWサーバー」と記載)にWebページを保存します。このWWWサーバーにWebページを保存する作業のことを「公開」といい、Webページを公開すると、世界中からWebページにアクセスできる状態になります。

ユーザーは、WWWサーバーにアクセスすることでWebページを自由に閲覧できます。

STEP 2 HTML Living Standardの特徴

1 HTMLとは

「HTML」（HyperText Markup Language）は、文書構造を定義するための言語です。インターネット上のWebページは、このHTMLを使って作成されています。HTMLを使って作成したファイルを**「HTMLファイル」**といいます。
HTMLでは、決められた**「タグ」**と呼ばれるマークを付けることで、文書内の文字列を段落や表、見出しなどに定義できます。また、画像ファイルや動画ファイルなど別のファイルを挿入したり、別のWebページへのリンクを設定したりすることもできます。
HTMLは、すべて文字列で記述します。そのため、特別なアプリがなくてもメモ帳などのテキストエディターがあればHTMLファイルを作成できます。HTMLファイルをブラウザーで表示すると、Webページとして見ることができます。

●HTMLファイル

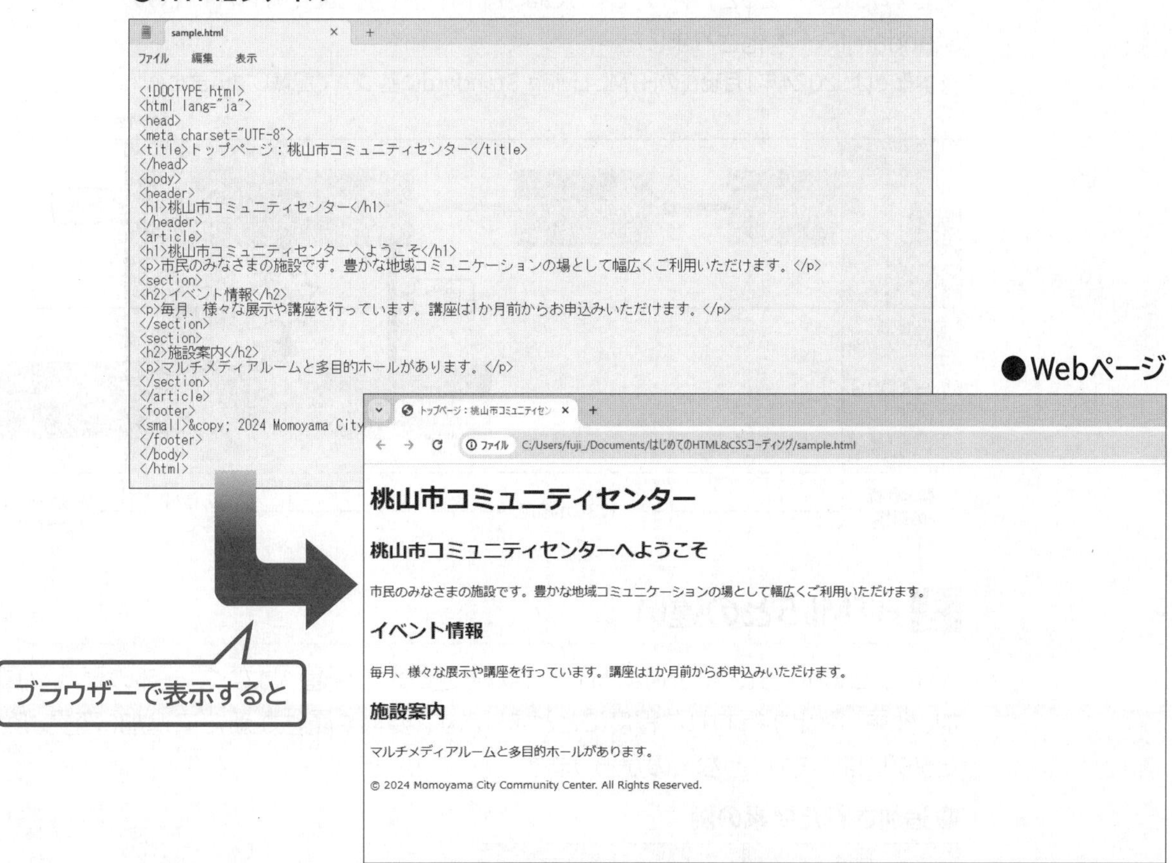

STEP UP テキストエディター

文字列を入力したり、編集したりしてテキストファイルとして保存するためのアプリです。

2 HTML Living Standardの特徴

HTML Living Standardの特徴を確認しましょう。

1 HTML Living Standardとは

「HTML Living Standard」とは、**「WHATWG」**という団体が策定しているHTMLの標準仕様のことです。HTML Living Standardには、バージョンの概念はなく、日々、アップデートが進められています。

HTMLの仕様は、これまで**「W3C」**（World Wide Web Consortium）という団体が標準仕様を策定（勧告）し、バージョンアップを重ねてきました。

W3CとWHATWGは協力して、動画や音声などを簡単に再生できる仕様を取り入れた**「HTML5」**を発表しました。ところが、方向性の違いから、HTMLはW3CのHTML5とWHATWGのHTML Living Standardの2つの仕様に分裂しました。ブラウザーによってどちらを標準仕様とするかが異なり、しばらくは両者が混在する時代になりました。その後、2020年に主なブラウザーのすべてがHTML Living Standardを標準仕様とするように変更されたため、2021年1月、W3CはHTML5を廃止し、WHATWGのHTML Living Standardに一本化されました。

※本書では、2024年1月現在のHTML Living Standardに基づいて記載しています。

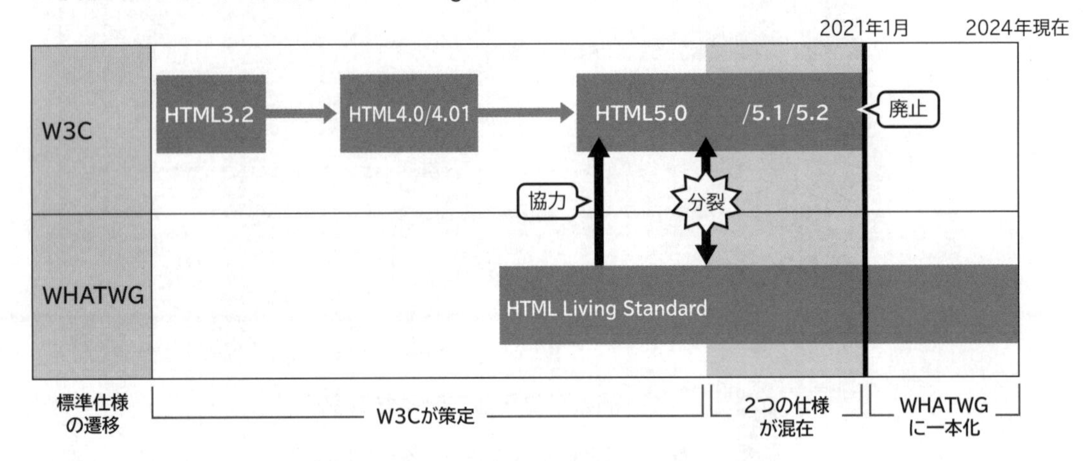

2 HTML5との違い

HTML Living Standardは、HTML5の記述と大きな違いはなく、一部の要素や属性に追加、変更、廃止が行われた程度にとどまります。要素や属性が新たに追加、変更、廃止されたタグには、次のようなものがあります。

●追加された要素の例

要素	用途
<hgroup>	見出しをグループ化する

●追加された属性の例

要素	属性	用途
<video>	playsinline=""	インライン再生（埋め込まれた場所での動画再生）を指定する

●廃止された属性の例

要素	属性	用途
<table>	border=""	表の枠を太線にする

3 HTMLの基本書式

HTMLを記述するための基本書式を確認しましょう。

1 要素とタグ

段落・箇条書き・画像・表などWebページを構成する単位を**「要素」**といいます。
要素は、**「タグ」**と**「内容」**で構成されています。
タグには、**「開始タグ」**と**「終了タグ」**があり、その間に内容を記述します。
開始タグは、「<」と「>」の間に**「要素名」**を記述します。終了タグは「<」と「>」の間に**「/要素名」**を記述します。

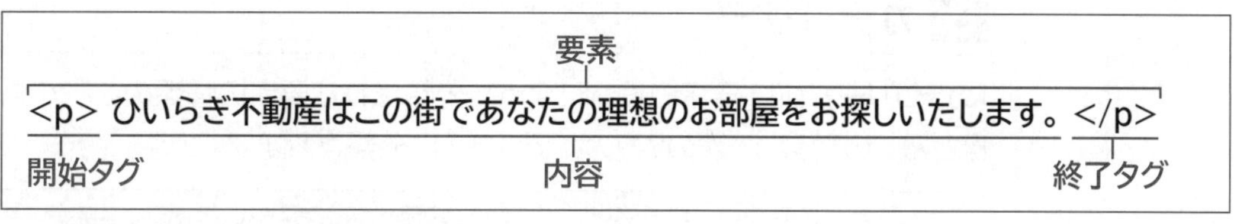

要素
<p> ひいらぎ不動産はこの街であなたの理想のお部屋をお探しいたします。</p>
開始タグ
内容
終了タグ

※pは段落を表す要素で、「p要素」といいます。

また、要素の中に要素を記述することもできます。その場合は、**「入れ子」**になるように記述します。このとき外側の要素を**「親要素」**、内側の要素を**「子要素」**といいます。

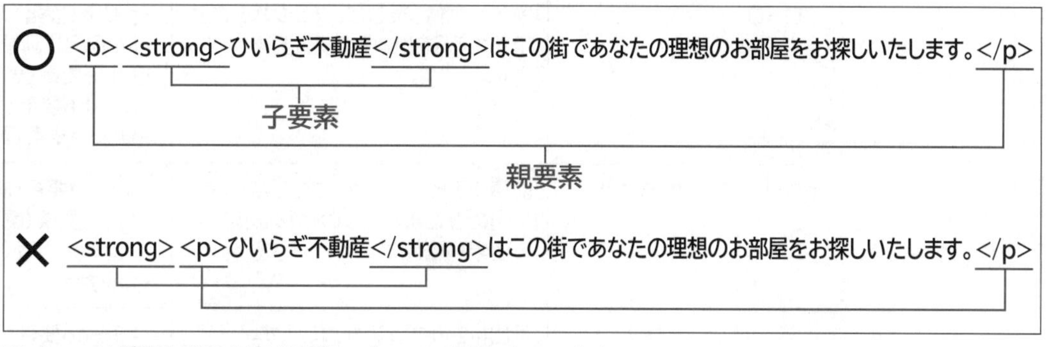

○ <p> <strong>ひいらぎ不動産</strong>はこの街であなたの理想のお部屋をお探しいたします。</p>
子要素
親要素
× <strong> <p>ひいらぎ不動産</strong>はこの街であなたの理想のお部屋をお探しいたします。</p>

※strongは重要な語句を表す要素で、「strong要素」といいます。

2 属性

要素に追加できる詳細設定を**「属性」**といいます。属性は開始タグの要素名のうしろに半角空白で区切って記述します。属性には**「値」**を記述し、**「属性="値"」**のように**「"」**(ダブルクォーテーション)で囲みます。
1つの要素に複数の属性を記述することもできます。複数の属性を指定する場合、その順番に決まりはありません。

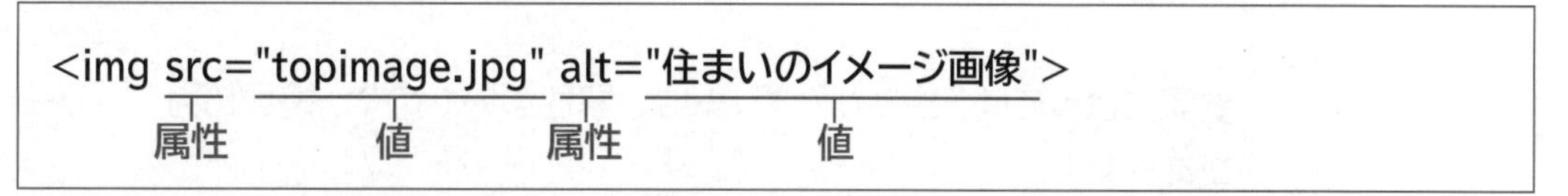

<img src="topimage.jpg" alt="住まいのイメージ画像">
属性
値
属性
値

※imgは画像を表す要素で、「img要素」といいます。
※srcは画像ファイルを設定する属性で、「src属性」といいます。
※altは代替テキストを設定する属性で、「alt属性」といいます。

POINT HTML記述上の注意点

HTMLを記述するときは、次のような点に注意します。

- タグは必ず半角で記述する
- 英字の大文字と小文字の区別はしない
  ※本書では、文書型宣言は大文字、それ以外は小文字で記述しています。
- ブラウザーの種類やバージョンによって、サポートしていない要素や属性がある
  ※ブラウザーがサポートしていない要素や属性は無視されるので、Webページは意図したとおりに表示されません。
- タグ内には、要素名と属性名を区切る場合と、属性の値以外に、空白を入力することはできない
- 本文内の連続した半角空白は、ブラウザーでは「1つ分の半角空白」で表示される

3 カテゴリー

「カテゴリー」とは、要素の役割によって分類された要素の種類のことです。
ほとんどの要素は、次の7つのカテゴリーに分類されます。

カテゴリー	説明	主な要素
メタデータコンテンツ	HTMLファイルで使われている文字コードや、CSSファイルへのリンクなど、ブラウザーに表示されない情報を指定する要素が属します。	・link要素（関連付け） ・meta要素（ファイル情報）　など
フローコンテンツ	段落や画像、表など、ブラウザーに表示される情報を指定する要素が属します。	・p要素（段落） ・img要素（画像） ・table要素（表） ・h1～h6要素（見出し） ・article要素（記事）　など
セクショニングコンテンツ	記事やナビゲーションなど、Webページ内のひとまとまりの情報を指定する要素が属します。	・article要素（記事） ・aside要素（関連記事） ・section要素（章・節・項） ・nav要素（ナビゲーション）
ヘディングコンテンツ	見出しを表す要素が属します。	・h1～h6要素（見出し） ・hgroup要素（見出し）
フレージングコンテンツ	リンクや改行など、段落内で使う要素が属します。	・a要素（リンク） ・strong要素（重要な語句） ・br要素（改行）　など
エンベディッドコンテンツ	画像ファイルや音声ファイルなど、ほかのファイルをWebページ内に挿入する要素が属します。	・img要素（画像） ・audio要素（音声） ・video要素（動画）　など
インタラクティブコンテンツ	ユーザーがクリックしたり、入力したりして操作できる要素が属します。	・a要素（リンク） ・input要素（入力フィールド） ・label要素（ラベル）　など

要素によっては、どのカテゴリーにも属さないものや、複数のカテゴリーに属するものなどがあります。

カテゴリーの包含関係を図で表すと、次のとおりです。

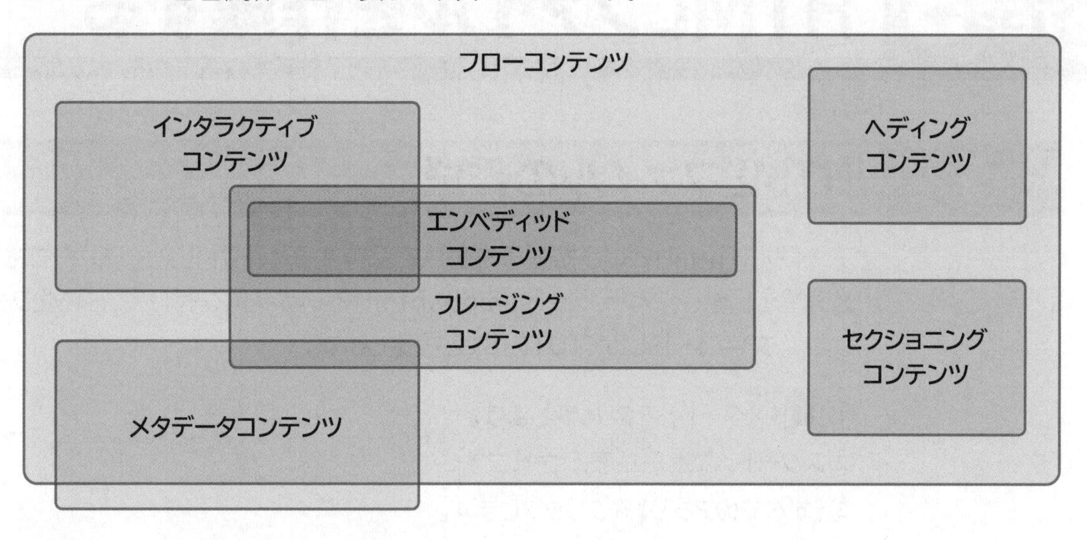

4 コンテンツモデル

カテゴリーの分類を利用した**「コンテンツモデル」**という考え方があります。これは、要素の内容にどの要素を含めることができるかを定義したものです。

例えば、article要素、h1要素には、次のようにカテゴリーとコンテンツモデルが定義されています。

●article要素

カテゴリー	：フローコンテンツ、セクショニングコンテンツ
コンテンツモデル	：フローコンテンツ

●h1要素

カテゴリー	：フローコンテンツ、ヘディングコンテンツ
コンテンツモデル	：フレージングコンテンツ

article要素とh1要素を使ってHTMLを記述した場合、正しい記述例と誤った記述例は次のようになります。

正しい記述例

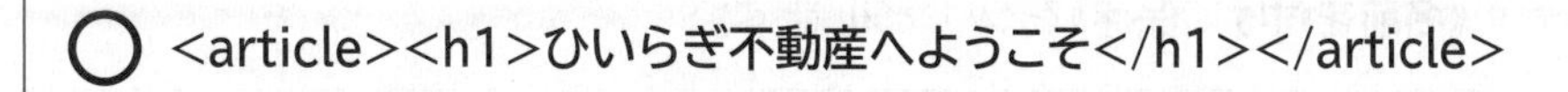

article要素のコンテンツモデルは、フローコンテンツです。つまり、article要素は内容にフローコンテンツを含めることができます。h1要素は、属するカテゴリーの1つがフローコンテンツなので、article要素の内容としてh1要素を含めることができ、これは正しい記述です。

誤った記述例

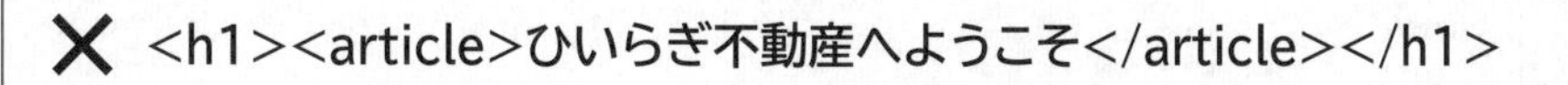

h1要素のコンテンツモデルは、フレージングコンテンツです。つまり、h1要素は内容にフレージングコンテンツを含めることができます。article要素は、カテゴリーがフローコンテンツとセクショニングコンテンツに属していて、フレージングコンテンツには属していません。そのため、h1要素の内容にarticle要素を記述するのは、誤りです。

✕ <h1><article>ひいらぎ不動産へようこそ</article></h1>

STEP3 HTMLファイルを作成する

1 HTMLファイルの作成

ファイルに**「html」**という拡張子を付けて保存すると、HTMLファイルが作成されます。
メモ帳を起動し、ファイルに**「sample.html」**という名前を付けて、HTMLファイルを作成しましょう。文字コードとして**「UTF-8」**を設定します。

①(スタート)をクリックします。
②スタートメニューが表示されます。
③**《すべてのアプリ》**をクリックします。
④すべてのメニューが表示されます。
⑤アプリの一覧をスクロールし、**《ま》**の**《メモ帳》**をクリックします。

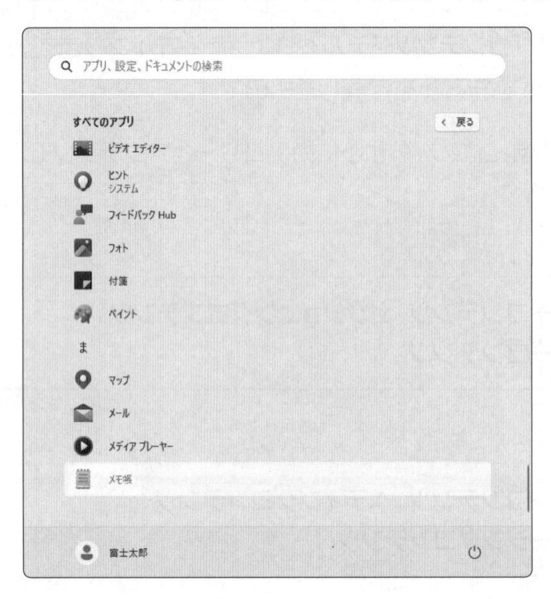

⑥メモ帳が起動します。
⑦タスクバーにメモ帳のが表示されます。
⑧**《ファイル》**をクリックします。
⑨**《名前を付けて保存》**をクリックします。

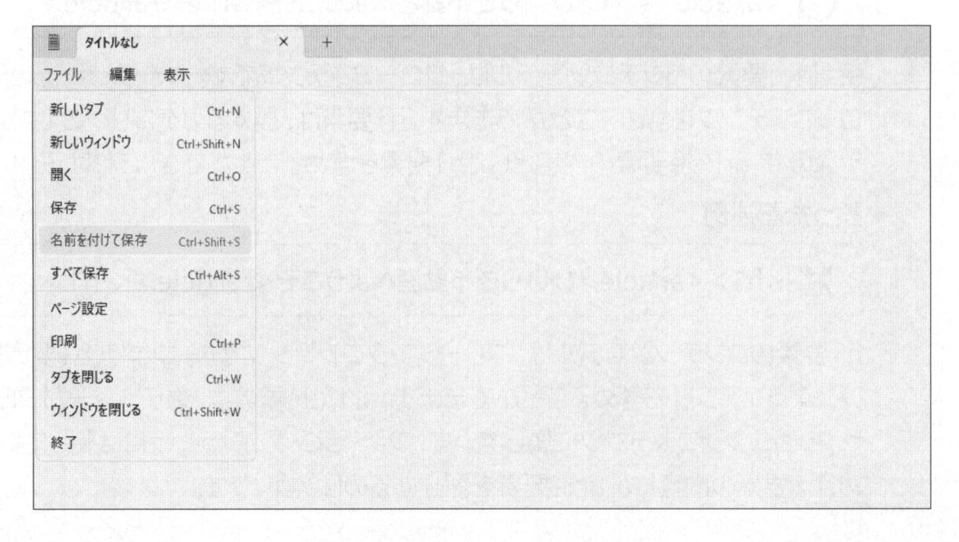

⑩**《名前を付けて保存》**ダイアログボックスが表示されます。

⑪左側の一覧から**《ドキュメント》**を選択します。

⑫フォルダー**「はじめてのHTML&CSSコーディング」**をクリックします。

⑬**《開く》**をクリックします。

⑭**《ファイル名》**に**「sample.html」**と入力します。

⑮**《エンコード》**の[v]をクリックし、一覧から**《UTF-8》**を選択します。

※エンコードについては、P.20「5 文字コードの設定」を参照してください。

⑯**《保存》**をクリックします。

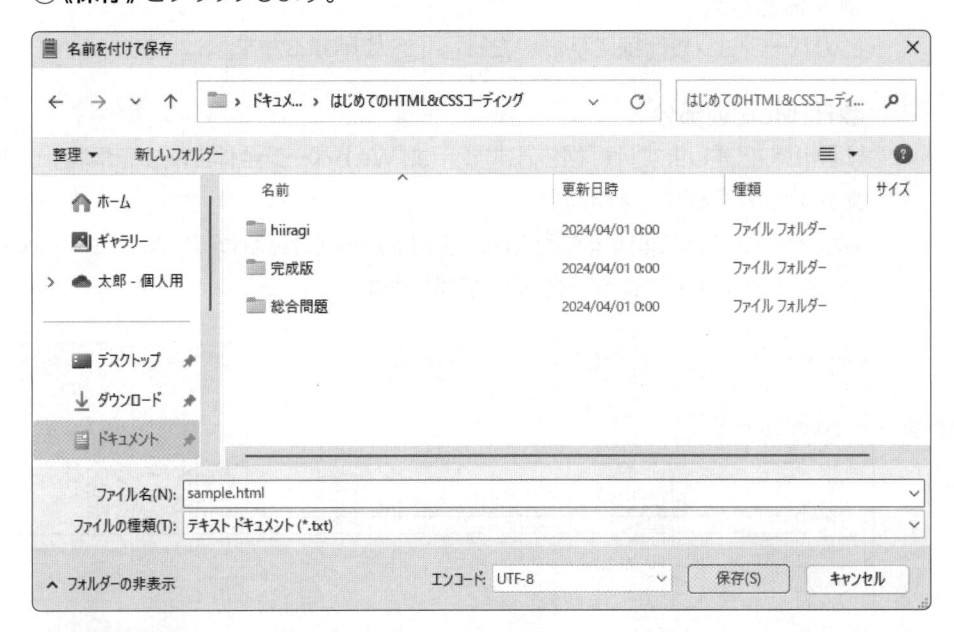

POINT ファイルの保存

ファイルを保存するには、「名前を付けて保存」と「保存」があります。

●名前を付けて保存

新規作成したファイルを保存したり、既存のファイルを編集して別のファイルとして保存したりする場合に使います。

●保存

既存のファイルを編集して、同じフォルダーに同じ名前で保存する場合に使います。ファイルが上書きされます。「上書き保存」ともいいます。

POINT メモ帳のタブ

Windows 11のメモ帳は、タブを表示する機能が追加されました。1つのウィンドウ内で複数のファイルを表示できます。

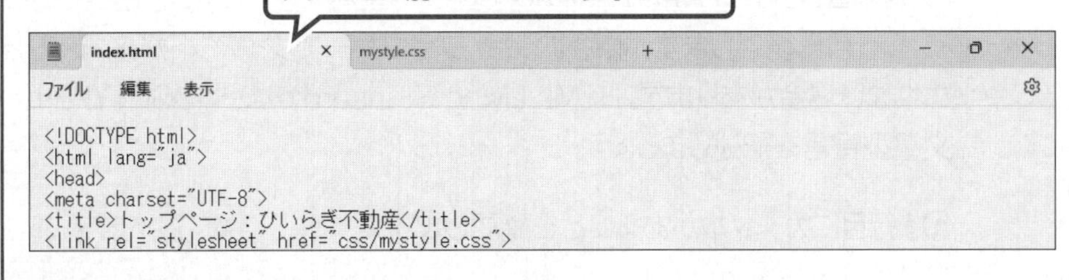

ファイルの開き方を設定する方法は、次のとおりです。

◆[設定アイコン]（設定）→《ファイルを開く方法》→《新しいタブで開く》/《新しいウィンドウで開く》

また、メモ帳をいったん閉じて、再度実行した場合、前回使用していた状態と同じ状態にすることができます。なお、前回の状態を保持せず、新規のファイルを開くように設定を変更する方法は、次のとおりです。

◆[設定アイコン]（設定）→《メモ帳の起動時》の[v]→《◉新しいウィンドウを開く》

STEP 4 HTMLファイルの基本構造を記述する

1 HTMLファイルの基本構造

HTMLファイルは、次のような構造になっています。

●文書型宣言

どのバージョンや仕様に基づいたHTMLを使用するかを記述します。

●HTML記述部分

HTMLを記述します。HTML記述部分は**「Webページ全体に関する情報」**と**「Webページの本文」**の2つから構成されます。
Webページ全体に関する情報は<head>から</head>の間に記述し、Webページの本文は<body>から</body>の間に記述します。

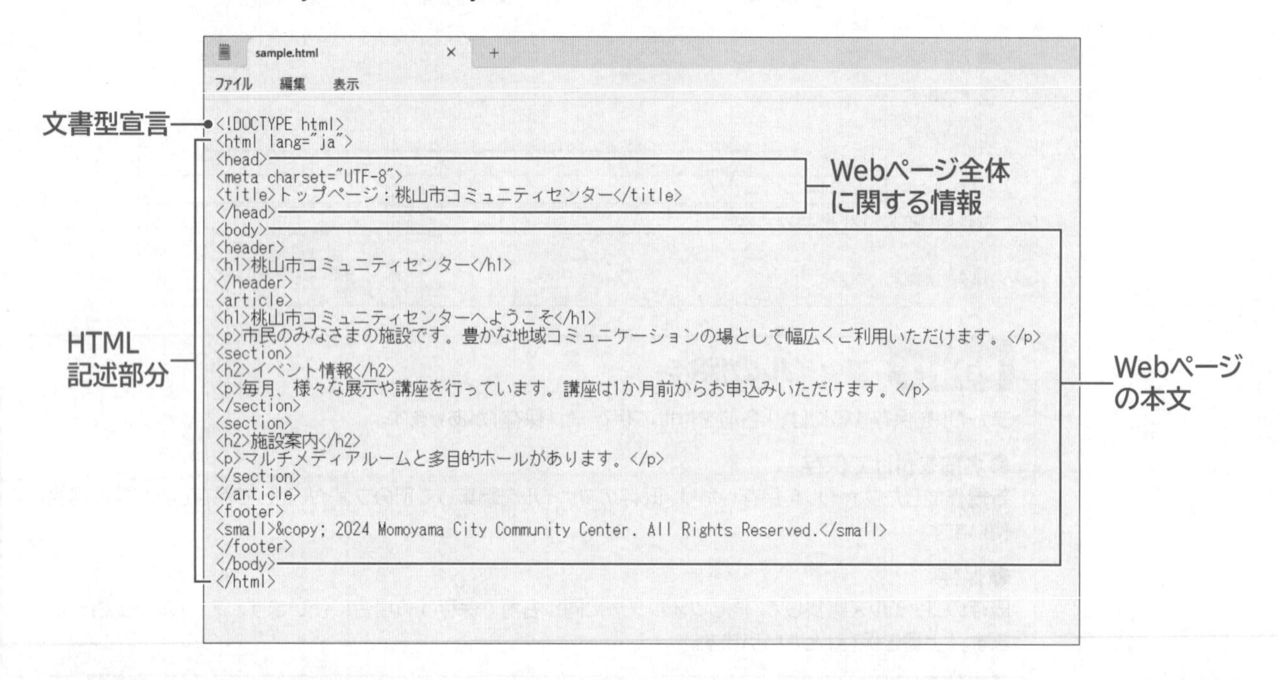


```
<!DOCTYPE html>
<html lang="ja">
<head>
<meta charset="UTF-8">
<title>トップページ：桃山市コミュニティセンター</title>
</head>
<body>
<header>
<h1>桃山市コミュニティセンター</h1>
</header>
<article>
<h1>桃山市コミュニティセンターへようこそ</h1>
<p>市民のみなさまの施設です。豊かな地域コミュニケーションの場として幅広くご利用いただけます。</p>
<section>
<h2>イベント情報</h2>
<p>毎月、様々な展示や講座を行っています。講座は1か月前からお申込みいただけます。</p>
</section>
<section>
<h2>施設案内</h2>
<p>マルチメディアルームと多目的ホールがあります。</p>
</section>
</article>
<footer>
<small>&copy; 2024 Momoyama City Community Center. All Rights Reserved.</small>
</footer>
</body>
</html>
```

2 文書型宣言の記述

「文書型宣言」は、HTMLがどのバージョンや仕様に基づいて記述しているかを宣言するもので、1行目に記述します。省略すると、ブラウザーでレイアウトが崩れてしまうなど正しく表示されない場合があります。HTML Living Standardでは、<!DOCTYPE html>と記述します。
文書型宣言を記述しましょう。

①1行目にカーソルがあることを確認します。
②次のように入力します。

```
<!DOCTYPE html>
```

3 HTML記述部分の作成

HTML記述部分を構成する基本的な要素は、**「html要素」「head要素」「body要素」**の3つです。

1 html要素

html要素は、HTMLファイルであることを表している最上位の要素です。**「ルート要素」**ともいいます。
HTMLファイル内に1つだけ記述します。文書型宣言以外のすべての要素はhtml要素の中に記述します。

■html要素

メタデータ　フロー　セクショニング　ヘディング　フレージング　エンベディッド　インタラクティブ

HTML文書であることを表します。

```
<html>内容</html>
```

内容には、head要素とbody要素を記述します。

◆要素の解説について

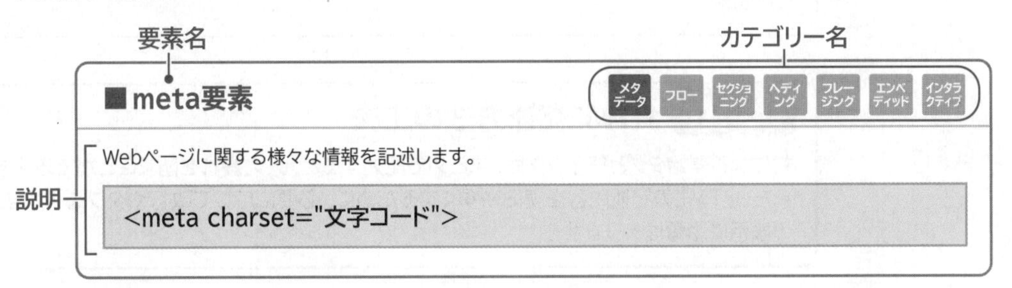

要素名の右側は、要素が属するカテゴリーを表します。カテゴリー名が赤色の場合、要素はそのカテゴリーに属します。

2 head要素

head要素は、Webページ全体に関する情報を表します。Webページのタイトルや文字コード、検索エンジンで表示されるWebページの概要説明文などを記述できます。
head要素の内容は、基本的にブラウザーには表示されません。

■head要素

Webページ全体に関する情報を表します。

```
<head>内容</head>
```

内容には、title要素（ページタイトル）やmeta要素（文書情報）などのメタデータコンテンツを記述します。

3 body要素

body要素は、Webページの本文を表します。
body要素の内容は、ブラウザーに表示されます。

■body要素

Webページの本文を表します。

```
<body>内容</body>
```

内容には、p要素（段落）やh1～h6要素（見出し）などのフローコンテンツを含むことができます。

html要素、head要素、body要素を記述しましょう。

①次のように入力します。

```
<!DOCTYPE html>
<html>
<head>
</head>
<body>
</body>
</html>
```

POINT HTML記述方法の工夫

対になる開始タグと終了タグは、まとめて記述すると、入力漏れを防ぐことができます。
また、HTMLの記述内容を読みやすくするために、必要に応じて改行やタブを入れましょう。ブラウザーでの表示に影響はありません。

4 言語の設定

Webページは、世界中で表示されるため、どの言語で記述されているのかを設定する必要があります。
言語は、html要素の**「lang属性」**で設定します。

■html要素

HTML文書であることを表します。

```
<html lang="言語">
```

●lang属性

言語を設定します。
言語には、「ja」（日本語）、「en」（英語）、「fr」（フランス語）、「zh」（中国語）などを設定します。

例：言語を日本語に設定

```
<html lang="ja">
```

Webページの言語を日本語に設定しましょう。

①次のように入力します。
※属性の前には、半角空白を入力します。

```
<!DOCTYPE html>
<html lang="ja">
<head>
</head>
<body>
</body>
</html>
```

5 文字コードの設定

Webページの文字コードを設定することを**「文字エンコーディング宣言」**といいます。これにより、文字化けなどのトラブルを避けることができます。
スマートフォンやタブレットに対応したWebページを作成するときは、**「UTF-8」**を設定します。UTF-8は、HTMLの標準の文字コードです。
文字コードは、**「meta要素」**の**「charset属性」**で設定します。

■meta要素

Webページに関する様々な情報を記述します。

```
<meta charset="文字コード">
```

内容が存在しない空要素です。終了タグは記述しません。
head要素内に記述します。

●charset属性
Webページの文字コードとして「UTF-8」を設定します。

例：文字コードとして「UTF-8」を設定
<meta charset="UTF-8">

Webページの文字コードとして**「UTF-8」**を設定しましょう。

①次のように入力します。

```
<!DOCTYPE html>
<html lang="ja">
<head>
<meta charset="UTF-8">
</head>
<body>
</body>
</html>
```

POINT 空要素

内容が存在しない要素のことを「空要素」といいます。通常、要素には開始タグと終了タグがありますが、空要素では終了タグは必要ありません。
例：br要素（改行）、img要素（画像）、meta要素（ファイル情報）

6 タイトルの設定

Webページのタイトルを設定するには**「title要素」**を記述します。title要素の内容は、ブラウザーのタブに表示されます。

■title要素

Webページのタイトルを表します。

```
<title>内容</title>
```

内容には、文字列だけを記述し、ほかの要素を記述することはできません。
title要素の内容に日本語が含まれているため、必ず文字コードの設定よりあとに記述します。

Webページのタイトルを**「トップページ：桃山市コミュニティセンター」**に設定しましょう。

①次のように入力します。

```
<!DOCTYPE html>
<html lang="ja">
<head>
<meta charset="UTF-8">
<title>トップページ：桃山市コミュニティセンター</title>
</head>
<body>
</body>
</html>
```

POINT タイトルの付け方

Webページのタイトルは、検索エンジンの検索結果にも表示されます。ブラウザーで「ブックマーク」や「お気に入り」にWebページを登録するとき、タイトルの内容がそのまま反映されます。タイトルには、Webサイト名を記述するとよいでしょう。さらに、Webサイト内のほかのWebページと区別できるようWebページの内容もあわせて記述するとよいでしょう。
○「トップページ：桃山市コミュニティセンター」「お問い合わせ：桃山市コミュニティセンター」
×「トップページ」「お問い合わせ」

7 HTMLファイルの上書き保存

編集した内容をHTMLファイル**「sample.html」**に上書き保存しましょう。

①**《ファイル》**をクリックします。
②**《保存》**をクリックします。
③ファイルが上書き保存されます。

STEP UP その他の方法（上書き保存）

◆ Ctrl + S

8 ブラウザーでの確認

HTMLファイル**「sample.html」**がブラウザーでどのように表示されるか確認しましょう。
※本書では、「Google Chrome」を使って確認しています。

①フォルダー**「はじめてのHTML&CSSコーディング」**を開きます。
②**「sample.html」**を右クリックします。
③**《プログラムから開く》**をポイントします。
④**《Google Chrome》**をクリックします。
※一覧に《Google Chrome》が表示されていない場合は、《別のプログラムを選択》→《Google Chrome》をクリックします。

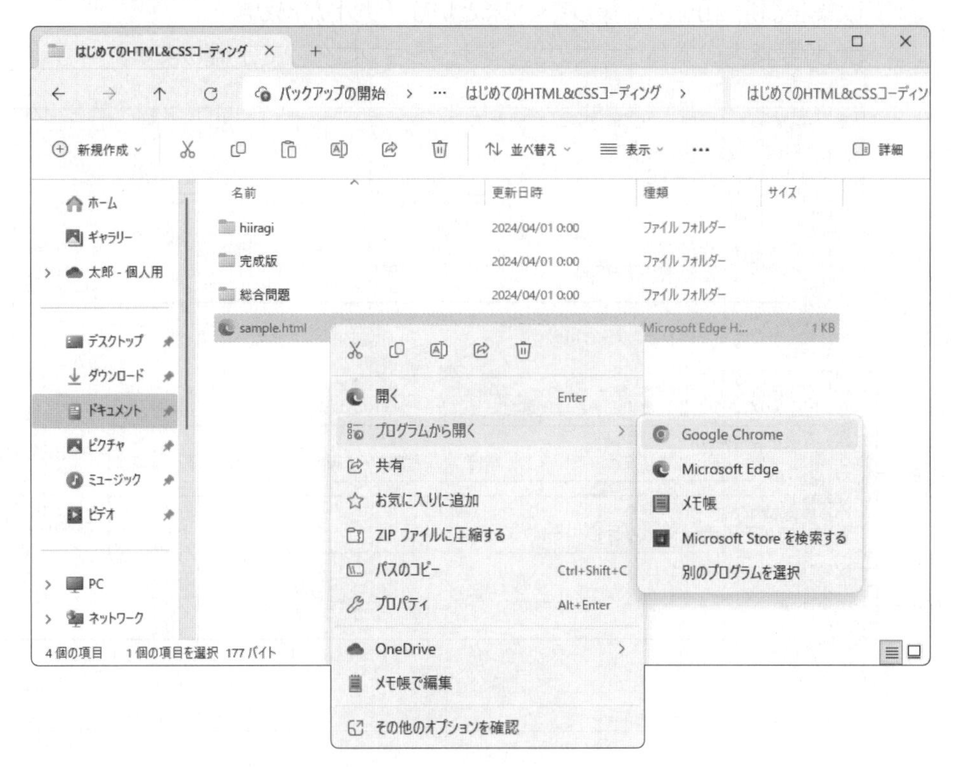

⑤Webページ**「sample.html」**が表示されます。
⑥タブにWebページのタイトルが表示されていることを確認します。
※ブラウザー上には何も表示されません。

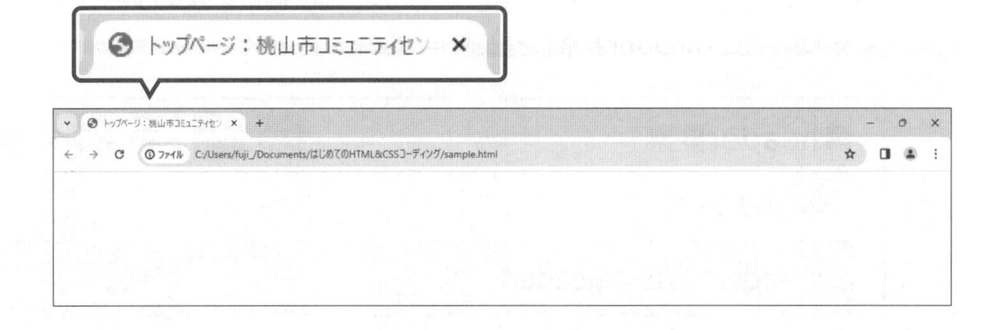

STEP UP **既定のブラウザー**

Windows 11では、HTMLファイルは既定のブラウザーで開かれます。初期の設定では、「Microsoft Edge」です。異なるブラウザーを既定にしてHTMLファイルを開く方法は、次のとおりです。

◆HTMLファイルを右クリック→《プログラムから開く》→《別のプログラムを選択》→一覧からブラウザーを選択→《常に使う》

STEP 5 Webページの本体を作成する

1 セクションを使った構造化

「セクション」を使って、Webページの構造を定義します。セクションを利用してWebページを作成すると、文書の構造を明確にすることができます。セクションに関する要素には、Webページの上部の領域を表す**「header要素」**、下部の領域を表す**「footer要素」**、メインの記事を表す**「article要素」**などがあります。また、セクションを使って構造化すると、検索エンジンが情報を収集する際に正しく収集してくれるというメリットがあります。
body要素内の本体は、次のようなセクションに分けて定義します。

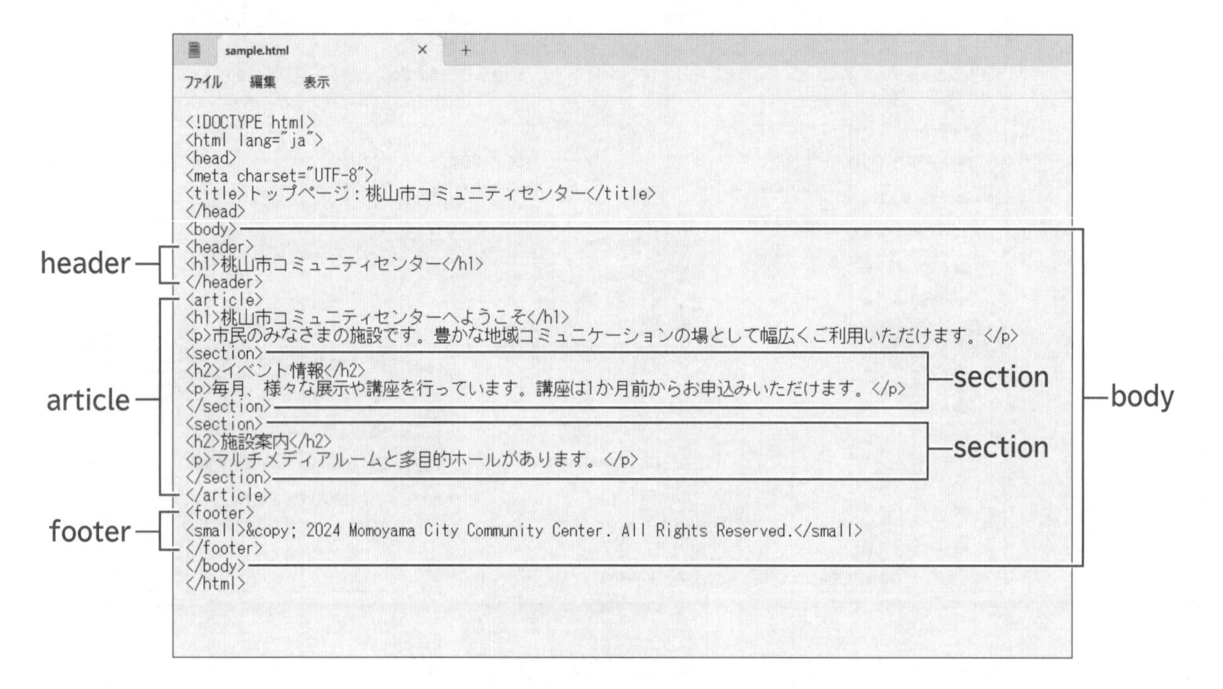


```
<!DOCTYPE html>
<html lang="ja">
<head>
<meta charset="UTF-8">
<title>トップページ：桃山市コミュニティセンター</title>
</head>
<body>
<header>
<h1>桃山市コミュニティセンター</h1>
</header>
<article>
<h1>桃山市コミュニティセンターへようこそ</h1>
<p>市民のみなさまの施設です。豊かな地域コミュニケーションの場として幅広くご利用いただけます。</p>
<section>
<h2>イベント情報</h2>
<p>毎月、様々な展示や講座を行っています。講座は1か月前からお申込みいただけます。</p>
</section>
<section>
<h2>施設案内</h2>
<p>マルチメディアルームと多目的ホールがあります。</p>
</section>
</article>
<footer>
<small>&copy; 2024 Momoyama City Community Center. All Rights Reserved.</small>
</footer>
</body>
</html>
```

1 header要素

Webサイト名やロゴなどが入るWebページの上部の領域を**「ヘッダー」**といいます。ヘッダーを表す場合は、**「header要素」**を記述します。

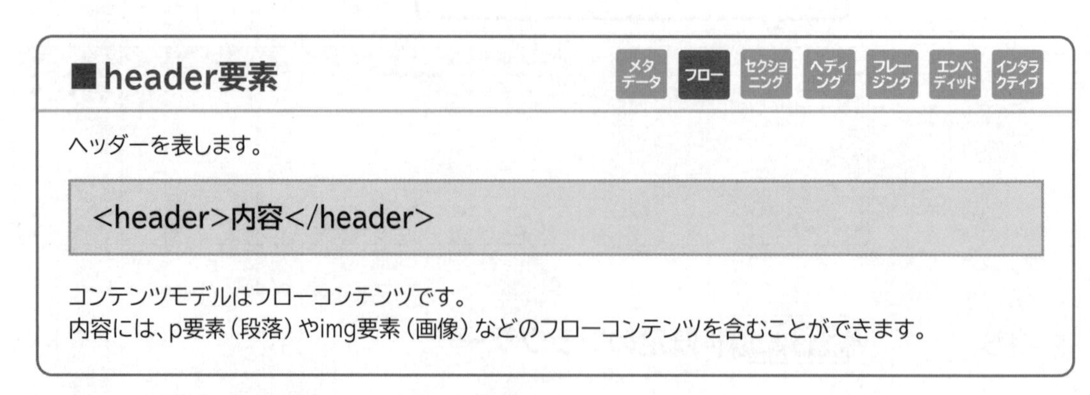

■header要素

メタデータ　フロー　セクショニング　ヘディング　フレージング　エンベディッド　インタラクティブ

ヘッダーを表します。

```
<header>内容</header>
```

コンテンツモデルはフローコンテンツです。
内容には、p要素（段落）やimg要素（画像）などのフローコンテンツを含むことができます。

2 article要素

Webページのメインとなる記事全体を表す場合は、**「article要素」**を記述します。

■article要素

メイン記事を表します。

```
<article>内容</article>
```

コンテンツモデルはフローコンテンツです。
内容には、p要素（段落）やimg要素（画像）などのフローコンテンツを含むことができます。

3 section要素

サブ記事を表す場合は、**「section要素」**を記述します。section要素には、小見出しとその内容を記述します。
section要素の使い方でよく見られるのは、article要素の中に複数のsection要素を持つ構造です。

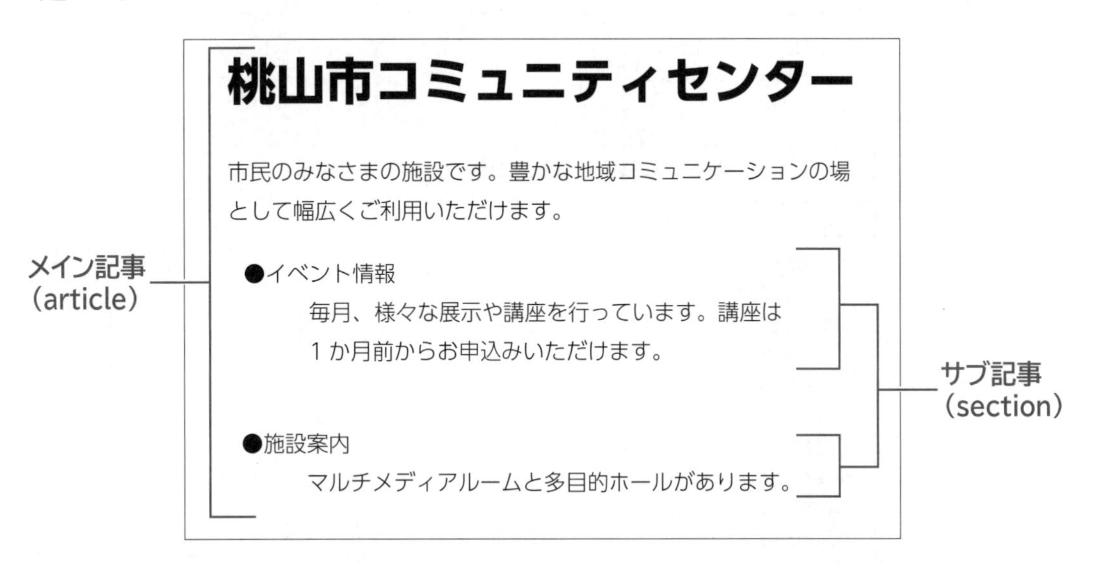

■section要素

小見出しとその内容を含むサブ記事を表します。

```
<section>内容</section>
```

コンテンツモデルはフローコンテンツです。
内容には、p要素（段落）やimg要素（画像）などのフローコンテンツを含むことができます。

4 footer要素

補足情報や連絡先などが入るWebページの下部の領域を**「フッター」**といいます。フッターを表す場合は、**「footer要素」**を記述します。

■footer要素

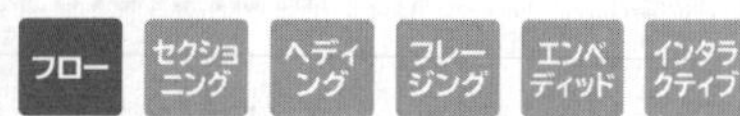

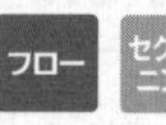

フッターを表します。

```
<footer>内容</footer>
```

コンテンツモデルはフローコンテンツです。
内容には、p要素（段落）やimg要素（画像）などのフローコンテンツを含むことができます。

Webページにヘッダー、メイン記事、サブ記事、フッターの領域を記述しましょう。
サブ記事はメイン記事の中に2つ記述します。

①タスクバーの をクリックして、メモ帳に切り替えます。
②次のように入力します。

```
<!DOCTYPE html>
<html lang="ja">
<head>
<meta charset="UTF-8">
<title>トップページ：桃山市コミュニティセンター</title>
</head>
<body>
<header>
</header>
<article>
<section>
</section>
<section>
</section>
</article>
<footer>
</footer>
</body>
</html>
```

STEP UP 同じタグの記述

同じタグを何回も記述する場合は、コピーと貼り付けを使うと効率的です。
◆コピー元を選択→Ctrl＋C（コピー）→貼り付け先を選択→Ctrl＋V（貼り付け）

2 見出しの設定

HTMLでは、レベル1からレベル6までの6段階の見出しが用意されていて、レベル1が最上位の見出しになります。見出しは、文章の内容や構造を表す重要な要素です。
一般的なブラウザーでは、上のレベルほど文字のサイズは大きく表示されます。
見出しを表す場合は、**「h1要素」**～**「h6要素」**を記述します。

■h1、h2、h3、h4、h5、h6要素

見出しを表します。

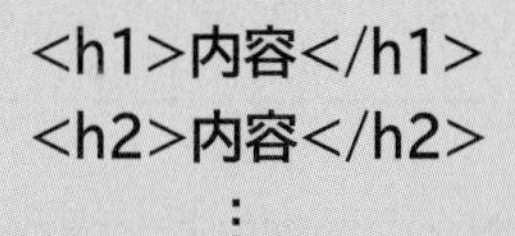

```
<h1>内容</h1>
<h2>内容</h2>
      ⋮
<h6>内容</h6>
```

コンテンツモデルはフレージングコンテンツです。
内容には、a要素（リンク）やimg要素（画像）などのフレージングコンテンツを含めることができます。
h1が最上位でh6が最下位です。

Webページのヘッダーに、Webサイト名として見出し1**「桃山市コミュニティセンター」**を設定しましょう。
また、メイン記事に見出し1**「桃山市コミュニティセンターへようこそ」**を設定しましょう。

①次のように入力します。

```
<body>
<header>
<h1>桃山市コミュニティセンター</h1>
</header>
<article>
<h1>桃山市コミュニティセンターへようこそ</h1>
<section>
</section>
```

※次の操作のために、上書き保存しておきましょう。

②タスクバーの をクリックして、Google Chromeに切り替えます。
③ （このページを再読み込みします）をクリックします。
④編集結果が表示されます。

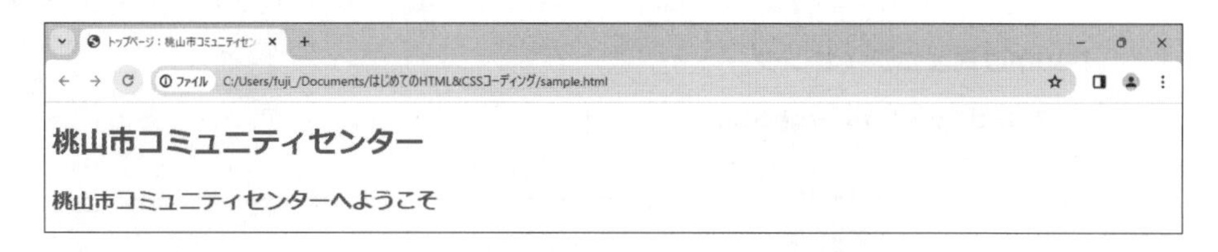

※同じh1要素でも、記述したセクションによってフォントサイズが異なります。

STEP UP その他の方法（ページの再読み込み）

◆ F5

3 段落の設定

段落を表す場合は、**「p要素」**を記述します。

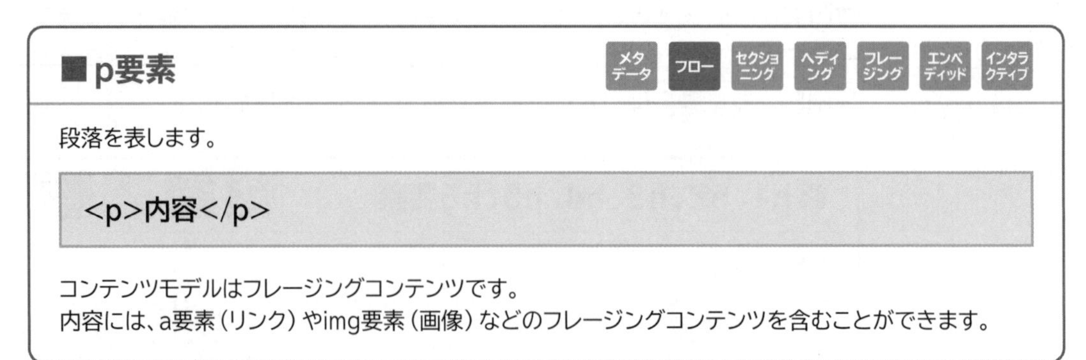

■p要素

段落を表します。

```
<p>内容</p>
```

コンテンツモデルはフレージングコンテンツです。
内容には、a要素（リンク）やimg要素（画像）などのフレージングコンテンツを含むことができます。

メイン記事に段落**「市民のみなさまの施設です。豊かな地域コミュニケーションの場として幅広くご利用いただけます。」**を設定しましょう。

①タスクバーの［メモ帳アイコン］をクリックして、メモ帳に切り替えます。
②次のように入力します。

```
<!DOCTYPE html>
<html lang="ja">
<head>
<meta charset="UTF-8">
<title>トップページ：桃山市コミュニティセンター</title>
</head>
<body>
<header>
<h1>桃山市コミュニティセンター</h1>
</header>
<article>
<h1>桃山市コミュニティセンターへようこそ</h1>
<p>市民のみなさまの施設です。豊かな地域コミュニケーションの場として幅広くご利用いただけます。</p>
<section>
</section>
```

※次の操作のために、上書き保存しておきましょう。
③タスクバーの［Chromeアイコン］をクリックして、Google Chromeに切り替えます。
④［再読み込みアイコン］（このページを再読み込みします）をクリックします。
⑤編集結果が表示されます。

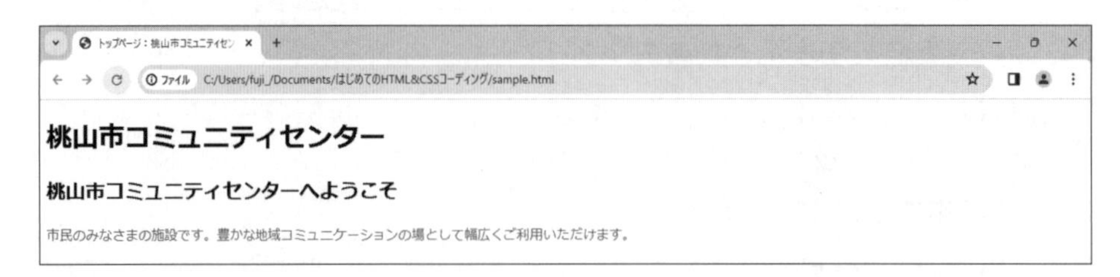

POINT 右端での折り返し

メモ帳のウィンドウ幅に合わせて文字列を折り返す方法は、次のとおりです。
◆《表示》→《☑右端での折り返し》

4 重要な語句の設定

重要な語句を表す場合は、**「strong要素」**を記述します。
一般的なブラウザーでは、strong要素は太字で表示されます。

■ strong要素

重要な語句を表します。

```
<strong>内容</strong>
```

コンテンツモデルはフレージングコンテンツです。
内容には、a要素（リンク）やimg要素（画像）などのフレージングコンテンツを含むことができます。

メイン記事の段落内にある文字列**「地域コミュニケーション」**を重要な語句として設定しましょう。

①タスクバーのをクリックして、メモ帳に切り替えます。
②次のように入力します。

```
<!DOCTYPE html>
<html lang="ja">
<head>
<meta charset="UTF-8">
<title>トップページ：桃山市コミュニティセンター</title>
</head>
<body>
<header>
<h1>桃山市コミュニティセンター</h1>
</header>
<article>
<h1>桃山市コミュニティセンターへようこそ</h1>
<p>市民のみなさまの施設です。豊かな<strong>地域コミュニケーション</strong>の場として幅広
くご利用いただけます。</p>
<section>
</section>
```

※次の操作のために、上書き保存しておきましょう。

③タスクバーのをクリックして、Google Chromeに切り替えます。
④（このページを再読み込みします）をクリックします。
⑤編集結果が表示されます。

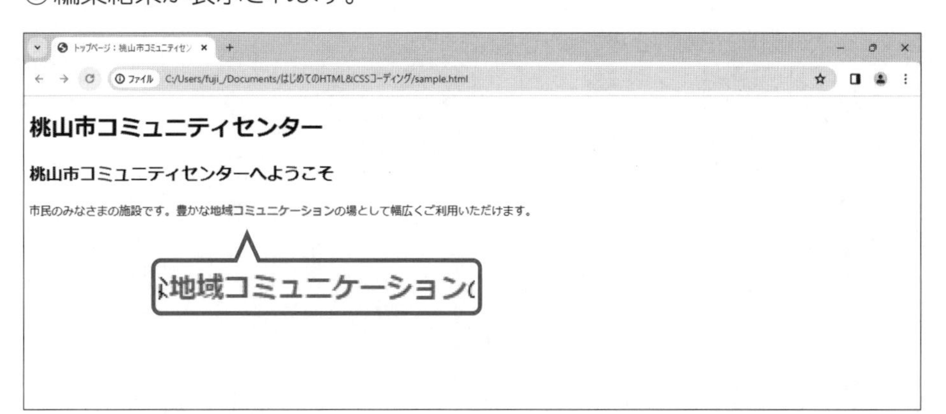

1
2
3
4
5
6
7
8
9
10
11
総合問題
索引

5 注釈の設定

著作権表示や免責事項など注釈を表す場合は、**「small要素」**を記述します。
一般的なブラウザーでは、small要素は小さな文字で表示されます。

■small要素

注釈を表します。

```
<small>内容</small>
```

コンテンツモデルはフレージングコンテンツです。
内容には、a要素（リンク）やimg要素（画像）などのフレージングコンテンツを含むことができます。

フッターに、著作権表示として、**「© 2024 Momoyama City Community Center. All Rights Reserved.」**を記述しましょう。
コピーライトのマーク**「©」**は特殊記号なのでブラウザーで正しく表示されません。ブラウザーで表示するには、文字参照を使って**「©」**と記述します。

①タスクバーの をクリックして、メモ帳に切り替えます。
②次のように入力します。

```
<body>
<header>
<h1>桃山市コミュニティセンター</h1>
</header>
<article>
<h1>桃山市コミュニティセンターへようこそ</h1>
<p>市民のみなさまの施設です。豊かな<strong>地域コミュニケーション</strong>の場として幅広
くご利用いただけます。</p>
<section>
</section>
<section>
</section>
</article>
<footer>
<small>&copy; 2024 Momoyama City Community Center. All Rights Reserved.</small>
</footer>
</body>
</html>
```

※次の操作のために、上書き保存しておきましょう。

③タスクバーの をクリックして、Google Chromeに切り替えます。

④ （このページを再読み込みします）をクリックします。

⑤編集結果が表示されます。

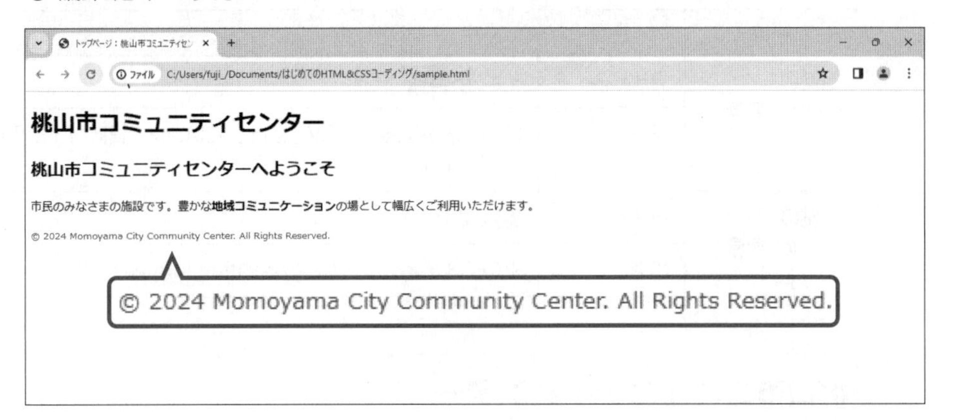

POINT 文字参照

ブラウザーに文字列として半角の「<」や「>」を表示するために、HTMLファイルにそのまま「<」や「>」を記述してしまうと、タグの「<」や「>」と認識され、意図したとおりにブラウザーに表示されないことがあります。
また、HTMLファイルに半角空白を連続して記述しても、ブラウザー上では、1つの半角空白として認識されます。
このようなことを防ぐために、特殊な記号や文字などは「文字参照」を使って記述します。

特殊な記号・文字	文字参照
半角空白	
<	<
>	>
&	&
"	"
©	©
®	®

POINT 連絡先情報の設定

Webページの作成者のメールアドレスやWebページに関する問い合わせ先などの連絡先情報を表す場合は、「address要素」を使います。
一般的なブラウザーでは、address要素は斜体で表示されます。

例：住所を連絡先情報に設定

```
<address>〒212-0014 神奈川県川崎市幸区大宮町X-X</address>
```

次に進む前に必ず操作しよう

それぞれのサブ記事に見出しと段落を記述しましょう。

記述位置	要素	内容
上側のsection要素	見出し2	イベント情報
	段落	毎月、様々な展示や講座を行っています。講座は1か月前からお申込みいただけます。
下側のsection要素	見出し2	施設案内
	段落	マルチメディアルームと多目的ホールがあります。

桃山市コミュニティセンター

桃山市コミュニティセンターへようこそ

市民のみなさまの施設です。豊かな**地域コミュニケーション**の場として幅広くご利用いただけます。

イベント情報

毎月、様々な展示や講座を行っています。講座は1か月前からお申込みいただけます。

施設案内

マルチメディアルームと多目的ホールがあります。

© 2024 Momoyama City Community Center. All Rights Reserved.

操作手順

次のように、HTMLファイル「sample.html」を編集します。

```
<article>
<h1>桃山市コミュニティセンターへようこそ</h1>
<p>市民のみなさまの施設です。豊かな<strong>地域コミュニケーション</strong>の場として幅広
くご利用いただけます。</p>
<section>
<h2>イベント情報</h2>
<p>毎月、様々な展示や講座を行っています。講座は1か月前からお申込みいただけます。</p>
</section>
<section>
<h2>施設案内</h2>
<p>マルチメディアルームと多目的ホールがあります。</p>
</section>
</article>
```

※HTMLファイル「sample.html」を上書き保存して、ブラウザーで結果を確認しておきましょう。
※メモ帳の[×](タブを閉じる)をクリックして、ファイルを閉じて終了しておきましょう。
※ブラウザーを終了しておきましょう。

第2章

CSSの基礎知識

STEP 1 CSS3の概要

1 CSSとは

「CSS」（Cascading Style Sheets）は、背景色や文字色、配置など、Webページの見栄え（スタイル）を設定するスタイルシート言語の1つです。Webページを作成する場合、文書構造はHTMLで記述し、スタイルはCSSで記述する方法が一般的です。
例えば、見出し1の文字色を水色にしたい場合に、見出し1であるという設定や見出し1として表示する文字列はHTMLファイルに記述し、見出し1の文字色を水色にするというスタイルはCSSファイルに記述します。
CSSは**「2.0」「2.1」**とバージョンアップを重ね、2024年1月現在、**「CSS3」**が最も新しいバージョンです。CSS3は、プロパティごとに順次新しい仕様が勧告されます。
※本書では、2024年1月現在の最新のCSS3の仕様に基づいて記載しています。

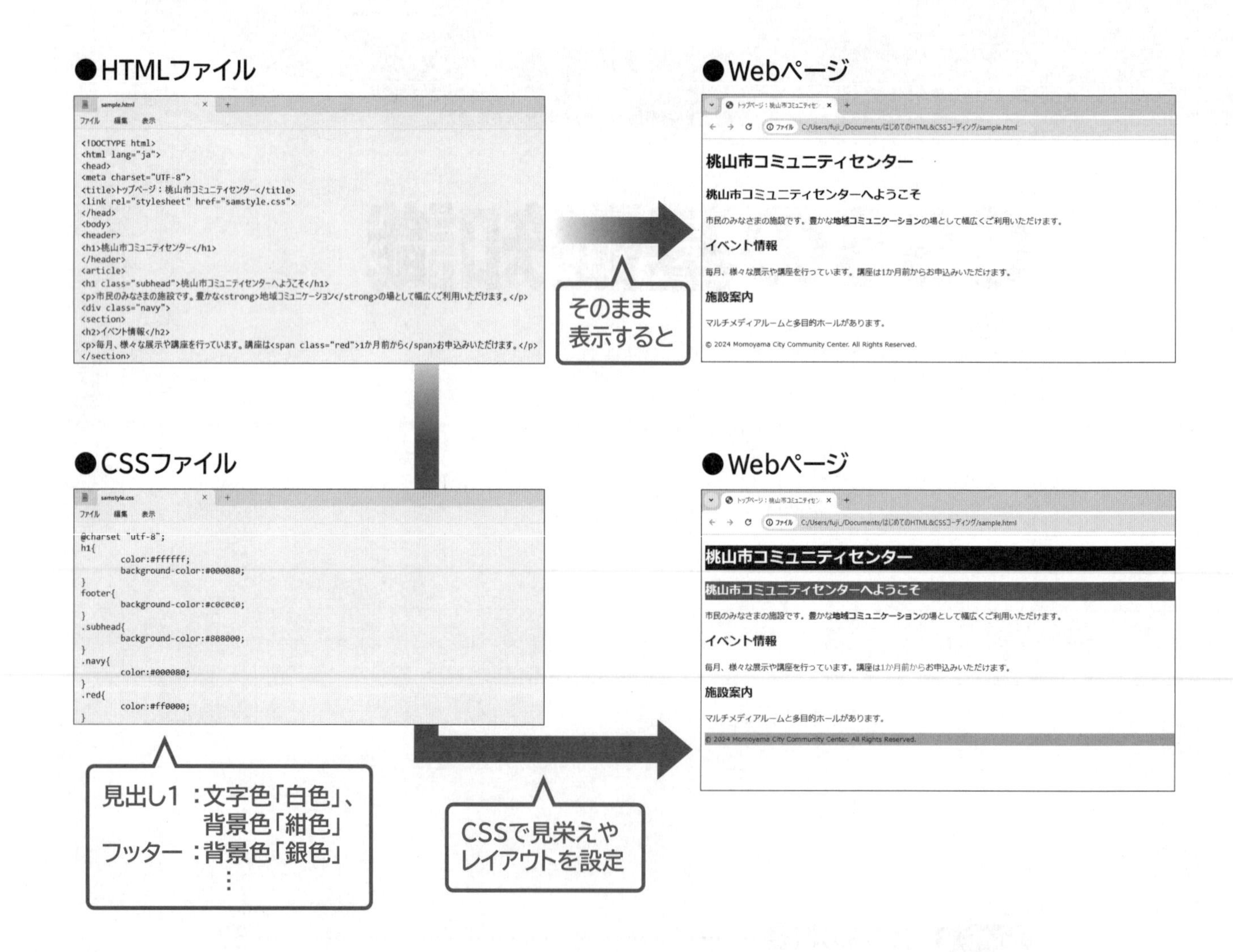

2 スタイルの設定方法

CSSを記述して、HTMLファイルにスタイルを設定する方法には、主に次の2つがあります。

1 同一の要素すべてに同じスタイルを設定する

HTMLファイルに含まれるすべてのh2要素のフォントサイズを大きくする、HTMLファイルに含まれるすべてのp要素の行間隔を広げるなど、同一の要素すべてに同じスタイルを設定する場合、次のようにCSSを記述します。

例：クラス「**today**」を設定したすべてのp要素の文字色を赤色（#ff0000）に設定

●CSS

```
p{color:#ff0000}
```

●HTML

```
<body>
<h1>天気</h1>
<p>昨日は雨でした。</p>
<p>今日は曇りです。</p>
<p>明日は晴れるでしょう。</p>
</body>
```

p要素の文字色が赤色になる

※colorは文字色を設定するプロパティです。

ブラウザーで表示すると

●Webページ

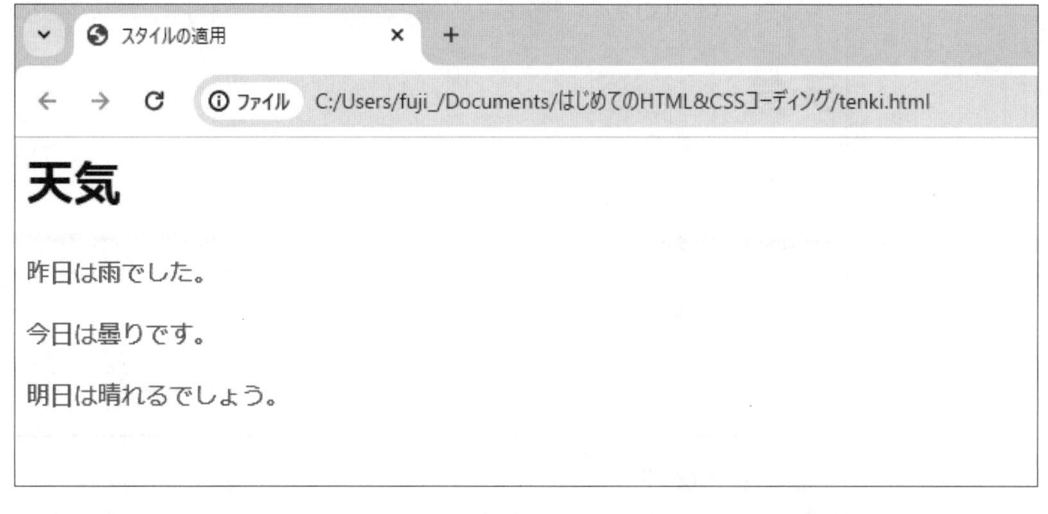
スタイルの適用
ファイル
C:/Users/fuji_/Documents/はじめてのHTML&CSSコーディング/tenki.html
天気
昨日は雨でした。
今日は曇りです。
明日は晴れるでしょう。

2 部分的にスタイルを設定する

HTMLファイルに含まれる複数のp要素のうち一部のp要素だけ色を変更する、HTMLファイルのある範囲からある範囲までに背景色を付けるなど、部分的にスタイルを設定する場合、**「クラス」**を使います。
クラスを使って部分的にスタイルを設定する場合、CSSでクラスを定義して、HTMLで**「class属性」**に**「クラス名」**を記述します。定義するクラスは、先頭に**「.」**(ピリオド)を付けます。

例：クラス**「today」**を設定した一部のp要素だけ、文字色を赤色(#ff0000)に設定

●CSS

```
.today{color:#ff0000}
```

クラス

●HTML

```
<body>
<h1>天気</h1>
<p>昨日は雨でした。</p>
<p class="today">今日は曇りです。</p>
<p>明日は晴れるでしょう。</p>
</body>
```

このp要素だけが
文字色が赤色になる

class属性 クラス名

ブラウザーで表示すると

●Webページ

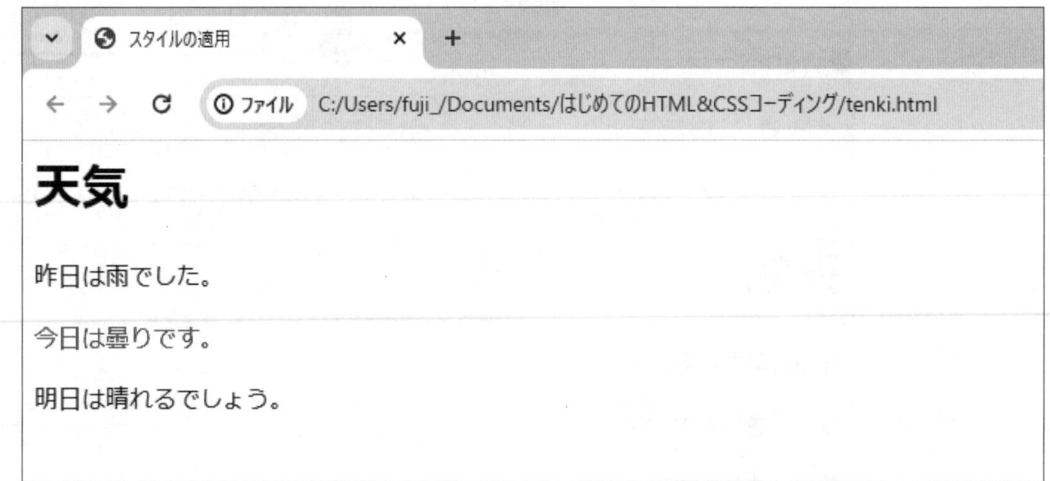
スタイルの適用
ファイル
C:/Users/fuji_/Documents/はじめてのHTML&CSSコーディング/tenki.html
天気
昨日は雨でした。
今日は曇りです。
明日は晴れるでしょう。

■class属性

クラス名を設定します。

```
class="クラス名"
```

クラス名には、半角の文字列を設定します。
複数の要素に同じクラス名を設定できます。

3 CSSの基本書式

CSSを記述するための基本書式を確認しましょう。

1 セレクタと宣言

CSSでは、**「セレクタ」**と**「宣言」**を使ってスタイルを設定します。
セレクタはスタイルを設定する対象を表します。宣言は、設定するスタイルの内容を表し、スタイルの属性を表す**「プロパティ」**と対応する**「値」**を**「{」**と**「}」**で囲んで記述します。プロパティと値は**「:」**（コロン）で区切って記述します。

例：p要素の文字色を青色（#0000ff）に設定

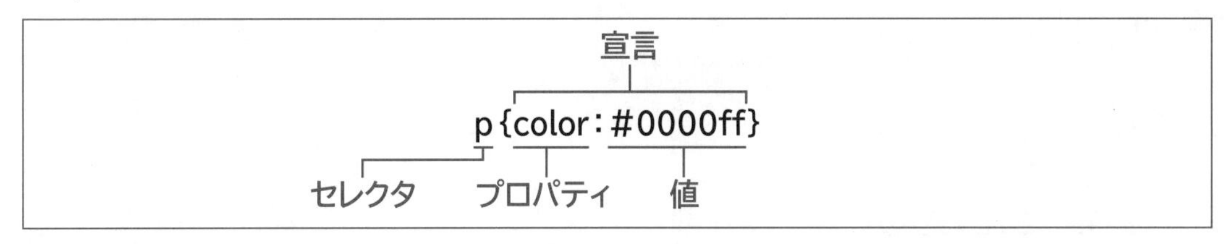

2 複数のセレクタに対して同じ宣言を記述

複数のセレクタに対して同じ宣言を記述できます。セレクタを**「,」**（カンマ）で区切って記述します。

例：p要素とh1要素の文字色を赤色（#ff0000）に設定

```
p, h1 {color : #ff0000}
```

3 同じセレクタに対して複数の宣言を記述

同じセレクタに対して複数の宣言を記述できます。宣言を**「;」**（セミコロン）で区切って記述します。

例：p要素の文字色を白色（#ffffff）、背景色を紺色（#000080）に設定

```
p {color : #ffffff ; background-color : #000080}
```

※background-colorは背景色を設定するプロパティです。

4 要素を絞り込んで宣言を記述

親要素内の特定の子要素に対して宣言を記述できます。親要素と子要素は半角空白で区切って記述します。

例：p要素内のstrong要素の文字色を赤色（#ff0000）に設定

```
p strong {color : #ff0000}
```

4 CSSの記述場所

CSSの記述場所には、次の2つがあります。

1 CSSファイルにスタイルを記述

HTMLファイルとは別に**「CSSファイル」**を作成し、そこにCSSのスタイルを記述します。このCSSファイルをそれぞれのHTMLファイルに関連付けることでWebページのスタイルを整えます。1つのCSSファイルを複数のHTMLファイルに関連付けると、複数のWebページのデザインを統一できます。

※本書では、CSSファイルを作成し、スタイルを記述します。

●samstyle.css

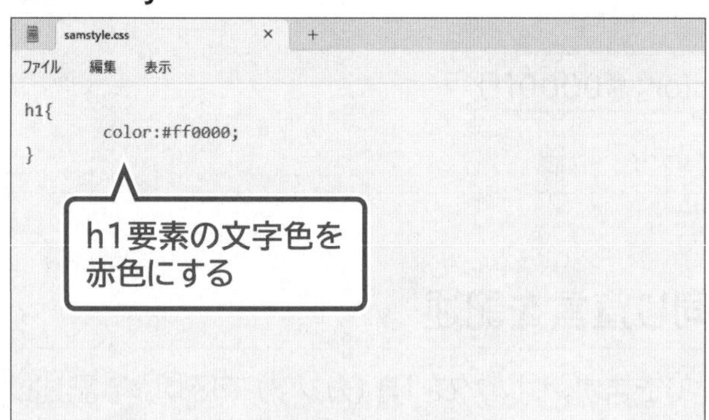

●sample1.html

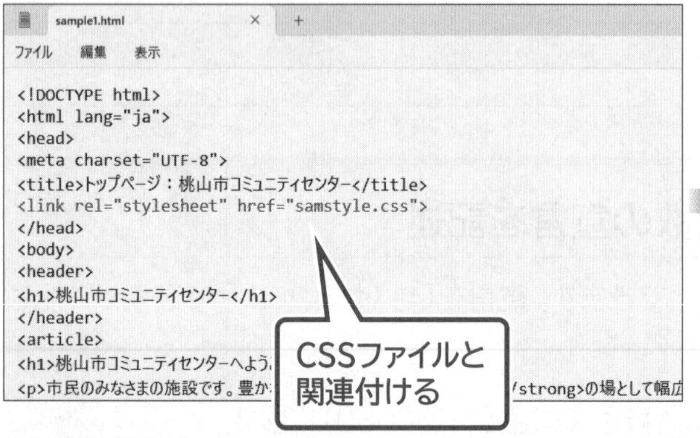

●Webページ1

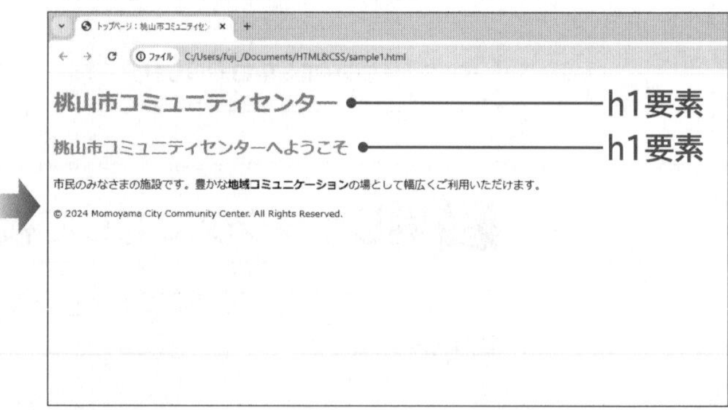

●sample2.html

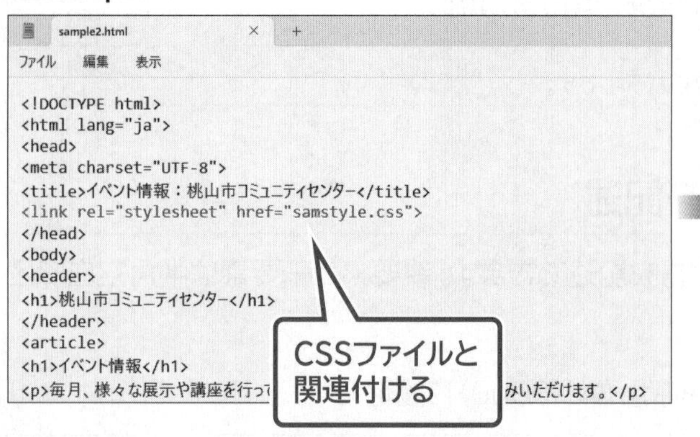

●Webページ2

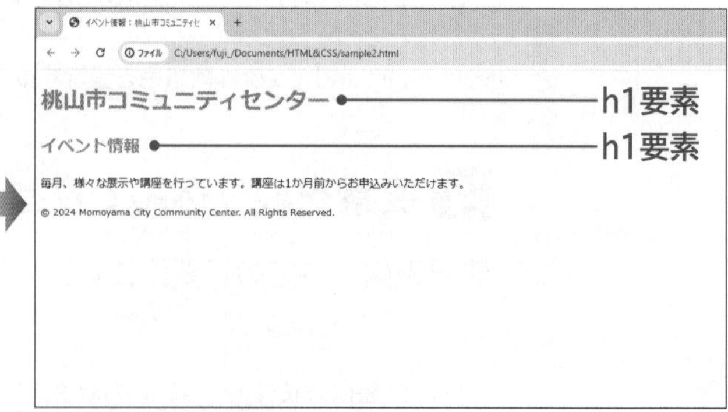

2 HTMLファイル内にスタイルを記述

HTMLファイルのhead要素内にCSSを記述します。CSSを記述したそのHTMLファイルだけにスタイルが適用されます。
1つのWebページだけ特定のデザインにする場合に便利な方法です。

sample1.html
ファイル　編集　表示

```
<!DOCTYPE html>
<html lang="ja">
<head>
<meta charset="UTF-8">
<title>トップページ：桃山市コミュニティセンター</title>
<style>
h1{
        color:#ff0000;
}
</style>
</head>
<body>
<header>
<h1>桃山市コミュニティセンター</h1>
</header>
<article>
<h1>桃山市コミュニティセンターへようこそ</h1>
```

h1要素の文字色を赤色にする

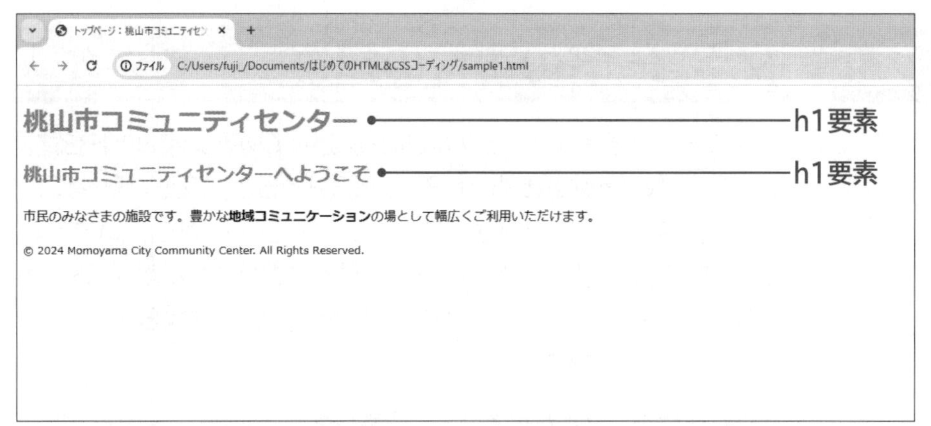

POINT スタイル適用の優先順位

HTMLファイルにCSSファイルを関連付け、さらにそのHTMLファイル内にCSSを記述した場合、後者のスタイルの方が優先して適用されます。

POINT CSS記述上の注意点

CSSを記述するときは、次のような点に注意します。

- ●セレクタやプロパティは必ず半角で記述する
- ●英字の大文字と小文字の区別はしない
  ※フォント名やURLなどは大文字・小文字などを正しく入力する必要があります。
- ●ブラウザーの種類やバージョンによって、サポートしていないプロパティがある
  ※ブラウザーがサポートしていないプロパティは無視されるので、Webページは意図したとおりに表示されません。
- ●値は基本的に「"」（ダブルクォーテーション）で囲まない
- ●同じセレクタの同じプロパティに異なる値を設定した場合は、あとから記述した方が優先される

STEP 2 HTMLファイルにCSSファイルを関連付ける

1 CSSファイルの作成

ファイルに**「css」**という拡張子を付けて保存すると、CSSファイルが作成されます。
メモ帳を起動し、ファイルに**「samstyle.css」**という名前を付けて、CSSファイルを作成しましょう。文字コードとして**「UTF-8」**を設定します。

①メモ帳を起動します。
②**《ファイル》**をクリックします。
③**《名前を付けて保存》**をクリックします。
④保存する場所を**「はじめてのHTML&CSSコーディング」**にします。
※《ドキュメント》→「はじめてのHTML&CSSコーディング」を選択します。
⑤**《ファイル名》**に**「samstyle.css」**と入力します。
⑥**《エンコード》**の⌄をクリックし、一覧から**《UTF-8》**を選択します。
⑦**《保存》**をクリックします。

2 文字コードの宣言の記述

文字コードの宣言は、CSSファイルを記述している文字コードを宣言するもので、1行目に記述します。**「@charset "utf-8";」**と記述すると、ブラウザーは、このCSSファイルはUTF-8という文字コードで記述されていると判断して処理を行います。なお、ブラウザーは文字コードを自動で判別しているため、必須ではありませんが、CSSファイル内に日本語が含まれる場合、文字化けを防ぐことができるよう記述しておくとよいでしょう。
文字コードの宣言を記述しましょう。

①1行目にカーソルがあることを確認します。
②次のように入力します。

```
@charset "utf-8";
```

※次の操作のために、上書き保存しておきましょう。

3 CSSファイルの関連付け

HTMLファイルにCSSファイルに記述したスタイルを設定するには、HTMLファイルに**「link要素」**を記述します。link要素は、文書の関連付けを行う要素です。CSSファイルを関連付ける場合は、**「rel属性」**に**「stylesheet」**、**「href属性」**にCSSファイルのパスを記述します。

■link要素

メタデータ フロー セクショニング ヘディング フレージング  

別のファイルとの関連付けを表します。

```
<link rel="ファイルの種類" href="CSSファイルのパス">
```

内容が存在しない空要素です。終了タグは記述しません。
head要素内に記述します。

●rel属性

関連付けるファイルの種類を設定します。
CSSファイルを関連付ける場合は、「stylesheet」を設定します。

●href属性

関連付けるファイルのパスを設定します。

例：CSSファイル「samstyle.css」を関連付ける

```
<link rel="stylesheet" href="samstyle.css">
```

HTMLファイル**「sample.html」**をメモ帳で開き、CSSファイル**「samstyle.css」**を関連付けましょう。

①フォルダー**「はじめてのHTML&CSSコーディング」**を開きます。
②**「sample.html」**を右クリックします。
③**《メモ帳で編集》**をクリックします。

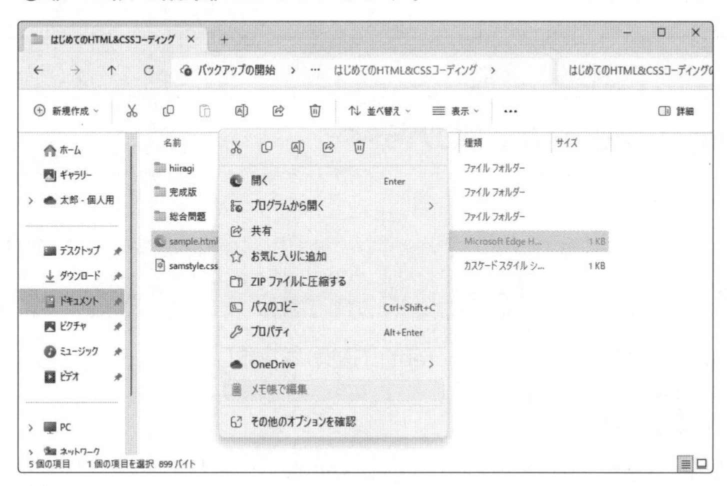

④HTMLファイル**「sample.html」**がメモ帳で開かれます。
⑤次のように入力します。

```
<!DOCTYPE html>
<html lang="ja">
<head>
<meta charset="UTF-8">
<title>トップページ：桃山市コミュニティセンター</title>
<link rel="stylesheet" href="samstyle.css">
</head>
```

※次の操作のために、上書き保存しておきましょう。

STEP UP その他の方法（HTMLファイルをメモ帳で編集）

◆HTMLファイルを右クリック→《プログラムから開く》→《メモ帳》→《一度だけ》
※一覧に《メモ帳》が表示されていない場合は、《別のプログラムを選択》→《メモ帳》をクリックします。

STEP 3 スタイルを設定する

1 文字色と背景色の設定

文字色を設定する場合は、**「colorプロパティ」**を使います。
背景色を設定する場合は、**「background-colorプロパティ」**を使います。
色を設定する場合は、文字色と背景色とのコントラストをはっきりさせて、誰もが読みやすい配色になるように心掛けます。

■colorプロパティ

文字色を設定します。

```
color:色
```

色には、RGBまたは色の名前を設定します。
初期値はブラウザーに設定された色です。

例：h1要素の文字色を青色（#0000ff）に設定
　h1{color:#0000ff;}

■background-colorプロパティ

背景色を設定します。

```
background-color:色
```

色には、RGBまたは色の名前、「transparent」（透過）を設定します。
初期値は「transparent」です。
スタイルは子要素に継承されません。

例：body要素の背景色を薄い黄色（#ffffcc）に設定
　body{background-color:#ffffcc;}

POINT スタイルの継承

親要素のスタイルは子要素に継承されます。子要素に親要素と異なるスタイルを設定した場合は、子要素のスタイルが優先されます。
※スタイルによっては、親要素に設定したスタイルが子要素に継承されないものもあります。

POINT 色の設定

コンピューターでは、色を赤（R）・緑（G）・青（B）の3原色を組み合わせて表現しています。これを「RGB」といいます。
CSSでRGBを使って色を設定する方法は、次の3通りがあります。

●16進数で設定
#rrggbbの形式で、赤、緑、青の発色の強さを16進数で2桁ずつ、合計6桁で設定します。「00」が最も弱く、「ff」が最も強くなります。16進数は「0」から「9」までの10種類の数字と「a」から「f」までの6種類の文字を使用して表現します。

●10進数で設定
rgb（R,G,B）の形式で、赤、緑、青の発色の強さを「,」（カンマ）で区切って10進数で設定します。「0」が最も弱く、「255」が最も強くなります。

●%で設定
rgb（R%,G%,B%）の形式で、赤、緑、青の発色の強さを「,」（カンマ）で区切って%で設定します。「0%」が最も弱く、「100%」が最も強くなります。

色	色の名前	16進数で指定	10進数で指定	%で指定
黒色	black	#000000	rgb（0,0,0）	rgb（0%,0%,0%）
銀色	silver	#c0c0c0	rgb（192,192,192）	rgb（75%,75%,75%）
灰色	gray	#808080	rgb（128,128,128）	rgb（50%,50%,50%）
白色	white	#ffffff	rgb（255,255,255）	rgb（100%,100%,100%）
赤色	red	#ff0000	rgb（255,0,0）	rgb（100%,0%,0%）
黄色	yellow	#ffff00	rgb（255,255,0）	rgb（100%,100%,0%）
黄緑色	lime	#00ff00	rgb（0,255,0）	rgb（0%,100%,0%）
水色	aqua	#00ffff	rgb（0,255,255）	rgb（0%,100%,100%）
青色	blue	#0000ff	rgb（0,0,255）	rgb（0%,0%,100%）
ピンク色	fuchsia	#ff00ff	rgb（255,0,255）	rgb（100%,0%,100%）
茶色	maroon	#800000	rgb（128,0,0）	rgb（50%,0%,0%）
オリーブ色	olive	#808000	rgb（128,128,0）	rgb（50%,50%,0%）
緑色	green	#008000	rgb（0,128,0）	rgb（0%,50%,0%）
青緑色	teal	#008080	rgb（0,128,128）	rgb（0%,50%,50%）
紺色	navy	#000080	rgb（0,0,128）	rgb（0%,0%,50%）
紫色	purple	#800080	rgb（128,0,128）	rgb（50%,0%,50%）

※本書では、16進数を使って色を設定します。

STEP UP 色の組み合わせのチェック

「カラー・コントラスト・アナライザー」は、株式会社インフォアクシアのWebサイト「エー イレブン ワイ」で提供されているアクセシビリティの高い文字色と背景色の組み合わせをチェックするツールです。次のURLから無償でダウンロードして使うことができます。

https://weba11y.jp/tools/cca/

※アドレスを入力するとき、間違いがないか確認してください。

CSSファイル「**samstyle.css**」を編集して、次のようにスタイルを設定しましょう。

●h1要素

スタイル	値
文字色	白色（#ffffff）
背景色	紺色（#000080）

●footer要素

スタイル	値
背景色	銀色（#c0c0c0）

①メモ帳のタブをクリックして、**「samstyle.css」**に切り替えます。

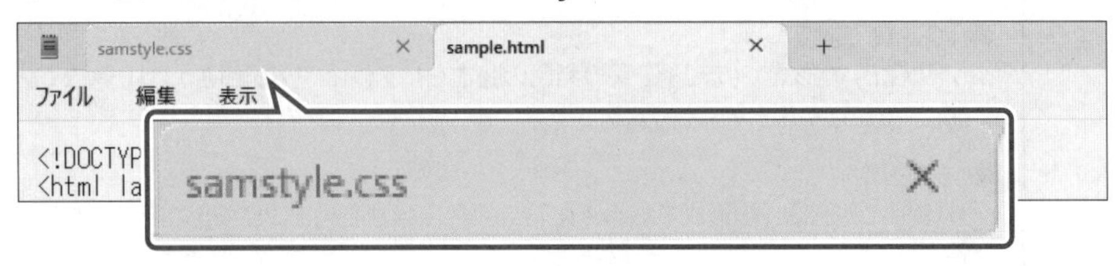

②次のように入力します。
※プロパティの先頭で改行し、Tabを使って行頭を下げます。
※最後の値のうしろにも「;」を記述します。

```
@charset "utf-8";
h1{
    color:#ffffff;
    background-color:#000080;
}
footer{
    background-color:#c0c0c0;
}
```

※次の操作のために、上書き保存しておきましょう。

③フォルダー**「はじめてのHTML&CSSコーディング」**を開きます。

④**「sample.html」**を右クリックします。

⑤**《プログラムから開く》**をポイントします。

⑥**《Google Chrome》**をクリックします。

⑦Webページ**「sample.html」**が表示されます。

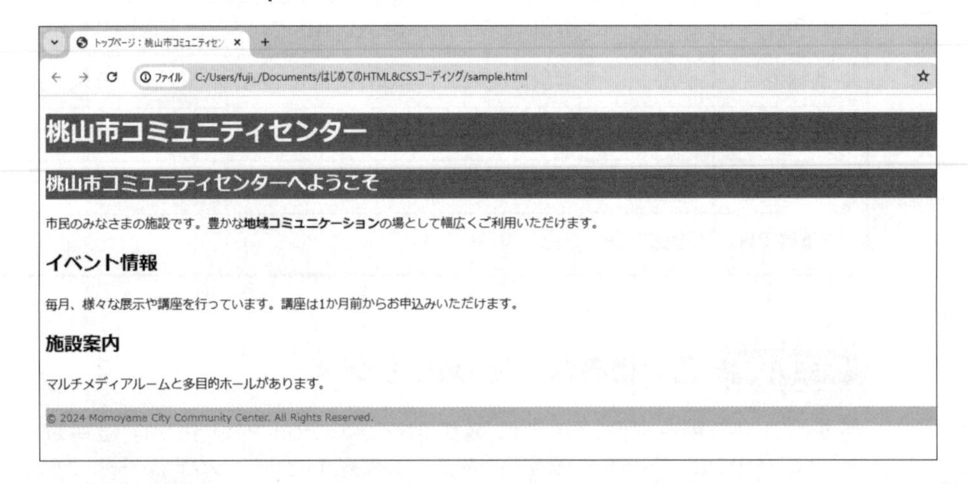

POINT　CSS記述方法の工夫

CSSの記述内容を読みやすくするために、必要に応じて改行・タブ・半角空白を入れましょう。ブラウザーでの表示に影響はありません。
本書では、スタイルごとに改行し、最後のスタイルにも「;」（セミコロン）を付けています。最後のスタイルにも「;」を付けておくと、新しいスタイルを追加するときに付け忘れを防ぐことができます。

2 クラスで定義するスタイルの設定

特定の要素にだけ、クラスのスタイルを設定することができます。
CSSファイル**「samstyle.css」**を編集して、背景色をオリーブ色（#808000）にするクラス**「subhead」**を作成しましょう。
次に、HTMLファイル**「sample.html」**の見出し**「桃山市コミュニティセンターへようこそ」**にクラス**「subhead」**を設定しましょう。

①タスクバーの（メモ帳アイコン）をクリックして、メモ帳に切り替えます。
②CSSファイル**「samstyle.css」**が表示されていることを確認します。
③次のように入力します。

```
@charset "utf-8";
h1{
    color:#ffffff;
    background-color:#000080;
}
footer{
    background-color:#c0c0c0;
}
.subhead{
    background-color:#808000;
}
```

※次の操作のために、上書き保存しておきましょう。
④メモ帳のタブをクリックして、**「sample.html」**に切り替えます。
⑤次のように入力します。

```
<article>
<h1 class="subhead">桃山市コミュニティセンターへようこそ</h1>
<p>市民のみなさまの施設です。豊かな<strong>地域コミュニケーション</strong>の場として幅広
くご利用いただけます。</p>
```

※次の操作のために、上書き保存しておきましょう。
⑥タスクバーの（Google Chromeアイコン）をクリックして、Google Chromeに切り替えます。
⑦（このページを再読み込みします）をクリックします。
⑧編集結果が表示されます。

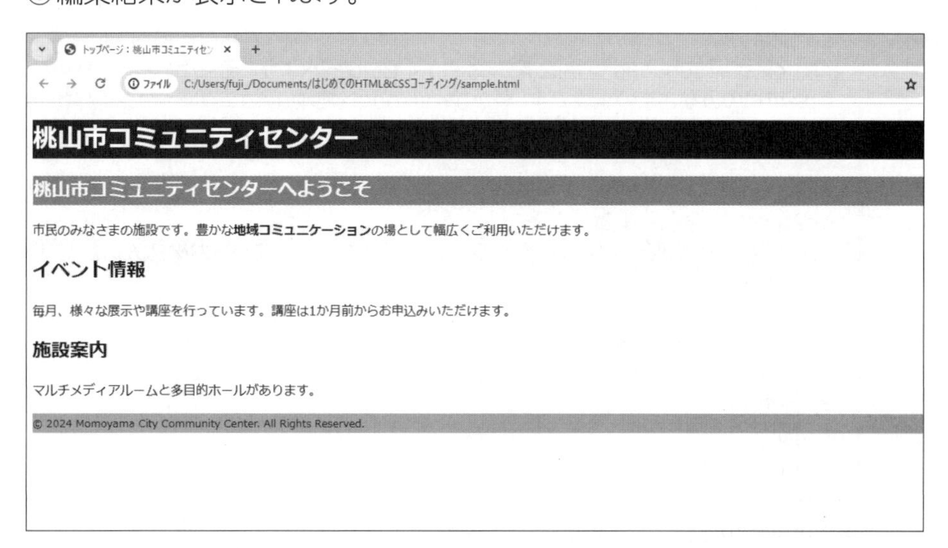

3 特定の範囲へのスタイルの設定

連続する複数の要素に対してスタイルを設定する場合は、**「div要素」**を使って複数の要素をグループ化します。div要素に対してスタイルを設定することで、グループ化した範囲の書式を変更できます。

■div要素

複数の要素をひとまとまりにし、グループ化します。

```
<div>内容</div>
```

コンテンツモデルはフローコンテンツです。
内容には、p要素（段落）やimg要素（画像）などのフローコンテンツを含むことができます。

CSSファイル**「samstyle.css」**を編集して、文字色を紺色（#000080）にするクラス**「navy」**を作成しましょう。
次に、HTMLファイル**「sample.html」**の見出し2**「イベント情報」**から段落**「マルチメディアルームと…」**までの範囲にクラス**「navy」**を設定しましょう。

①タスクバーの［メモ帳］をクリックして、メモ帳に切り替えます。
②メモ帳のタブをクリックして、**「samstyle.css」**に切り替えます。
③次のように入力します。

```
.subhead{
        background-color:#808000;
}
.navy{
    color:#000080;
}
```

※次の操作のために、上書き保存しておきましょう。

④メモ帳のタブをクリックして、**「sample.html」**に切り替えます。
⑤次のように入力します。

```
<article>
<h1 class="subhead">桃山市コミュニティセンターへようこそ</h1>
<p>市民のみなさまの施設です。豊かな<strong>地域コミュニケーション</strong>の場として幅広
くご利用いただけます。</p>
<div class="navy">
<section>
<h2>イベント情報</h2>
<p>毎月、様々な展示や講座を行っています。講座は1か月前からお申込みいただけます。</p>
</section>
<section>
<h2>施設案内</h2>
<p>マルチメディアルームと多目的ホールがあります。</p>
</section>
</div>
</article>
```

※次の操作のために、上書き保存しておきましょう。

⑥タスクバーのをクリックして、Google Chromeに切り替えます。
⑦（このページを再読み込みします）をクリックします。
⑧編集結果が表示されます。

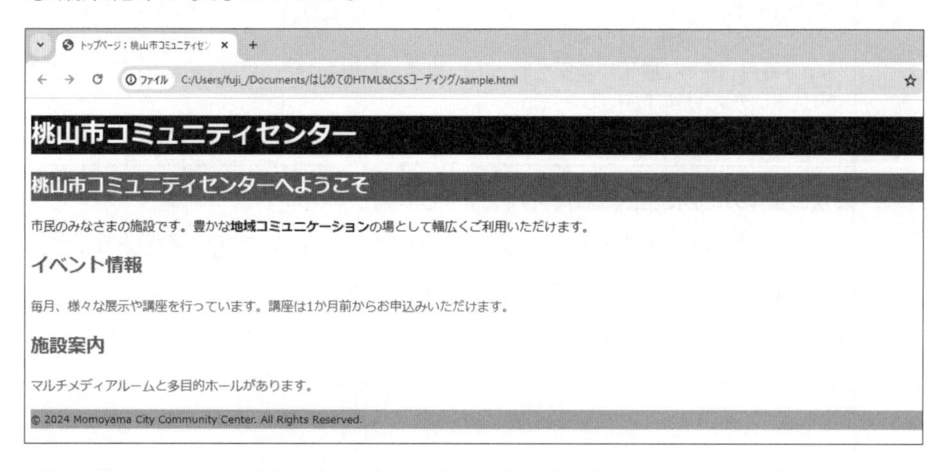

4　特定の文字列へのスタイルの設定

段落全体ではなく、特定の文字列に対してスタイルを設定する場合は、**「span要素」**を使って特定の文字列をひとまとまりにします。span要素に対してスタイルを設定することで、特定の文字列の書式を変更できます。

■span要素

特定の文字列をひとまとまりにします。

```
<span class="クラス名">文字列</span>
```

コンテンツモデルはフレージングコンテンツです。
内容には、a要素（リンク）やimg要素（画像）などのフレージングコンテンツを含むことができます。

例：段落内の「半角」という文字列をグループ化してクラス名「point」を設定
　<p><span class="point">半角</span>で入力します。</p>

CSSファイル**「samstyle.css」**を編集して、文字色を赤色（#ff0000）にするクラス**「red」**を作成しましょう。
次に、HTMLファイル**「sample.html」**の文字列**「1か月前から」**にクラス**「red」**を設定しましょう。

①タスクバーのをクリックして、メモ帳に切り替えます。
②メモ帳のタブをクリックして、**「samstyle.css」**に切り替えます。
③次のように入力します。

```
.navy{
    color:#000080;
}
.red{
    color:#ff0000;
}
```

※次の操作のために、上書き保存しておきましょう。

④メモ帳のタブをクリックして、「**sample.html**」に切り替えます。

⑤次のように入力します。

```
<section>
<h2>イベント情報</h2>
<p>毎月、様々な展示や講座を行っています。講座は<span class="red">1か月前から</span>お申込みいただけます。</p>
</section>
```

※次の操作のために、上書き保存しておきましょう。

⑥タスクバーの をクリックして、Google Chromeに切り替えます。

⑦ (このページを再読み込みします)をクリックします。

⑧編集結果が表示されます。

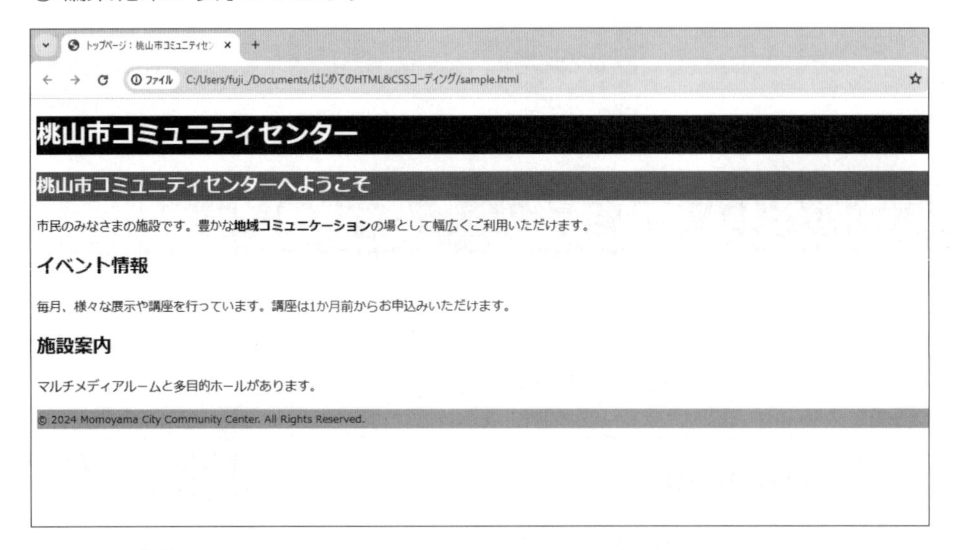

※メモ帳の × (タブを閉じる)をクリックして、すべてのファイルを閉じて終了しておきましょう。
※ブラウザーを終了しておきましょう。

STEP UP デベロッパーツール

Google Chromeには、Webページ作成者向けの機能「デベロッパーツール」が用意されています。「Elements」タブでは、HTMLとCSSをリアルタイムで編集して、変更した結果のイメージをすぐにブラウザー上で確認できます。デザインや数値を微調整したり、コードを確認したりするときに便利です。
デベロッパーツールを起動する方法は次のとおりです。

◆Google Chromeで表示したWebページの画面上で右クリック→《検証》

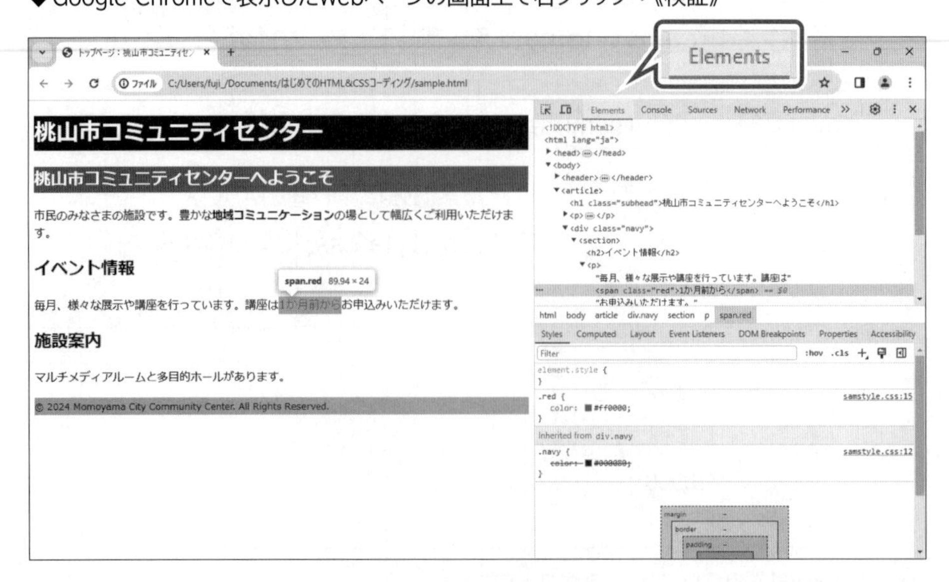

第3章

Webサイトの構築

STEP 1 Webサイト構築の流れを確認する

1 Webサイト構築の流れ

Webサイトを構築する流れは、次のとおりです。

1 Webサイト開設の準備をする

Webサイトを公開するWWWサーバーを決定します。

2 Webサイトを設計する

Webサイトの目的を明確にし、Webサイトのページ構成やフォルダー構成など、Webサイトを作成する際のルールを検討します。

3 Webサイトの基本デザインを検討する

アクセシビリティやユーザビリティなどに配慮した上で、Webサイトのデザインを検討します。
また、様々なデバイスでの閲覧に適したWebサイトになるよう、レスポンシブWebデザインの対応も行います。

4 Webページを作成する

文章や画像ファイル、動画ファイルなど、Webページに盛り込む素材を集め、実際にWebページを作成します。

5 Webサイトを転送する

完成したWebサイトをWWWサーバーに転送します。

6 Webサイトを運用・更新する

Webサイトに常に新しい情報が掲載されるよう更新します。
また、どのようなユーザーがWebサイトを閲覧しているかアクセスログ解析を行います。

STEP 2 Webサイト開設の準備をする

1 Webサイトの公開場所の検討

Webサイトを開設するためには、まず、Webサイトを公開する場所を決めましょう。
Webサイトを公開する場所は、次の3つがあります。

・プロバイダー
・レンタルサーバー
・自社サーバー

1 プロバイダー

プロバイダーのWebサイト開設サービスを利用します。自分が契約しているプロバイダーのサービスを利用すると気軽で簡単です。主に個人ユーザーのWebサイトを公開する場所として利用されます。しかし、WWWサーバーへのデータの保存容量が小さかったり、使用できるプログラムに制限があったりするなど、自分が考えていた機能が使えないことがあるので注意が必要です。
通常はプロバイダーのドメイン名を利用しますが、独自のドメイン名を取得できるプロバイダーもあります。

2 レンタルサーバー

サーバー管理会社の所有するサーバーの一部をレンタルして利用します。プロバイダーのサービスよりも、データの保存容量が大きく、使用できるプログラムの制限は少なくなります。オンラインショップで使う注文フォームやショッピングカートなどを利用することもできます。また、日々の運用管理やセキュリティ対策などはサーバー管理会社で行うので便利です。
レンタルサーバーでは、独自のドメイン名を取得できる場合が多いので、主に企業や団体のWebサイトを公開する場所として利用されます。

3 自社サーバー

企業が自社で構築したWWWサーバーを利用します。専門業者に頼らず、自社でサーバーや回線を準備したり、セキュリティやバックアップなども考慮したりしなければなりません。知識や費用が必要ですが、自社に合わせた柔軟な設定ができます。

STEP UP 独自のドメイン名

「ドメイン名」とは、Webサイトの場所を表すURLの名前の部分です。

https://www.fom.fujitsu.com/goods/
ドメイン名

企業や団体がWebサイトを公開する場合、独自のドメイン名を取得することが重要です。URLは、企業や団体にとっては、看板の1つです。独自のドメイン名を取得すると、覚えやすいドメイン名にしたり、企業にちなんだドメイン名にしたりすることができます。企業のイメージアップや信頼度アップにつながります。
各ドメイン情報は、「レジストリ」と呼ばれる機関が管理しています。このレジストリと直接契約を結びドメインの登録・販売を行うのが「レジストラ」と呼ばれるドメイン登録業者です。
レジストラのほかに、レジストラを通してドメインの登録・販売を行う会社や、プロバイダーやレンタルサーバーでも、ドメイン登録サービスを取り扱うところもあります。
ドメイン名は、世界中で固有のものになるため、同じドメイン名は取得できません。ドメイン名の登録は先着順なので、希望のドメイン名がある場合は、早めに登録するとよいでしょう。

STEP UP レンタルサーバーの種類

Webサイトの用途に合わせて、レンタルサーバーを選択します。
個人で情報を発信するためのWebサイトであれば、無料のレンタルサーバーでもかまいませんが、企業でお客様の情報を扱うWebサイトの場合、セキュリティ面の考慮が必要です。情報交換などをメインに行うコミュニティサイトなど比較的アクセスが多いWebサイトでは、WWWサーバーの信頼性や容量が重要です。
レンタルサーバーの種類には、次のようなものがあります。

種類	説明	規模	メリット	デメリット
共用サーバー	1台のサーバーを複数のユーザーで共有	小から中規模の個人・ビジネスWebサイト向け	・安価 ・サーバーの管理、運用が不要 ・安定した運用	・自由度が低い ・ほかのユーザーの転送量によって速度が低下 ・容量が大きい
専用サーバー	1台のサーバーを1ユーザーで占有	小から大規模のビジネスWebサイト向け	・自由度が高い ・容量が大きい	・高価 ・サーバーの管理、運用が必要
VPSサーバー	1台のサーバーで仮想サーバーを用意し、1台の仮想サーバーを1ユーザーで占有	小から中規模のビジネスWebサイト向け	・やや安価 ・自由度が高い ・容量が大きい	・サーバーの管理、運用が必要

STEP 3 Webサイトを設計する

1 Webサイトの目的の明確化

Webサイトを構築するにあたり、どのような目的のWebサイトを作りたいのかをはっきりさせておくことが必要です。1つの企業が運営するWebサイトには、目的によって複数のパターンがあり、掲載する内容も、デザイン・レイアウトも、ユーザー層も全く異なります。
企業が運営するサイトのパターンの例として、次のようなものがあります。

●コーポレートサイト

事業内容、プレスリリース、経営理念、実績、事業所一覧、採用情報、財務・IR情報など、企業の基本的な情報を掲載するサイトです。取引先の企業や株主、求職者など、幅広い層の方が閲覧する可能性を想定しておきましょう。

●ブランドサイト

企業が自社の商品・サービスのブランドをアピールするためのサイトです。1つの企業が商品・サービスごとに複数のブランドサイトを設けることもあります。商品・サービスの特長やコンセプトをわかりやすく伝えるために、その世界観に没入できるような画像や動画を多用し、デザインにもこだわりを持って作成することが多いです。

●ECサイト

自社の商品・サービスを、インターネット上で販売するためのサイトです。ECはEコマース(E-Commerce)を意味します。オンラインショップ、ネットショップとも呼ばれます。購入者が商品・サービスを選び、決済を行うまでの間に途中離脱しないよう、わかりやすい導線を作ることが重要です。

●ティザーサイト

新商品や新サービスのリリース前に、予告を行うためのサイトです。ティザーとは、焦らすという意味があり、ティザーサイトで情報を少しずつ小出しに公開していくことで、ターゲット層に期待を持たせる効果があります。

●コミュニティサイト

主に、自社の商品・サービスを既に知っている・利用しているファンを対象としたサイトです。ユーザーの満足度を高めたり、企業イメージをアップさせたりする効果があります。クローズドな会員制サイトにすることが多く、その中で企業と顧客、または顧客同士が交流できるようにしたり、限定情報や限定クーポンを提供したりすることで、特別感を与えます。

2 Webサイトのページ構成の検討

Webサイトをどのように組み立てるかを考えます。表紙にあたるトップページからそれぞれのWebページに移動するという構成が、最も一般的です。各Webページのリンクのつながりを書き出してみるとよいでしょう。トップページからリンクするWebページの数や、階層のバランスも考えましょう。

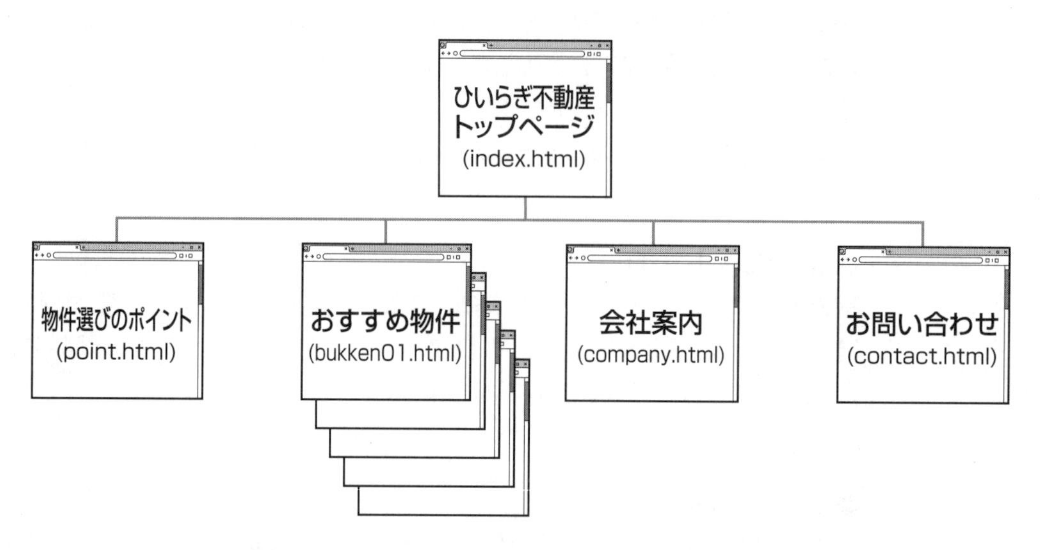

3 Webサイトのフォルダー構成の検討

Webサイトで扱うファイルが多くなると、ファイルを探すのに時間がかかったり、ファイル名が重複しないよう苦労したりとファイルの管理が煩雑になります。Webサイト内のファイルは、種類やWebページ単位で分類して管理するとよいでしょう。
Webサイトの設計時に、どのようにファイルを分類するかを決めておき、Webページを保存する際、それに基づいて適切なフォルダーに保存します。

●ファイルの種類ごとにフォルダーを構成

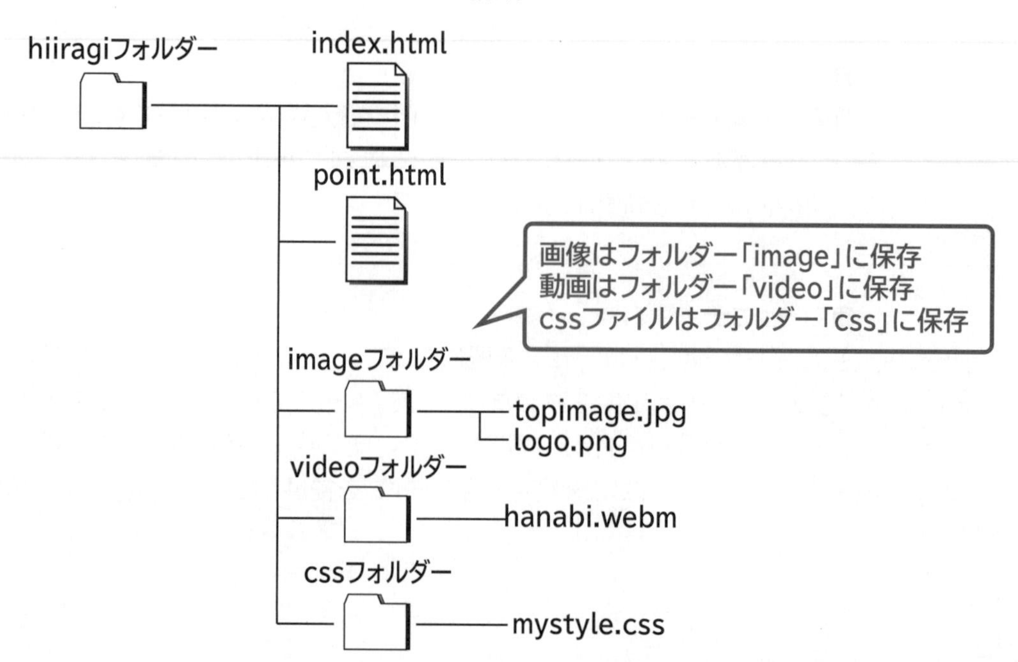

4 フォルダー名・ファイル名の規則の作成

フォルダー名やファイル名、拡張子の付け方を決めます。WWWサーバーによっては、日本語のフォルダー名やファイル名を正しく認識できなかったり、アルファベットの大文字と小文字を区別したりするので、フォルダー名やファイル名は、英数字の組み合わせで小文字にします。
ファイル名は、ファイルの内容に合わせて、識別しやすい名前を付けるようにします。Webサイト内で規則性を持たせて名前の付け方を統一しておくと管理しやすくなります。

POINT トップページのファイル名

多くのWWWサーバーでは、トップページに「index.html」というファイル名を付けておくと、ブラウザーでURLを入力するときに省略できます。例えば、「https://www.fom.fujitsu.com/」と入力すれば、自動的に「https://www.fom.fujitsu.com/index.html」と認識されます。

STEP UP クラス名の付け方

CSSのクラス名の付け方も、規則を設定しておくとよいでしょう。
クラス名を付ける場合は、次のような点に注意します。

- 英数字、「-」(ハイフン)、「_」(アンダースコア)のみを使用する
- スペースや特殊文字は使用できない
- 数字で始まる名前は使用できない
- 大文字と小文字は区別される
- 用途などがわかりやすい名前を付ける
  ※例えば、文字列にスタイルを指定する場合、「style1」よりも「event-style」の方がわかりやすいといえます。

5 運用ガイドラインの作成

Web担当者が変更になったとき、HTMLやCSSのコードをメンテナンスするのに時間がかかってしまった、ということがあります。そのようなことが起きないように、コードを記述するときのルール、フォルダー名やファイル名の規則、タイトルの付け方などをまとめた**「運用ガイドライン」**を作成しておくとよいでしょう。
運用ガイドラインは、素材集めやWebページ作成のときから作り始めて、運用開始時にはしっかり確立しておくことが重要です。ガイドラインに従ってWebサイト内のすべてのWebページを運用し、コードを記述するルール、フォルダー名やファイル名の規則などに変更が生じた場合はガイドラインも忘れずに修正しましょう。
運用ガイドラインを作成するときには、次のような項目を検討します。

- コードを記述するときのルール
- 対応ブラウザー(表示検証ブラウザー)
- フォルダー名やファイル名の規則
- タイトルの付け方　　など

Step4 Webサイトの基本デザインを検討する

1 デザインの統一

Webサイトのデザインで最も重要なのは、統一感を持たせることです。
CSSを使うことで、統一感のあるデザインを作成できます。
統一感のあるデザインで作成したWebサイトには、次のようなメリットがあります。

- メニューの位置や配色などを統一すると、ユーザーは短時間でそのWebサイトの操作を理解し、ストレスを感じずスムーズに情報を閲覧できる
- 企業のロゴやコーポレートカラーを使ってデザインを統一すると、企業の印象を強く残すことにつながる
- Webサイト管理者にとってメンテナンスが容易になる

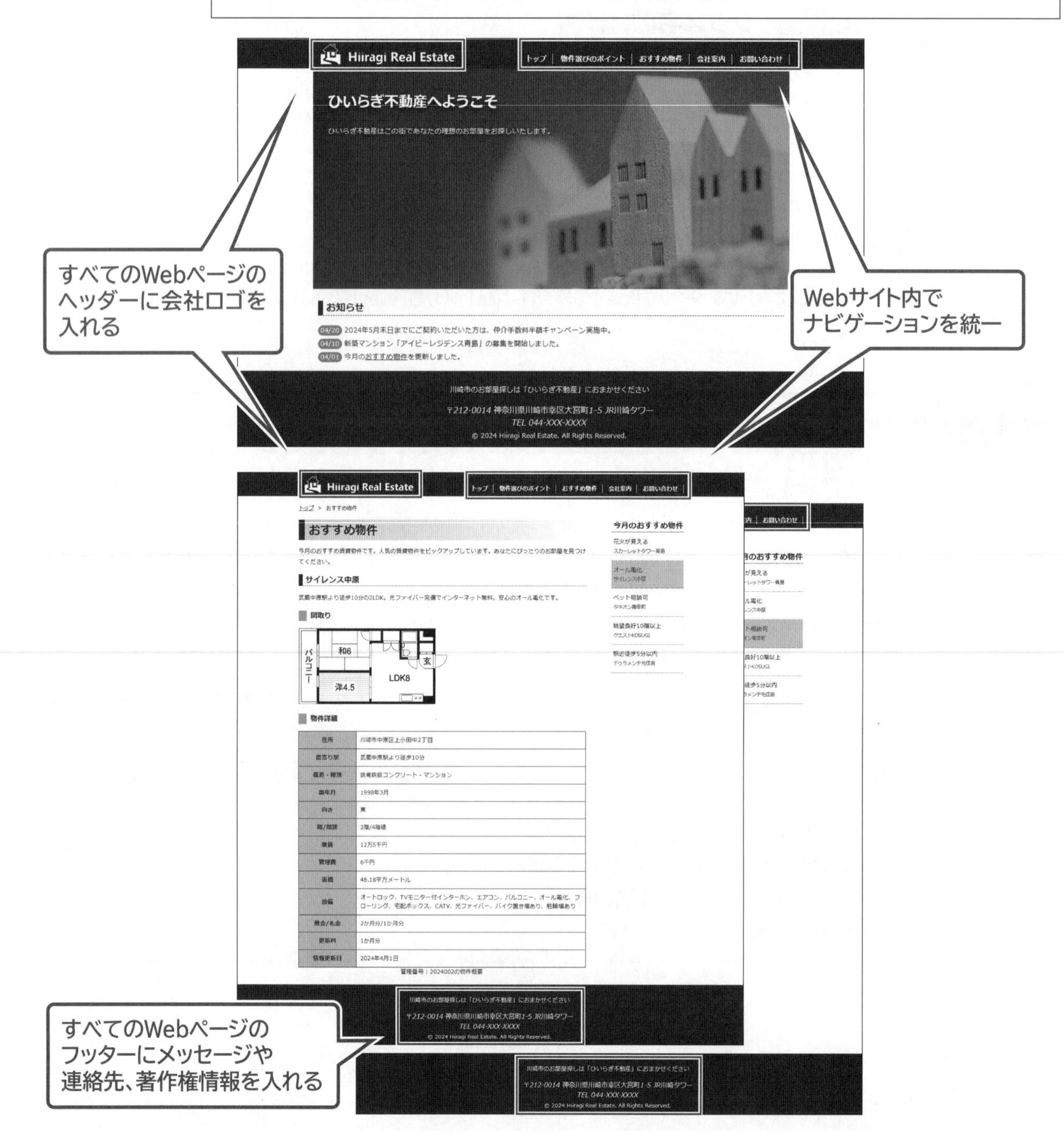

2 アクセシビリティへの配慮

「アクセシビリティ」とは、高齢者や障がい者などを含むできる限り多くの人々が使えるかどうかを表す言葉です。
公開したWebサイトは、多くのユーザーに閲覧されます。利用しているデバイスの種類やブラウザーなども、ユーザーによって違います。様々な利用環境に配慮し、誰でも閲覧できるWebサイトを作成するように心掛けましょう。

●使用する言語を明示する

HTMLファイルで使われている言語を指定しないと、音声ブラウザーで正しく読み上げられないことがあります。使用言語が日本語の場合、各ファイルに日本語を使うことを明示します。

●Webページに適切なタイトルを付ける

Webページのタイトルはブラウザーのタブやブックマークに表示されるだけでなく、音声ブラウザーで最初に読み上げられる重要な部分です。Webページの内容が的確に伝わるタイトルをWebサイト内のすべてのWebページに付けましょう。

●背景と文字列のコントラストを強くする

色の組み合わせによっては、文字列や画像が見えにくくなる場合があります。例えば、細かい模様を使った背景の上には文字列を置かないようにし、背景と文字列はコントラスト（明度差など）を強くして文字列を際立たせましょう。

●画像に代替テキストを設定する

画像に内容を説明する代替テキストを設定しておくと、音声ブラウザーを利用してWebページを閲覧する場合に、その代替テキストが読み上げられます。
また、文字だけを表示するブラウザーを利用している場合や、通信の問題などで画像が正常に読み込まれなかった場合でも画像の内容を代替テキストで知ることができます。

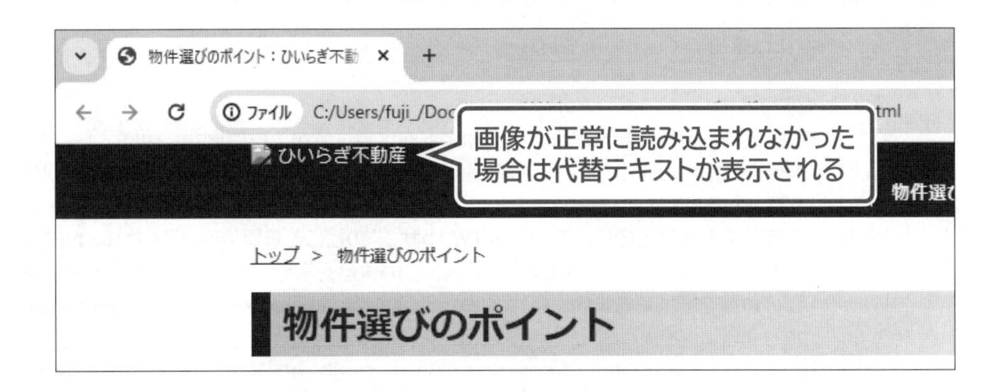

●記号（○、×、→など）はそのまま使用しない

音声ブラウザーを利用する場合、記号が作成者の意図したとおりに読み上げられないことがあります。記号だけによる表現を避け、次のように文字を併記するとよいでしょう。

商品番号	在庫
A-001	○（あり）
A-002	×（なし）

●機種依存文字は使用しない

丸付き数字、ローマ数字などは機種依存文字です。機種依存文字は、文字化けの原因になるので、使わないようにしましょう。主な機種依存文字は、次のとおりです。

①②③④⑤⑥⑦⑧⑨⑩⑪⑫⑬⑭⑮⑯⑰⑱⑲⑳
Ⅰ Ⅱ Ⅲ Ⅳ Ⅴ Ⅵ Ⅶ Ⅷ Ⅸ Ⅹ
№K.K.℡㊤㊥㊦㈱㈲㈹㍾㍽㍼㍻㋿
㎜㎝㎞㎎㏄㍉㌔㌢㍍㌘㌧㌃㌶㍑㍗㌍㌦㌣㌫㍊㌻

3 ユーザビリティの向上

「ユーザビリティ」とは使いやすさのことです。どこに何があるのかわかりやすい、操作に迷うことがなく使いやすいと感じるようなとき、それはそのWebサイトのユーザビリティが高い状態であることを意味します。
使いやすさを考えるには、そのWebサイトがどのように使われるのかを考える必要があります。例えば、Webサイトを見ることに慣れている人と慣れていない人では、使いやすいと感じるものが変わってきます。Webサイトで情報を検索することに慣れた人は、検索方法を指定する画面に入力項目がたくさん並んでいても、使いにくいと感じることは少ないでしょう。しかし、Webサイトをあまり利用していない人は、多くの入力項目に圧倒され、使いにくいと感じるでしょう。
ユーザビリティの高いWebサイトを作成するには、利用状況を想定し、その利用状況に最適なデザインを考える必要があります。

STEP UP ユーザビリティを向上させるための具体例

ユーザビリティを向上させるための具体例として、次のようなものがあります。

●パンくずリスト

「パンくずリスト」とは、現在表示されているWebページの位置を上位階層から順に、リンクのリストで表示したものです。ユーザーがWebサイト内での現在の位置を簡単に確認でき、いつでも上位階層のWebページに移動できるという特徴があります。
Webページを閲覧している際に、ユーザーはWebサイトのどこを参照しているのかわからなくなることがあります。各Webページに、Webサイト内でのWebページの位置を表示しておくと、ユーザーは現在表示されているWebページの位置を把握できます。

●サイトマップ

「サイトマップ」とは、Webサイトを構成するWebページの一覧を表示したWebページのことです。Webサイトの階層が深く、どこに何があるのかナビゲーションメニューから判断できない場合に備えて、サイトマップを用意します。サイトマップからたどることで、ユーザーはWebサイト内の必要な情報をすばやく見つけることができます。

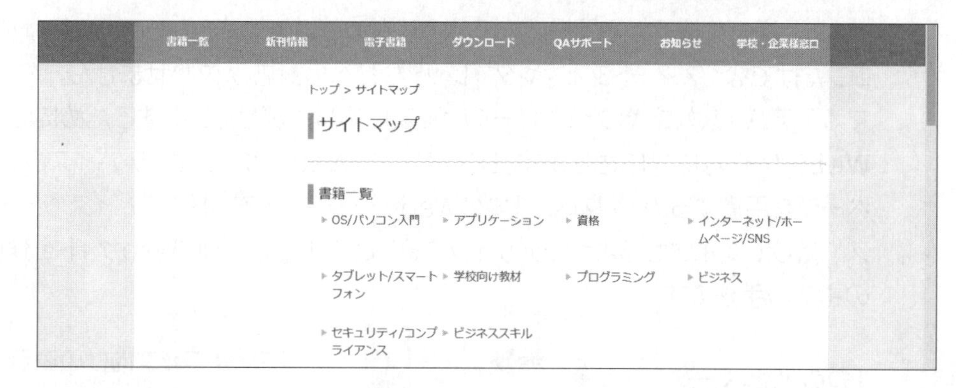

STEP UP Webページのレイアウト

情報を整理して見やすくするために、Webページのレイアウトは、カラム（段組み、列）を使って作成することが多くあります。このカラムの数によって、「シングルカラムレイアウト」「マルチカラムレイアウト」などと呼ばれます。

●シングルカラムレイアウト

ヘッダー
コンテンツ
フッター

1段で構成されるレイアウトです。次のような特徴があります。

- メインのコンテンツに集中して読んでもらいやすい
- 縦方向にスクロールして閲覧するため、スマートフォンなどの操作と親和性がある
- 1ページに表示する情報量が少なめのコンテンツに向いている

●マルチカラムレイアウト

2カラム

3カラム

ヘッダー
サイドバー
コンテンツ
サイドバー
フッター

複数の段で構成されるレイアウトです。段が多すぎると読みづらくなるため、2カラムまたは3カラムを使用することが多く、次のような特徴があります。

- メインコンテンツの横にサイドバーを置くため、情報を分類でき、見る側も探しやすい
- ほかのページに掲載している記事や関連情報などに誘導しやすい
- スマートフォンなど画面幅の狭い端末では見づらくなるため、レスポンシブWebデザインへの対応が必要

4 レスポンシブWebデザインへの対応

スマートフォンやタブレットなどのスマートデバイスの普及により、Webページはパソコンだけでなく、様々な機器から閲覧されるようになっています。そのため、Webサイト作成は、パソコンだけでなくスマートフォンやタブレットなどへの対応が欠かせません。
マルチデバイス対応やブラウザーのサイズに応じたデザインにするためには、**「レスポンシブWebデザイン」**に対応させます。レスポンシブWebデザインは、デバイスごとに個別のWebページを用意するのではなく、1つのWebページのレイアウトをデバイスやディスプレイのサイズに応じて変化させるようにデザインすることです。効率的にWebサイトを作成できる、現在の主流の手法です。

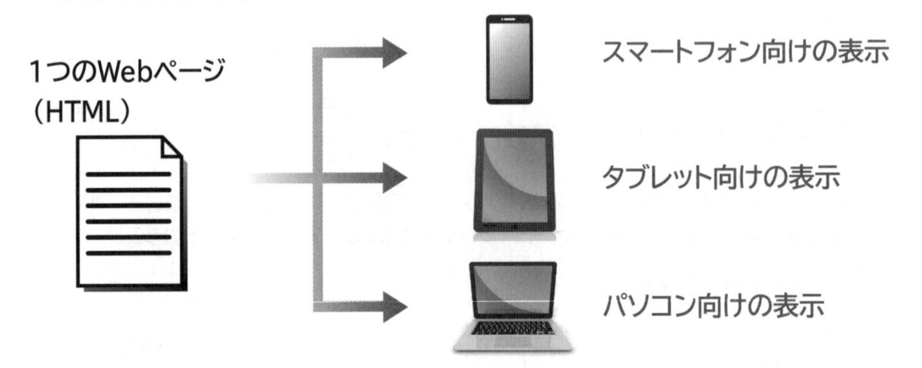

STEP UP Webサイトデザインの動向

Webサイトを閲覧するユーザーや閲覧するデバイスの多様化が進み、それに応じてWebサイトのデザインも変化してきています。スマートデバイス向けに着目したデザインとして、次のようなキーワードがあります。

キーワード	説明
モバイルファースト	地図アプリで検索しやすいように住所を明記したり、タップして電話がかけられるように電話番号を明記したりするなど、スマートデバイスを利用しているユーザーのことを考慮した設計です。
シングルページデザイン	スマートデバイスでは、タップしてページ遷移するよりスクロールする方が短時間で情報を入手できるため、効率的な情報提供を意識して、トップページや広告ページなどを縦に長いWebページにデザインする設計です。
フラットデザイン	Webページの容量の軽量化やスマートデバイス対応を意識し、光沢感や立体感のある凝ったデザインを避けて、シンプルな見せ方で内容の伝わりやすさを重視してデザインする設計です。

5 デザインガイドラインの作成

Webサイトをリニューアルしてデザインを統一しても、1年経ったらデザインがバラバラなWebページになっていた、ということがあります。新しいWebページを作成するときや、ほかの担当者にWebページの作成を依頼するときは、Webサイトのデザインを統一するための基準が必要になります。Webサイトの運営を効率的に行うには、これらのデザインの基準をまとめた**「デザインガイドライン」**を作成しておくとよいでしょう。
デザインガイドラインを作成するときには、次のような項目を検討します。

- メインカラーやサブカラー、オブジェクトの色
- 画像やボタンを配置するときの基準
- 写真加工のルール　　　など

STEP 5 Webページを作成する

1 素材の準備

Webサイトのページ構成案に基づいて、掲載すべき内容の原稿や画像ファイルなどを素材として用意します。画像については、デザインガイドラインに基づいて、写真やイラストなどを加工します。また、画像のファイル形式やファイル容量に注意する必要があります。
素材を用意するときは、市販の素材集やインターネット上の素材などを利用してもかまいません。ただし、利用条件に目を通し、自分の目的に合っているかどうかを確認しましょう。また、**「著作権」**や**「肖像権」**など他人の権利に注意する必要があります。

●著作権

「著作権」とは、人間の思想や感情を、文字や音、絵、写真などを使って創作的に表現されたものを他人に勝手に模倣させないように保護する権利のことです。
イラストやキャラクターを書き写して掲載したり、他人のWebサイトに掲載されていた写真を勝手に自分のWebサイトに掲載したりすることは、著作権の侵害にあたります。

●肖像権

「肖像権」とは、人の顔や姿を他人が勝手に写真、絵、彫刻などに表したり、公表したりさせないように保護する権利のことです。
自分で撮影した写真でも、ほかの人物が映っている場合には肖像権について考慮する必要があります。

2 画像のファイル形式

写真やイラストなどのデジタルデータを**「画像」**または**「画像ファイル」**（以下、**「画像」**と記載）といいます。画像にはGIF、JPEG、BMP、TIFF、PNG、WebPなど、様々なファイル形式があります。
インターネット上では、比較的ファイルサイズの小さい**「GIF形式」「JPEG形式」「PNG形式」「WebP形式」**などの画像を利用するのが一般的です。

●GIF形式

色数を256色まで表現できるファイル形式です。同じ色が連続する部分をまとめることでファイルサイズを小さくします。色数の少ないイラストなどで使用すると効果的です。特定の色を透明にできます。拡張子は**「gif」**です。

●JPEG形式

色数を約1670万色まで表現できるファイル形式です。画質を下げることでファイルサイズを小さくします。写真やグラデーションのあるイラストなどで使用すると効果的です。拡張子は**「jpg」**または**「jpeg」**です。

●**PNG形式**

色数を最大約280兆色まで表現できるファイル形式です。GIF形式と同じ特徴を持ちながら、GIF形式より多くの色数を表現できます。画質を下げずにファイルサイズを小さくします。拡張子は**「png」**です。

●**WebP形式**

Googleが開発したファイル形式です。画質を下げずにファイルサイズを小さくします。JPEG形式やPNG形式と比較して圧縮率が高いことが特徴です。拡張子は**「webp」**です。

POINT 画像のファイル容量

ファイル容量の大きいWebページはブラウザーに表示されるまでに時間がかかります。ユーザーはWebサイトに訪問しても、Webページがなかなか表示されないと、見るのをあきらめたり、別のWebサイトに移ってしまったりすることがあります。
Webページを作成する際に、1ページあたりのファイル容量が大きくなりすぎないように注意しましょう。

3 動画のファイル形式

ビデオのデジタルデータを**「動画」**または**「動画ファイル」**（以下、**「動画」**と記載）といいます。
動画にはMP4、WebM、MPEG、WMV、AVIなど、様々なファイル形式があります。
HTMLで作成したWebページで動画を再生するには、**「MP4形式」**や**「WebM形式」**などの動画を利用するのが一般的です。

●**MP4形式**

Appleが開発したファイル形式です。現在のほとんどのブラウザーはMP4形式の動画に対応しています。
スマートフォンやタブレットなどのデバイスでも再生できるため、現在最も一般的に使われている動画の形式です。拡張子は**「mp4」**です。

●**WebM形式**

Googleが開発したファイル形式です。Google Chrome、Microsoft Edge、Firefoxなどのブラウザーで再生できます。拡張子は**「webm」**です。

STEP UP 動画投稿サイトの活用

動画を見せたい場合、動画投稿サイトを活用するという方法もあります。動画投稿サイトに動画をアップロードし、Webページからその動画にリンクさせたり、Webページ内に埋め込んだりすることができます。

STEP 6 Webサイトを転送する

1 ファイルの転送

Webサイトが完成したら、自分のパソコンにあるWebサイトの各ファイルをインターネット上のWWWサーバーに転送します。ファイルを転送するとインターネット上に公開され、多くの人が閲覧できるようになります。
ファイルを転送するには、次の2つの方法があります。

●ブラウザー画面から管理メニューを利用する
プロバイダーやレンタルサーバーのWebサイトにファイルを転送する機能が用意されている場合があります。契約しているユーザーIDとパスワードを使ってWebサイトにログインして、ファイルをドラッグするだけでWWWサーバーに転送することができます。
※転送する手順の詳細は、契約しているプロバイダーやレンタルサーバーのWebサイトを確認してください。

●FTPツールを利用する
「FTP」とは、**「File Transfer Protocol」**の略でファイルを転送するための通信手順のことです。FTPツールを利用すると、Webサイトのファイルを WWWサーバーに転送することができます。
ファイルを転送するには、FTPサーバー名やFTPアカウント名、FTPパスワードなどの情報が必要です。これらの情報は、プロバイダーやレンタルサーバーと契約したときに提供されます。

2 ファイル転送前のチェック

ファイルをWWWサーバーに転送すると、世界中の人がWebサイトを見ることができるようになります。データに間違いがないかどうかなど、ファイル転送前に次のようなチェックをしましょう。

- ✓ 余分なファイルがないか
- ✓ ファイル容量は適切か
- ✓ 画像や動画はすべてそろっているか
- ✓ リンクが切れていないか
- ✓ CSSは正しく適用されるか
- ✓ アクセシビリティに問題がないか

STEP 7 Webサイトを運用・更新する

1 Webサイトの運用・更新

Webサイトを公開したあとも、常に新しい情報に更新する必要があります。更新されないまま、同じ情報が掲載されているWebサイトは、ユーザーに飽きられ再度閲覧してもらえず、アクセス数を増やすことができません。
また、掲載している情報は、いずれは古くなり、場合によっては間違った情報になってしまうこともあります。そのようなWebサイトは信用度が低下し、さらにアクセス数が減ってしまうことにもなりかねません。
Webサイトは公開した時点をスタートと考え、常に新しく魅力ある情報を発信していくことが大切です。
Webサイトを運用・更新していくには、次のようなことに注意します。

- **定期的な更新をする（月に3～4回、週に1回など更新回数や更新日を決める）**
- **いつの情報なのか、年度を含めてはっきりと明示する**
- **運用ルールのガイドライン、体制を明確にする**

2 アクセスログ解析の利用

Webサイトを開設したあと、アクセス数などを調べるには**「アクセスログ解析」**を使います。アクセスログ解析を行うと、次のような情報を得ることができます。

- **Webサイトにアクセスした人数**
- **Webサイトにアクセスした時刻や滞在時間**
- **WebサイトにアクセスしたデバイスのOSやブラウザー**
- **Webサイトにアクセスしたときのリンク元のURL**
- **検索エンジンでWebサイトを検索したときのキーワード**
- **各Webページのアクセスされた回数　　　など**

これらの情報から、ユーザーがWebサイト内でどのような経路でWebページを閲覧しているか、ユーザーがどのWebページを目的に閲覧しているかなどがわかります。Webサイト内で移動しやすく、集客力の高いWebサイトにしていくには、アクセスログ解析は欠かせません。
アクセスログ解析を行うには、無料の解析ツールや契約しているプロバイダーなどで提供されている解析ツールを利用する方法、アクセスログ解析を専門に行っている企業に依頼する方法などがあります。

第4章

トップページの作成

STEP 1 作成するWebサイトを確認する

1 作成するWebサイトの確認

本書では、次のようなWebサイトを作成します。

●トップページ（index.html）

●物件選びのポイント（point.html）

●おすすめ物件（bukken01.htmlからbukken05.html）

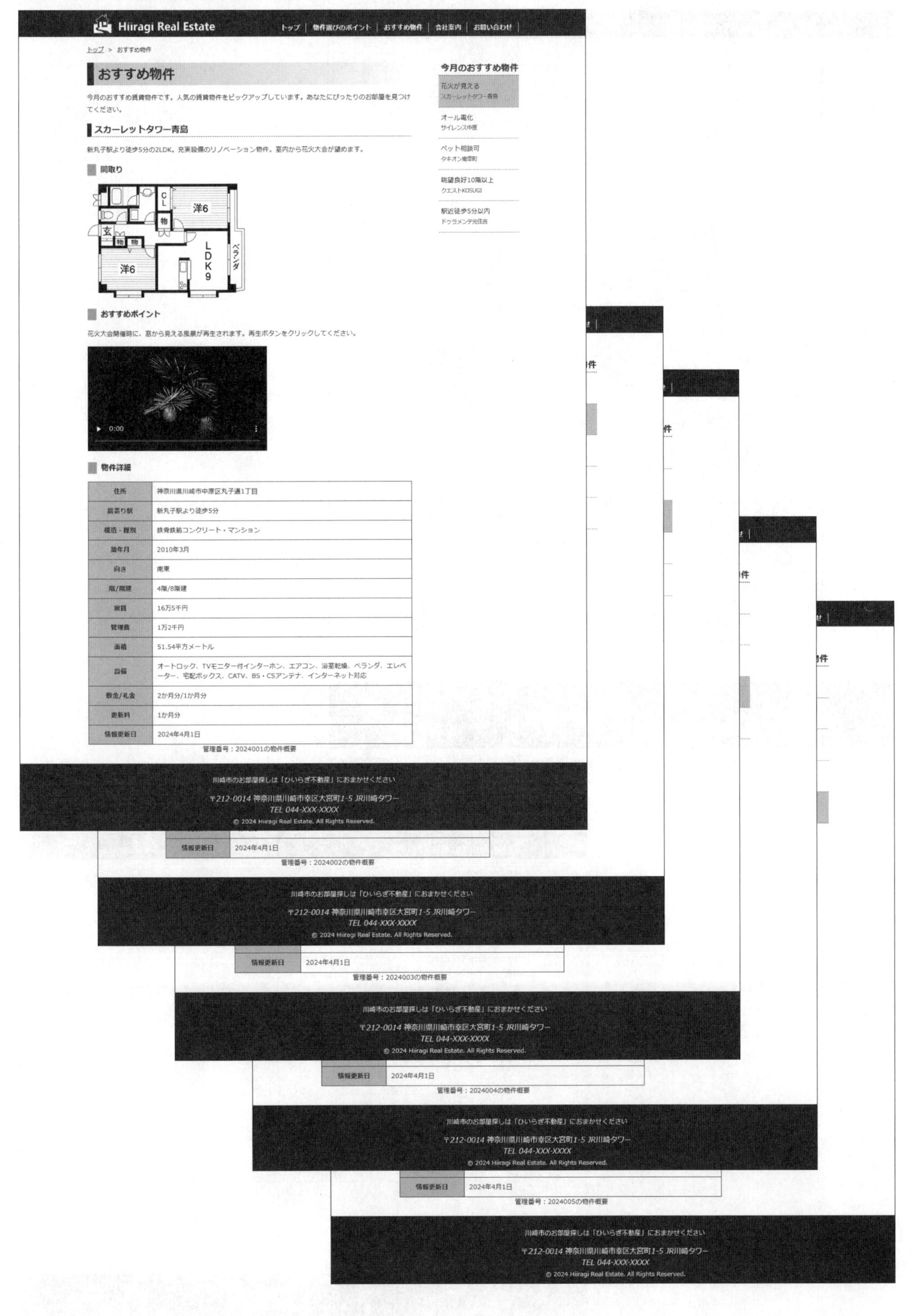

●会社案内（company.html）

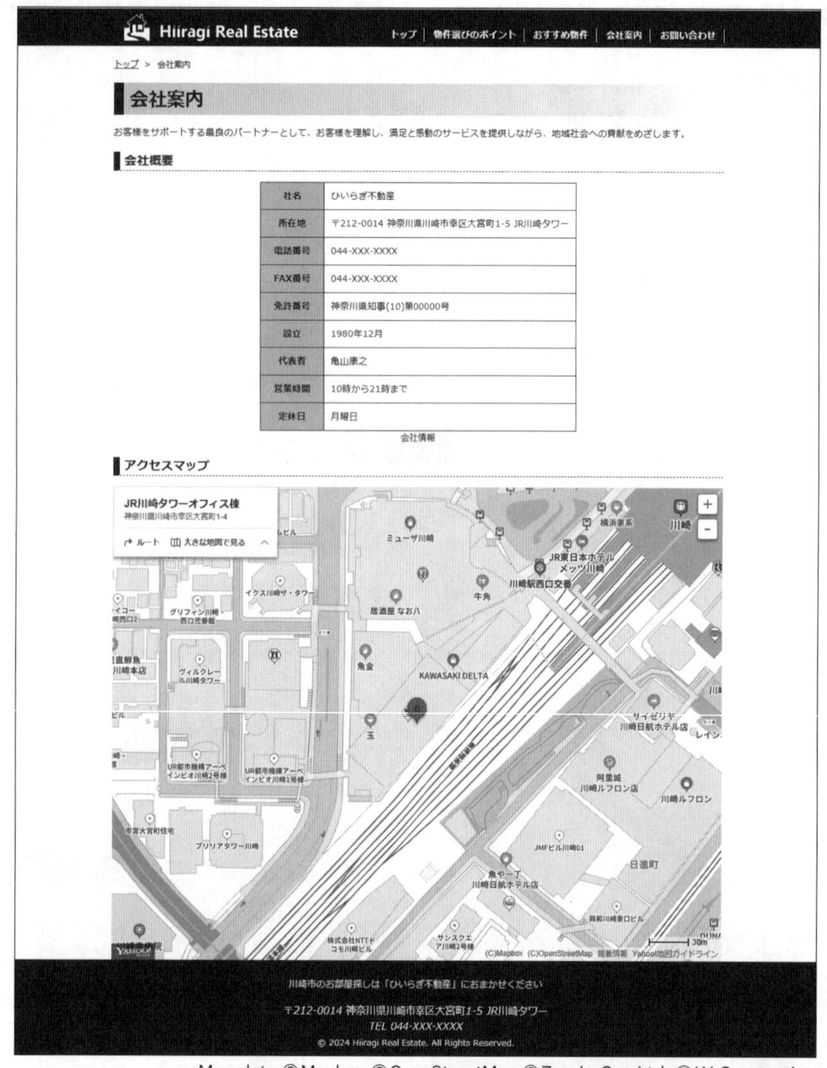

Map data ©Mapbox ©OpenStreetMap ©Zenrin Co., Ltd. ©LY Corporation

●お問い合わせ（contact.html）

2 各Webページを作成する手順

本書では、次のような手順でWebサイトを作成します。

1 トップページの作成

トップページでは、文書型宣言やWebページの基本構造を作成します。さらに、会社ロゴやナビゲーションの配置、著作権表示など、Webサイトのデザインの基本となるスタイルを設定します。

2 サブページ「物件選びのポイント」の作成

トップページの文書型宣言や基本構造、基本のスタイルをもとに、サブページ「物件選びのポイント」を作成します。
サブページでは、パンくずリストや見出しなど、サブページ独自の部品を作成し、スタイルを設定します。

3 リンクの設定

トップページとサブページ間のリンクを設定します。

4 Webページの検証

SEO対策、Webアクセシビリティ、ほかのブラウザーでの表示、スマートフォン・タブレットでの表示、印刷結果を確認します。
※トップページとサブページ「物件選びのポイント」の2種類のWebページができた時点で検証を行い、残りのサブページを作成すると効率的です。

5 残りのサブページの作成

サブページ「物件選びのポイント」をもとに、残りのサブページを作成します。既存のサブページをもとにすることで、効率的に作成できます。

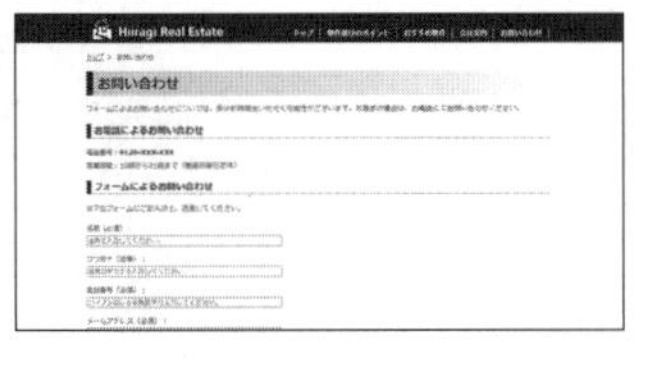

STEP 2 作成するWebページを確認する

1 作成するWebページの確認

この章では、次のようなWebページを作成します。

●index.html

ここでは、トップページを作成します。

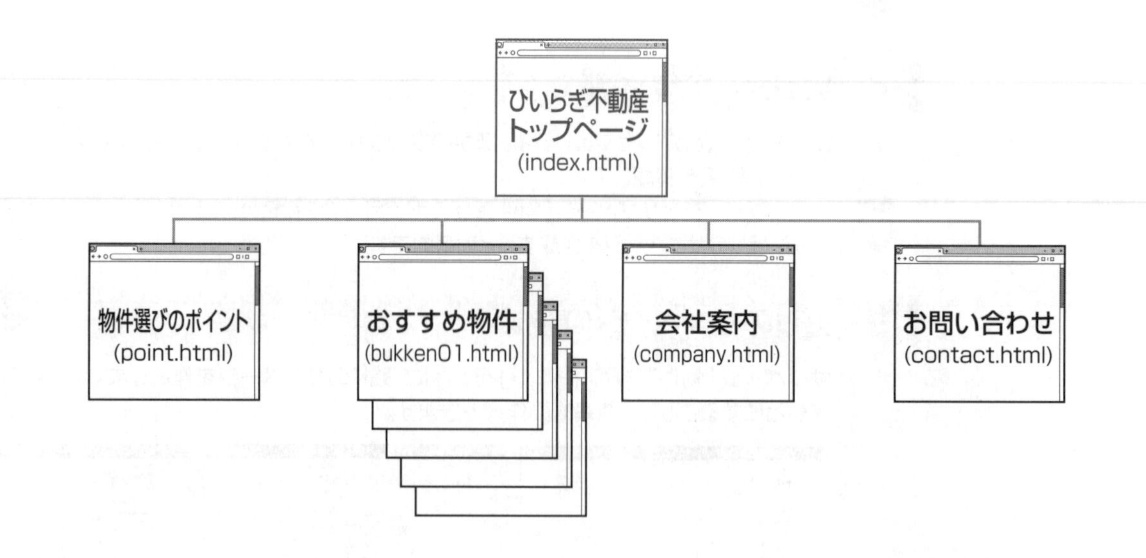

2 作成済みファイルの確認

本書では、HTMLファイル**「index.html」**とCSSファイル**「mystyle.css」**は途中まで作成済みです。**「index.html」**と**「mystyle.css」**はフォルダー**「hiiragi」**に保存されています。
作成済みの内容を確認しましょう。

①フォルダー**「はじめてのHTML&CSSコーディング」**を開きます。
②フォルダー**「hiiragi」**を開きます。
③**「index.html」**を右クリックします。
④**《メモ帳で編集》**をクリックします。
⑤HTMLファイルの基本構造、ヘッダー、メイン記事、サブ記事、フッター部分が記述されていることを確認します。

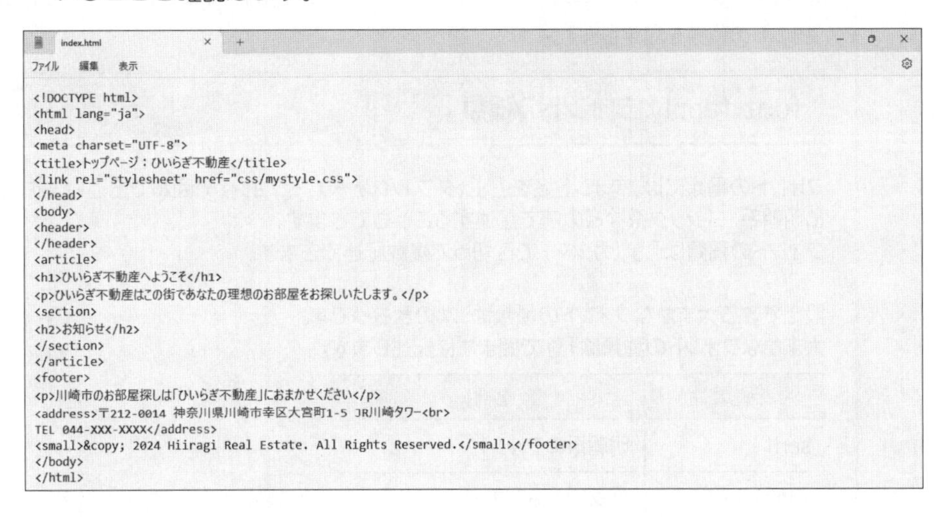


```
<!DOCTYPE html>
<html lang="ja">
<head>
<meta charset="UTF-8">
<title>トップページ：ひいらぎ不動産</title>
<link rel="stylesheet" href="css/mystyle.css">
</head>
<body>
<header>
</header>
<article>
<h1>ひいらぎ不動産へようこそ</h1>
<p>ひいらぎ不動産はこの街であなたの理想のお部屋をお探しいたします。</p>
<section>
<h2>お知らせ</h2>
</section>
</article>
<footer>
<p>川崎市のお部屋探しは「ひいらぎ不動産」におまかせください</p>
<address>〒212-0014 神奈川県川崎市幸区大宮町1-5 JR川崎タワー<br>
TEL 044-XXX-XXXX</address>
<small>&copy; 2024 Hiiragi Real Estate. All Rights Reserved.</small></footer>
</body>
</html>
```

⑥フォルダー**「css」**を開きます。
⑦**「mystyle.css」**をダブルクリックします。
⑧body要素に背景色と文字色が記述されていることを確認します。

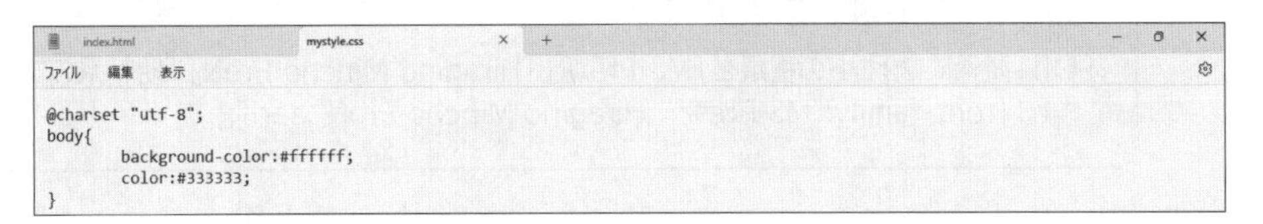


```
@charset "utf-8";
body{
	background-color:#ffffff;
	color:#333333;
}
```

⑨フォルダー**「hiiragi」**を開きます。
⑩**「index.html」**を右クリックします。
⑪**《プログラムから開く》**をポイントします。
⑫**《Google Chrome》**をクリックします。
⑬Webページの内容を確認します。

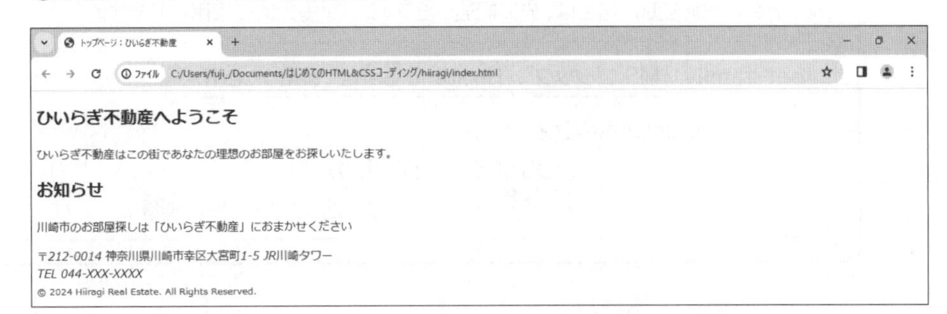

STEP 3 文字列のスタイルを設定する

1 フォントの設定

文字の書体のことを**「フォント」**といいます。Webページで表示されるフォントの種類を設定する場合は、**「font-familyプロパティ」**を使います。フォントの種類を省略した場合は、既定のフォントで表示されます。既定のフォントはOSやブラウザーによって異なります。

■font-familyプロパティ

フォントの種類を設定します。

```
font-family:フォントの種類
```

フォントの種類には、フォント名を「"」(ダブルクォーテーション)で囲んで記述します。フォントを大まかに明朝系、ゴシック系などの値で記述することもできます。
フォントの種類は「,」(カンマ)で区切って複数記述できます。

設定できる大まかなフォントの種類は、次のとおりです。
大まかなフォントの種類は「"」で囲まずに記述します。

種類	説明
serif	明朝系のフォント
sans-serif	ゴシック系のフォント
cursive	筆記体や草書体のフォント
fantasy	装飾系のフォント
monospace	等幅のフォント

例:h1要素にフォントの種類を「MS P明朝」「Hiragino Mincho ProN」「明朝系のフォント」を設定
h1{font-family:"MS P明朝","Hiragino Mincho ProN",serif;}

POINT フォントの指定と優先度

font-familyプロパティにフォントを記述する場合は、「Windows用のフォント名」と「macOS/iOS/iPadOS用のフォント名」を記述したあと、「大まかなフォントの種類」を記述します。「大まかなフォントの種類」を記述しておくと、ユーザーの環境に指定したフォントがないときでも、イメージと異なるフォントが表示されるのを防ぐことができます。
フォントを複数記述した場合は、先に記述したフォントが優先的に適用されます。

```
font-family:"MS ゴシック","Hiragino Sans",sans-serif
```

- "MS ゴシック":Windows用のフォント名
- "Hiragino Sans":macOS/iOS/iPadOS用のフォント名
- sans-serif:大まかなフォントの種類

CSSファイル**「mystyle.css」**を編集して、Webページ全体（body要素）のフォントの種類を設定しましょう。1番目に**「メイリオ」**、2番目に**「Hiragino Sans」**、3番目にゴシック系のフォントを指定します。

①タスクバーのをクリックして、**「mystyle.css」**に切り替えます。

②次のように入力します。

```
body{
    background-color:#ffffff;
    color:#333333;
    font-family:"メイリオ","Hiragino Sans",sans-serif;
}
```

※次の操作のために、上書き保存しておきましょう。

③タスクバーのをクリックして、Google Chromeに切り替えます。

④（このページを再読み込みします）をクリックします。

⑤編集結果が表示されます。

※お使いの環境によって、表示が異なる場合があります。本書では、Windowsの標準フォントがメイリオになっているため、ブラウザー上での表示に変化はありません。

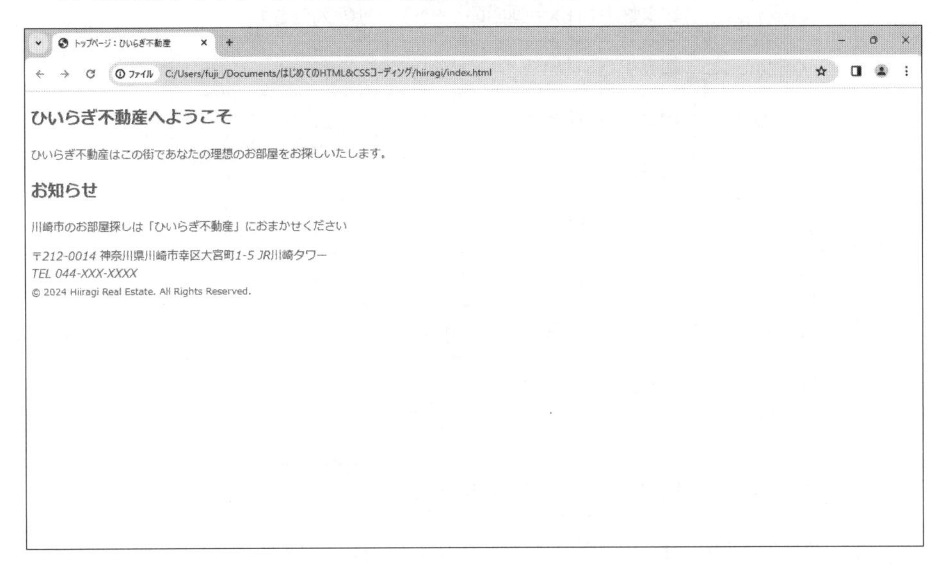

STEP UP メイリオとHiragino Sans

「メイリオ」は、Windowsに標準添付されている日本語フォントの1つです。フォントを高精細で明瞭に表示できるゴシック系のフォントです。
「Hiragino Sans」は、macOS/iOS/iPadOSに標準添付されているゴシック系の日本語フォントの1つです。

●メイリオ

ひいらぎ不動産へようこそ

●Hiragino Sans

ひいらぎ不動産へようこそ

2 フォントサイズの設定

フォントサイズを設定する場合は、**「font-sizeプロパティ」**を使います。

■font-sizeプロパティ

フォントサイズを設定します。

```
font-size:サイズ
```

サイズは、数値+単位または%、キーワードで設定します。
設定できるサイズは、次のとおりです。

サイズ	説明
数値+%	親要素のサイズに対する割合
数値+em	親要素のサイズに対する割合で100%が1em
数値+rem	html要素のサイズに対する割合で100%が1rem
数値+px	ピクセル（1px=画面のドット1つ分の大きさ）
xx-small	最も小さいサイズ
x-small	標準より2段階小さいサイズ
small	標準より1段階小さいサイズ
medium	標準（初期値）
large	標準より1段階大きいサイズ
x-large	標準より2段階大きいサイズ
xx-large	最も大きいサイズ
smaller	親要素より1段階小さいサイズ
larger	親要素より1段階大きいサイズ

例：h1要素のフォントサイズを親要素のサイズに対して150%に設定
　h1{font-size:150%;}

CSSファイル**「mystyle.css」**を編集して、段落（p要素）のフォントサイズを**「90%」**に設定しましょう。
※初期値のフォントサイズ「medium」の90%のサイズになります。

①タスクバーの　をクリックして、**「mystyle.css」**に切り替えます。
②次のように入力します。

```
body{
    background-color:#ffffff;
    color:#333333;
    font-family:"メイリオ","Hiragino Sans",sans-serif;
}
p{
    font-size:90%;
}
```

※次の操作のために、上書き保存しておきましょう。

③タスクバーのアイコンをクリックして、Google Chromeに切り替えます。
④ (このページを再読み込みします)をクリックします。
⑤編集結果が表示されます。

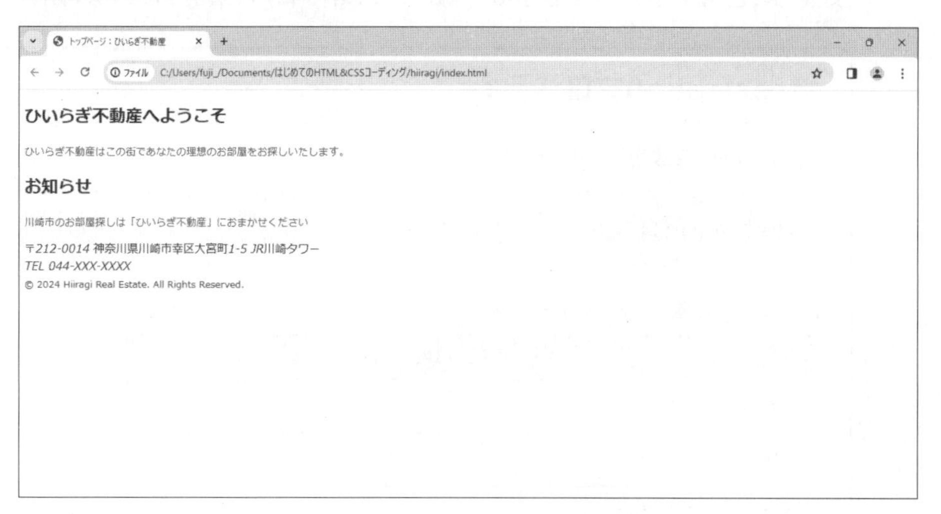

Let's Try

ためしてみよう

CSSファイル「mystyle.css」を編集して、次のようにスタイルを設定しましょう。

●見出し1

スタイル	値
フォントサイズ	180%

●見出し2

スタイル	値
フォントサイズ	120%

ひいらぎ不動産へようこそ

ひいらぎ不動産はこの街であなたの理想のお部屋をお探しいたします。

お知らせ

川崎市のお部屋探しは「ひいらぎ不動産」におまかせください

〒212-0014 神奈川県川崎市幸区大宮町1-5 JR川崎タワー
TEL 044-XXX-XXXX
© 2024 Hiiragi Real Estate. All Rights Reserved.

次のように、CSSファイル「mystyle.css」を編集します。

●mystyle.css

```
p{
    font-size:90%;
}
h1{
    font-size:180%;
}
h2{
    font-size:120%;
}
```

※CSSファイル「mystyle.css」を上書き保存して、ブラウザーで結果を確認しておきましょう。

3 文字列の配置の設定

文字列の配置を設定する場合は、**「text-alignプロパティ」**を使います。

■text-alignプロパティ

文字の行揃えを設定します。

text-align:位置

設定できる位置は、次のとおりです。

位置	説明
left	左揃え
right	右揃え
center	中央揃え
justify	両端揃え ※一部のブラウザーでは対応していない場合があります。

例：h1要素を行内の中央に配置
　h1{text-align:center;}

本文とフッターの内容を区別しやすくするために、フッターの内容を中央揃えにします。CSSファイル**「mystyle.css」**を編集して、footer要素の行揃えを中央揃えに設定しましょう。

①タスクバーの［アイコン］をクリックして、**「mystyle.css」**に切り替えます。
②次のように入力します。

```
h2{
    font-size:120%;
}
footer{
    text-align:center;
}
```

※次の操作のために、上書き保存しておきましょう。

③タスクバーの［アイコン］をクリックして、Google Chromeに切り替えます。
④［アイコン］(このページを再読み込みします)をクリックします。
⑤編集結果が表示されます。

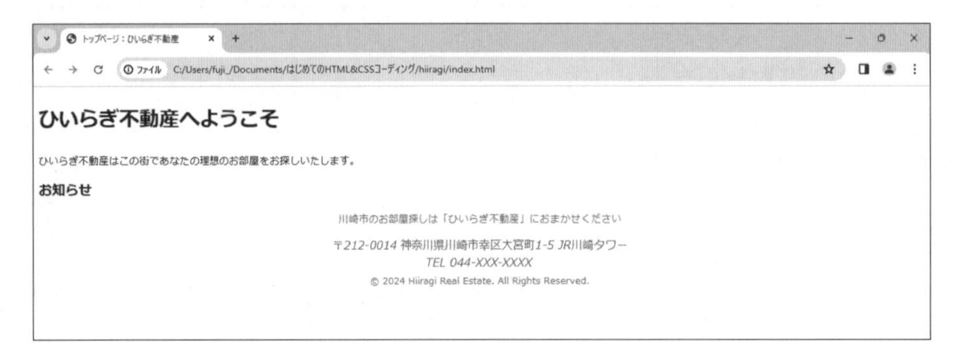

STEP 4 画像を挿入する

1 画像の挿入

Webページに画像を挿入する場合は、**「img要素」**を記述して、**「src属性」**で画像ファイルのパスを設定します。

■img要素

画像を表します。

```
<img src="画像ファイルのパス">
```

内容が存在しない空要素です。終了タグは記述しません。

●src属性
画像ファイルのパスを設定します。
ファイルのパスには、URLなどを設定します。

例：フォルダー「image」にある画像「logo.png」を挿入
<img src="image/logo.png">

POINT パスの指定

「パス」とは、ファイルが保存されている場所のことです。
HTMLファイルでは、「絶対パス」または「相対パス」でパスを指定します。

```
WWW (www.hiiragi.xx.xx/)
├ index.html
├ point.html
├ company.html
├ contact.html
├ image
│ ├ topimage.jpg
│ └ logo.png
└ css
  └ mystyle.css
```

●絶対パス
ファイルの位置を「https://」からすべて記述します。
例えば、図のようなファイル構成の場合、HTMLファイル「topimage.jpg」へのパスは「https://www.hiiragi.xx.xx/image/topimage.jpg」になります。

●相対パス
ファイルの位置を、現在の位置（パスを記述しているhtmlファイル）から相対的に記述します。
例えば、図のようなファイル構成の場合、現在の位置をHTMLファイル「index.html」とすると、ほかのファイルを設定する方法は次のとおりです。

例：同じ階層のフォルダー「image」にある画像「topimage.jpg」を設定

```
image/topimage.jpg
```

※同じ階層にあるフォルダーを参照する場合は、フォルダー名のあとに「/」（スラッシュ）を記述します。1つ上の階層のフォルダーを参照する場合は、「../」（ピリオド2つとスラッシュ）を記述します。

フォルダー「**image**」に保存されている会社のロゴマーク「**logo.png**」をheader要素に挿入しましょう。

①タスクバーの をクリックして、「**index.html**」に切り替えます。

②次のように入力します。

```
<body>
<header>
<img src="image/logo.png">
</header>
<article>
<h1>ひいらぎ不動産へようこそ</h1>
<p>ひいらぎ不動産はこの街であなたの理想のお部屋をお探しいたします。</p>
<section>
<h2>お知らせ</h2>
</section>
</article>
```

※次の操作のために、上書き保存しておきましょう。

③タスクバーの をクリックして、Google Chromeに切り替えます。

④ (このページを再読み込みします)をクリックします。

⑤編集結果が表示されます。

POINT **画像の解像度**

スマートフォンやタブレットは、ディスプレイが高解像度に対応しているため、表示するサイズと同じサイズの画像を挿入すると、画像がぼやけた表示になってしまいます。
高解像度に対応した機器でぼやけて表示されないように、Webサイト名の画像などは高解像度のものを利用するとよいでしょう。
本書では、会社のロゴマークの画像「logo.png」を表示するサイズの4倍の大きさで作成した画像を挿入しています。

2 画像のサイズの設定

画像の幅を設定する**「width属性」**と高さを設定する**「height属性」**を使うと、ブラウザーが画像の領域を確保してから画像を読み込むため、Webページ全体の表示が速くなります。

■img要素

```
<img src="画像ファイルのパス" width="幅" height="高さ">
```

●width属性
幅を設定します。
幅には、ピクセル数または%を設定します。%は、表示可能な領域に対する相対設定です。

●height属性
高さを設定します。
高さには、ピクセル数または%を設定します。%は、表示可能な領域に対する相対設定です。

例：フォルダー「image」の画像「logo.png」の幅を「100px」、高さを「20px」に設定

```
<img src="image/logo.png" width="100" height="20">
```

※ピクセル数は単位を付けずに記述します。

画像**「logo.png」**の幅を**「300px」**、高さを**「56px」**に設定しましょう。

①タスクバーのをクリックして、**「index.html」**に切り替えます。
②次のように入力します。

```
<body>
<header>
<img src="image/logo.png" width="300" height="56">
</header>
```

※次の操作のために、上書き保存しておきましょう。
③タスクバーのをクリックして、Google Chromeに切り替えます。
④（このページを再読み込みします）をクリックします。
⑤編集結果が表示されます。

3 代替テキストの設定

「代替テキスト」は、画像が表示できない場合に表示させたり、音声ブラウザーが画像の代わりに読み上げたりするテキストです。画像の代替テキストを設定する場合は、**「alt属性」**を使います。
会社やWebサイトのロゴの代替テキストは、会社名やWebサイト名が適切です。

■img要素

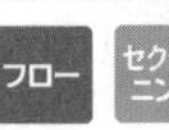

```
<img src="画像ファイルのパス" alt="代替テキスト">
```

●alt属性

代替テキストを設定します。
代替テキストには、画像の代わりに表示される文字列を設定します。

例：フォルダー「image」にある画像「logo.png」の代替テキストに「ひいらぎ不動産」を設定

```
<img src="image/logo.png" alt="ひいらぎ不動産">
```

画像**「logo.png」**の代替テキストに**「ひいらぎ不動産」**を設定しましょう。

①タスクバーの をクリックして、**「index.html」**に切り替えます。
②次のように入力します。

```
<body>
<header>
<img src="image/logo.png" width="300" height="56" alt="ひいらぎ不動産">
</header>
<article>
<h1>ひいらぎ不動産へようこそ</h1>
<p>ひいらぎ不動産はこの街であなたの理想のお部屋をお探しいたします。</p>
```

※次の操作のために、上書き保存しておきましょう。
※ブラウザー上での表示に変化はありません。

STEP UP HTMLのコメント

ブラウザーに表示したくない注釈などをHTMLファイルの中に記述できます。これを「コメント」といいます。コメントにしたい部分を「<!--」と「-->」で囲みます。囲む範囲は複数行にわたってもかまいません。

```
<!-- トップページの中央の写真 -->
<img src="topimage.jpg" width="960" height="430" alt="住まいのイメージ画像">
```

次に進む前に必ず操作しよう

フォルダー**「image」**に保存されている画像**「topimage.jpg」**をarticle要素の先頭に挿入し、次のように設定しましょう。

属性	値
幅	960px
高さ	430px
代替テキスト	住まいのイメージ画像

Hiiragi Real Estate
ひいらぎ不動産へようこそ
ひいらぎ不動産はこの街であなたの理想のお部屋をお探しいたします。

操作手順

次のように、HTMLファイル「index.html」を編集します。

●index.html

```
<body>
<header>
<img src="image/logo.png" width="300" height="56" alt="ひいらぎ不動産">
</header>
<article>
<img src="image/topimage.jpg" width="960" height="430" alt="住まいのイメージ画像">
<h1>ひいらぎ不動産へようこそ</h1>
<p>ひいらぎ不動産はこの街であなたの理想のお部屋をお探しいたします。</p>
```

※HTMLファイル「index.html」を上書き保存して、ブラウザーで結果を確認しておきましょう。

STEP 5 ボックスのスタイルを設定する

1 ボックスの構成

各要素は**「ボックス」**と呼ばれる四角の領域で構成されています。ボックス内には、文字列や画像などの内容のほかに、**「マージン」「ボーダー」「パディング」**という領域があります。

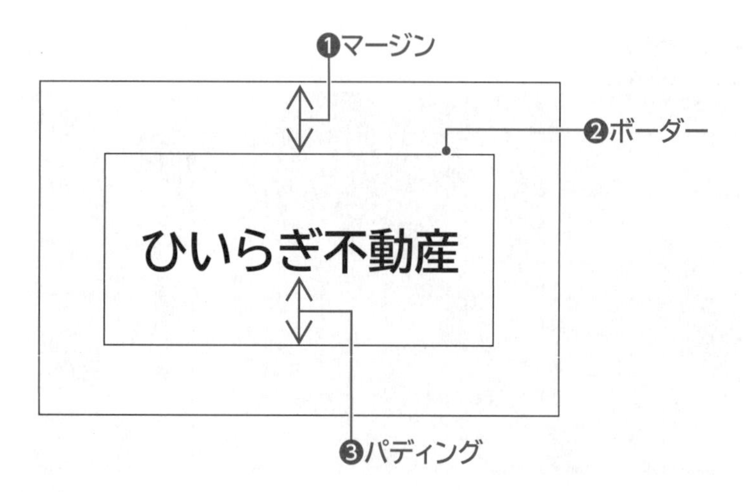

❶マージン

ボーダーの外側の余白です。

❷ボーダー

文字列や画像などの内容を囲む枠線です。
通常、ボーダーは表示されません。

❸パディング

文字列や画像などの内容とボーダーとの間隔です。

2 ボーダーの設定

四辺のボーダーを一度に設定する場合は、**「borderプロパティ」**を使います。
borderプロパティを使うと、要素を枠で囲んだり、下線を付けたりできます。
また、四辺のボーダーを個別に設定する場合は、次のプロパティを使います。

プロパティ	説明
border-top	ボーダー（上）を設定
border-bottom	ボーダー（下）を設定
border-left	ボーダー（左）を設定
border-right	ボーダー（右）を設定

■borderプロパティ
border-top、border-bottom、border-left、border-rightプロパティ

ボーダーの太さ、種類、色を設定します。

```
border:太さ 種類 色
border-top:太さ 種類 色
border-bottom:太さ 種類 色
border-left:太さ 種類 色
border-right:太さ 種類 色
```

ボーダーの太さ、種類、色の設定は、半角空白で区切ります。設定する順番はどの項目から設定してもかまいません。
スタイルは子要素に継承されません。
設定できる太さ、種類、色は、次のとおりです。

●太さ

太さ	説明
数値+単位	設定した太さ
thin	細い
medium	標準（初期値）
thick	太い

●種類

種類	説明
solid	実線
double	二重線
dotted	点線
dashed	破線
none	なし（初期値）

●色

RGBまたは色の名前、「transparent」（透過）を設定します。
※色を設定していない場合は、要素の文字色と同じになります。

例：h2要素のボーダー（下）に青色（#0000ff）の太い点線を設定
　h2 {border-bottom:thick dotted #0000ff;}

見出し2のボーダー（下・左）を設定します。ボーダー（左）は太くして、アクセントを付けます。
CSSファイル**「mystyle.css」**を編集して、h2要素に次のようなスタイルを設定しましょう。

スタイル	値
ボーダー（下）	1px　破線（dashed）　紺色（#003366）
ボーダー（左）	10px　実線（solid）　紺色（#003366）

①タスクバーの をクリックして、**「mystyle.css」**に切り替えます。
②次のように入力します。

```
h1{
    font-size:180%;
}
h2{
    font-size:120%;
    border-bottom:1px dashed #003366;
    border-left:10px solid #003366;
}
```

※次の操作のために、上書き保存しておきましょう。

③タスクバーの をクリックして、Google Chromeに切り替えます。
④ (このページを再読み込みします)をクリックします。
⑤編集結果が表示されます。
※表示されていない場合は、スクロールして調整します。

3 パディングの設定

四辺のパディングを一度に設定する場合は、**「paddingプロパティ」**を使います。
paddingプロパティを使うと、ボックス内の文字列や画像などの内容とボーダーとの間隔を調整できます。
また、四辺のパディングを個別に設定する場合は、次のプロパティを使います。

プロパティ	説明
padding-top	パディング(上)を設定
padding-bottom	パディング(下)を設定
padding-left	パディング(左)を設定
padding-right	パディング(右)を設定

■ paddingプロパティ
padding-top、padding-bottom、padding-left、padding-rightプロパティ

パディングを設定します。

```
padding:幅
padding-top:幅
padding-bottom:幅
padding-left:幅
padding-right:幅
```

幅には、数値+単位または%を設定します。
数値が「0」の場合は、単位を省略できます。
負の値は設定できません。

例：h1要素のパディング（左）を10pxに設定
　h1{padding-left:10px;}

CSSファイル**「mystyle.css」**を編集して、h2要素のパディング（左）を**「7px」**に設定しましょう。

お知らせ

パディング（左）：7px

①タスクバーの をクリックして、**「mystyle.css」**に切り替えます。
②次のように入力します。

```
h2{
    font-size:120%;
    border-bottom:1px dashed #003366;
    border-left:10px solid #003366;
    padding-left:7px;
}
```

※次の操作のために、上書き保存しておきましょう。
③タスクバーの をクリックして、Google Chromeに切り替えます。
④ （このページを再読み込みします）をクリックします。
⑤編集結果が表示されます。

Let's Try ためしてみよう

本文と区別するために、フッターの背景色、文字色、間隔を設定します。
CSSファイル「mystyle.css」を編集して、背景色を「紺色」(#003366)、文字色を「白色」(#ffffff)、フッターのパディング(上)(下)を「10px」に設定しましょう。

Let's Try Answer

次のように、CSSファイル「mystyle.css」を編集します。

●mystyle.css

```
footer{
    text-align:center;
    background-color:#003366;
    color:#ffffff;
    padding-top:10px;
    padding-bottom:10px;
}
```

※CSSファイル「mystyle.css」を上書き保存して、ブラウザーで結果を確認しておきましょう。

4 マージンの設定

四辺のマージンを一度に設定する場合は、**「marginプロパティ」**を使います。
marginプロパティを使うと、ボーダーの外側の余白を調整できます。
また、四辺のマージンを個別に設定する場合は、次のプロパティを使います。

プロパティ	説明
margin-top	マージン(上)を設定
margin-bottom	マージン(下)を設定
margin-left	マージン(左)を設定
margin-right	マージン(右)を設定

■marginプロパティ
margin-top、margin-bottom、margin-left、margin-rightプロパティ

マージンを設定します。

```
margin:幅
margin-top:幅
margin-bottom:幅
margin-left:幅
margin-right:幅
```

幅には、数値+単位または%、「auto」(自動)を設定します。
数値が「0」の場合は、単位を省略できます。

例:p要素のマージン(上下左右)を10pxに設定
p{margin:10px;}

ブラウザーではWebページの周囲に余白が表示されます。marginプロパティとpaddingプロパティを使うと、余白が表示されないように設定できます。
Webページの周囲の余白が表示されないようにするには、body要素のマージン(上下左右)とパディング(上下左右)に**「0」**を設定します。

●設定前

Hiiragi Real Estate
Webページの
周囲に余白がある
ひいらぎ不動産はこの街であなたの理想のお部屋をお探しいたします。

●設定後

Hiiragi Real Estate
Webページの周囲の
余白が削除される
ひいらぎ不動産はこの街であなたの理想のお部屋をお探しいたします。

CSSファイル**「mystyle.css」**を編集して、Webページの周囲に余白が表示されないようにbody要素のマージン(上下左右)とパディング(上下左右)に**「0」**を設定しましょう。

①タスクバーの[アイコン]をクリックして、**「mystyle.css」**に切り替えます。
②次のように入力します。

```
body{
    background-color:#ffffff;
    color:#333333;
    font-family:"メイリオ","Hiragino Sans",sans-serif;
    margin:0;
    padding:0;
}
```

※次の操作のために、上書き保存しておきましょう。

③タスクバーの をクリックして、Google Chromeに切り替えます。

④ （このページを再読み込みします）をクリックします。

⑤編集結果が表示されます。

STEP UP ページ全体の余白

Google Chromeでは、マージン（上下左右）に「0」を設定するだけで、ページ全体の余白を削除できます。しかし、ブラウザーによっては、余白が表示される場合があるため、ここではパディング（上下左右）も設定します。

STEP UP 一括設定

marginプロパティとpaddingプロパティは、一度に値を1～4つ設定できます。複数の値を設定する場合は、半角空白で区切ります。値の数と設定される辺の関係は次のとおりです。

値の数	設定される辺	例
1	値1：上下左右	margin:5px ※マージンの上下左右を5pxに設定します。
2	値1：上下 値2：左右	margin:5px 10px ※マージンの上下を5px、左右を10pxに設定します。
3	値1：上 値2：左右 値3：下	margin:3px 10px 6px ※マージンの上を3px、左右を10px、下を6pxに設定します。
4	値1：上 値2：右 値3：下 値4：左	margin:10px 10px 20px 20px ※マージンの上・右を10px、マージンの下・左を20pxに設定します。

POINT 要素間の上下マージン

要素間の上下マージンは、互いの要素のマージンの大きい方の値が適用されます。例えば、h1要素とp要素が連続して配置されている場合、h1要素のマージン（下）が25px、p要素のマージン（上）が16pxとすると、h1要素とp要素の上下間のマージンは、大きい値の25pxになります。
要素間のマージンを設定するには、互いの要素のマージンを考慮する必要があります。

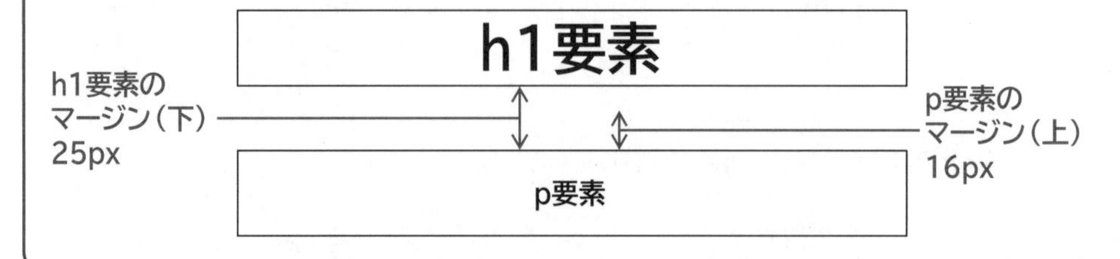

Step 6 要素の表示位置を変更する

1 見出しと段落の位置の変更

ここでは、見出し**「ひいらぎ不動産へようこそ」**と段落**「ひいらぎ不動産は…」**の表示位置を変更します。

Hiiragi Real Estate
ひいらぎ不動産へようこそ
ひいらぎ不動産はこの街であなたの理想のお部屋をお探しいたします。

Hiiragi Real Estate
ひいらぎ不動産へようこそ
ひいらぎ不動産はこの街であなたの理想のお部屋をお探しいたします。
お知らせ
川崎市のお部屋探しは「ひいらぎ不動産」におまかせください

画像に見出しと段落を重ねて配置する

2 表示位置の設定

要素をWebページ内の固定の位置に表示する場合は、**「positionプロパティ」**を使います。positionプロパティを使うと、ウィンドウを基準に位置を設定したり、通常の位置を基準に相対的な位置を設定したり、親要素を基準に位置を設定したりできます。

■positionプロパティ

要素の位置を設定します。

position：位置

設定できる位置は、次のとおりです。

位置	説明
static	要素の配置を指定しない（初期値）
absolute	要素を絶対位置で配置
relative	要素を相対位置で配置
fixed	ブラウザーの表示領域を基準に配置 Webページをスクロールしても固定された表示となる

positionプロパティでは、親要素と子要素の「絶対位置指定」を使って位置を指定することができます。
絶対位置指定は、次の手順で設定します。
①親要素（配置の基準となる要素）にposition：relativeを指定
②子要素（実際に位置を変更する要素）にposition：absoluteを指定
③子要素（実際に位置を変更する要素）に、親要素を基準にした場合の距離を指定
※距離の指定には、「topプロパティ」「bottomプロパティ」「leftプロパティ」「rightプロパティ」を使います。

例：article要素を基準に、h1要素を上から80px、左から100pxの位置に移動

●HTML

```
<article> ――――――――――――――――――― 親要素
<h1>ひいらぎ不動産</h1> ―――――――― 子要素
</article>
```

●CSS

```
article{ ――――――――――――――――――― 親要素
        position：relative;
}
h1{ ―――――――――――――――――――――― 子要素
        position：absolute;
        top:80px;
        left:100px;
}
```

article要素

1 スタイルの設定

CSSファイル**「mystyle.css」**を編集して、クラス**「catch」**を作成し、次のようなスタイルを設定しましょう。

スタイル	値
位置	article要素を基準にする
上	20px
左	30px

①タスクバーのをクリックして、**「mystyle.css」**に切り替えます。
②次のように入力します。

```
footer{
    text-align:center;
    background-color:#003366;
    color:#ffffff;
    padding-top:10px;
    padding-bottom:10px;
}
article{
    position:relative;
}
.catch{
    position:absolute;
    top:20px;
    left:30px;
}
```

※次の操作のために、上書き保存しておきましょう。

2 クラスの設定

HTMLファイル**「index.html」**を編集して、見出し1**「ひいらぎ不動産へようこそ」**と段落**「ひいらぎ不動産は・・・」**をdiv要素を使ってグループ化しましょう。そのグループにクラス**「catch」**を設定します。

①メモ帳のタブをクリックして、**「index.html」**に切り替えます。
②次のように入力します。

```
<article>
<img src="image/topimage.jpg" width="960" height="430" alt="住まいのイメージ画像">
<div class="catch">
<h1>ひいらぎ不動産へようこそ</h1>
<p>ひいらぎ不動産はこの街であなたの理想のお部屋をお探しいたします。</p>
</div>
<section>
```

※次の操作のために、上書き保存しておきましょう。

③タスクバーの をクリックして、Google Chromeに切り替えます。

④ （このページを再読み込みします）をクリックします。

⑤編集結果が表示されます。

Let's Try　ためしてみよう

CSSファイル「mystyle.css」を編集して、クラス「catch」の文字色を白（#ffffff）に設定しましょう。

Let's Try Answer

次のように、CSSファイル「mystyle.css」を編集します。

●mystyle.css

```
.catch{
    position:absolute;
    top:20px;
    left:30px;
    color:#ffffff;
}
```

※CSSファイル「mystyle.css」を上書き保存して、ブラウザーで結果を確認しておきましょう。

3 文字列の影の設定

文字列に影を付ける場合は、**「text-shadowプロパティ」**を使います。

■text-shadowプロパティ

文字列に影を設定します。

text-shadow：横方向のずれ幅 縦方向のずれ幅 ぼかし幅 影の色

設定値は半角空白で区切ります。
横方向のずれ幅に正の値を設定すると右に、負の値を設定すると左に影ができます。
縦方向のずれ幅に正の値を設定すると下に、負の値を設定すると上に影ができます。
ぼかし幅は、影をぼかす幅を設定します。
幅には、数値+pxを設定します。数値が「0」の場合は、単位を省略できます。

例：h1要素に右方向に5px、下方向に10pxずらした位置に、ぼかし幅が3pxの灰色（#808080）の影を付ける
h1{text-shadow:5px 10px 3px #808080;}

CSSファイル**「mystyle.css」**を編集して、クラス**「catch」**に次のようなスタイルを設定しましょう。

スタイル	値
文字列の影	横方向のずれ幅：0px 縦方向のずれ幅：5px ぼかし幅：10px 影の色：黒色（#000000）

※文字列の影が判別しやすいように背景色を変更した画面イメージです。

①タスクバーの［アイコン］をクリックして、**「mystyle.css」**に切り替えます。
②次のように入力します。

```
.catch{
    position:absolute;
    top:20px;
    left:30px;
    color:#ffffff;
    text-shadow:0px 5px 10px #000000;
}
```

※次の操作のために、上書き保存しておきましょう。

③タスクバーの をクリックして、Google Chromeに切り替えます。
④ (このページを再読み込みします) をクリックします。
⑤編集結果が表示されます。

STEP UP 背景の透明度

背景画像に文字列を重ねた場合、背景画像と文字色によっては、文字列が読みにくい場合があります。文字列を読みやすくするため、背景に半透明な色を設定することができます。
半透明な背景を表示するには、background-colorプロパティに「rgba()」を使って色と透明度を設定します。rgba()で色を設定するには、RGBの3つの色を「,」(カンマ)で区切って記述したあとに、0(完全に透明)から1(完全に不透明)までの透明度(アルファ値)を記述します。

例：見出し1(h1要素)に透明度「0.5」の黒色を設定

```
h1{background-color:rgba(0,0,0,0.5)}
```

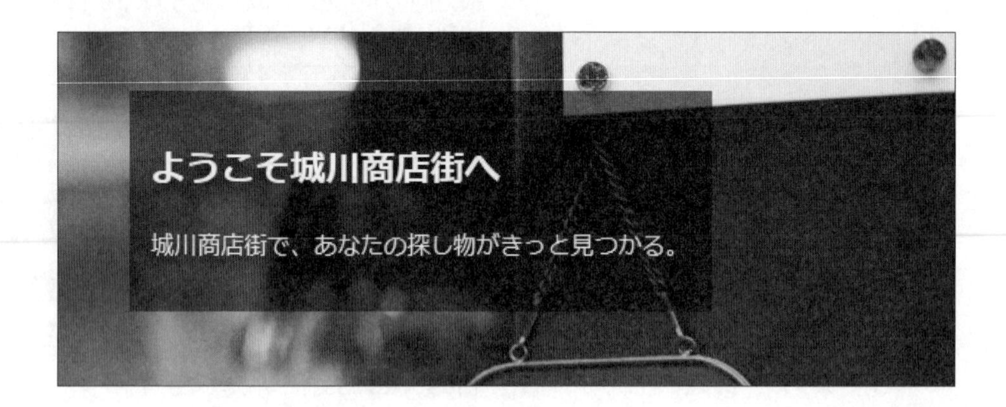

STEP 7 リストを作成する

1 リストの作成

「リスト」を設定すると、項目や文章が箇条書きで表示されるので読みやすくなります。
リストには、次の2種類があります。

●番号なしリスト

行頭に**「・」**の記号を表示するリストです。

- トップ
- 物件選びのポイント
- おすすめ物件
- 会社案内
- お問い合わせ

●番号付きリスト

行頭に**「1.2.3.」**などの番号を表示するリストです。

1.トップ
2.物件選びのポイント
3.おすすめ物件
4.会社案内
5.お問い合わせ

番号なしリストを作成する場合は、**「ul要素」**を記述します。リストの各項目は、**「li要素」**を記述します。
番号付きリストを作成する場合は、**「ol要素」**を記述します。リストの各項目は、**「li要素」**を記述します。番号付きリストは行頭に番号が明示されるため、手順の説明などに使われます。

■ul要素

番号なしリストを表します。

```
<ul>内容</ul>
```

内容には、必ずli要素を1つ以上記述します。

■ol要素

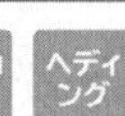

番号付きリストを表します。

```
<ol>内容</ol>
```

内容には、必ずli要素を1つ以上記述します。

■li要素

リスト項目を表します。

```
<li>内容</li>
```

コンテンツモデルはフローコンテンツです。
内容には、p要素(段落)やimg要素(画像)などのフローコンテンツを含むことができます。

1
2
3
4
5
6
7
8
9
10
11
総合問題
索引

見出し2「**お知らせ**」の下に、次のような番号なしリストを作成しましょう。

- **04/202024年5月末日までにご契約いただいた方は、仲介手数料半額キャンペーン実施中。**
- **04/10新築マンション「アイビーレジデンス青島」の募集を開始しました。**
- **04/01今月のおすすめ物件を更新しました。**

※日付と文章は続けて入力します。日付は、P.101の「5 角丸背景の設定」でスタイルを設定します。

①タスクバーのをクリックして、「**index.html**」に切り替えます。

②次のように入力します。

```
<div class="catch">
<h1>ひいらぎ不動産へようこそ</h1>
<p>ひいらぎ不動産はこの街であなたの理想のお部屋をお探しいたします。</p>
</div>
<section>
<h2>お知らせ</h2>
<ul>
<li>04/202024年5月末日までにご契約いただいた方は、仲介手数料半額キャンペーン実施中。</li>
<li>04/10新築マンション「アイビーレジデンス青島」の募集を開始しました。</li>
<li>04/01今月のおすすめ物件を更新しました。</li>
</ul>
</section>
```

※次の操作のために、上書き保存しておきましょう。

③タスクバーのをクリックして、Google Chromeに切り替えます。

④ (このページを再読み込みします)をクリックします。

⑤編集結果が表示されます。

次に進む前に必ず操作しよう

次のように、Webページを編集しましょう。

①HTMLファイル**「index.html」**を編集して、header要素に番号なしリストを作成しましょう。リストの項目は**「トップ」「物件選びのポイント」「おすすめ物件」「会社案内」「お問い合わせ」**とします。

②CSSファイル**「mystyle.css」**を編集して、header要素に次のような背景色と文字色を設定しましょう。

スタイル	値
背景色	紺色(#003366)
文字色	白色(#ffffff)

操作手順

①次のように、HTMLファイル「index.html」を編集します。

●index.html

```
<header>
<img src="image/logo.png" width="300" height="56" alt="ひいらぎ不動産">
<ul>
<li>トップ</li>
<li>物件選びのポイント</li>
<li>おすすめ物件</li>
<li>会社案内</li>
<li>お問い合わせ</li>
</ul>
</header>
```

②次のように、CSSファイル「mystyle.css」を編集します。

●mystyle.css

```
.catch{
    position:absolute;
    top:20px;
    left:30px;
    color:#ffffff;
    text-shadow:0px 5px 10px #000000;
}
header{
    background-color:#003366;
    color:#ffffff;
}
```

※HTMLファイル「index.html」とCSSファイル「mystyle.css」を上書き保存して、ブラウザーで結果を確認しておきましょう。

2 行頭文字の設定

リストの行頭文字の種類を「■」や「Ⅰ.Ⅱ.Ⅲ.・・・」などに変更できます。
行頭文字を変更する場合は、**「list-style-typeプロパティ」**を使います。

■ list-style-typeプロパティ

行頭文字の種類を設定します。

```
list-style-type:種類
```

li要素に適用できます。また、ul要素、ol要素に設定すると内容であるli要素に適用されます。
設定できる主な種類は、次のとおりです。

種類	説明
none	なし
disc	・(初期値)
circle	○
square	■

種類	説明
upper-roman	Ⅰ.Ⅱ.Ⅲ.・・・
decimal	1.2.3.・・・
lower-alpha	a.b.c.・・・

例：ul要素に行頭文字の種類「○」を設定
ul{list-style-type:circle;}

CSSファイル**「mystyle.css」**を編集して、header要素のリストと見出し2**「お知らせ」**の下のリストの行頭文字をなしに設定しましょう。

①タスクバーの をクリックして、**「mystyle.css」**に切り替えます。
②次のように入力します。

```
ul{
    list-style-type:none;
}
```

※次の操作のために、上書き保存しておきましょう。
③タスクバーの をクリックして、Google Chromeに切り替えます。
④ (このページを再読み込みします)をクリックします。
⑤編集結果が表示されます。
※表示されていない場合は、スクロールして調整します。
※行頭文字がなしになっていることを確認しておきましょう。

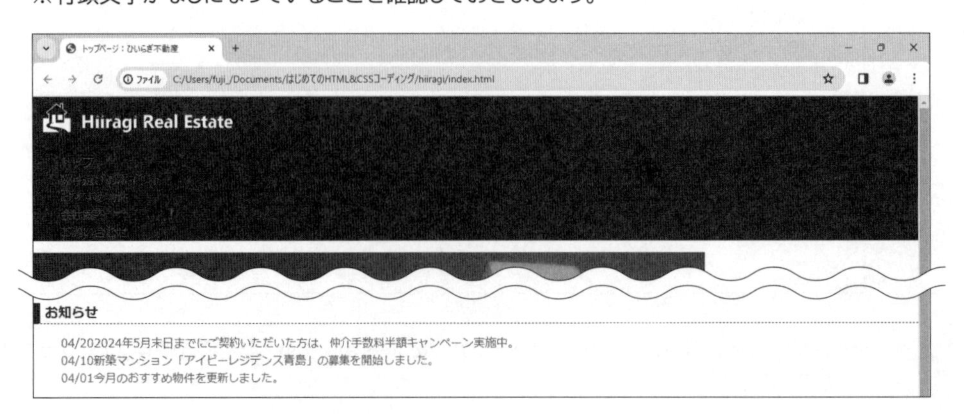

次に進む前に必ず操作しよう

次のように、header要素のリストと見出し2**「お知らせ」**の下のリストのパディング（左）を**「0」**に設定しましょう。

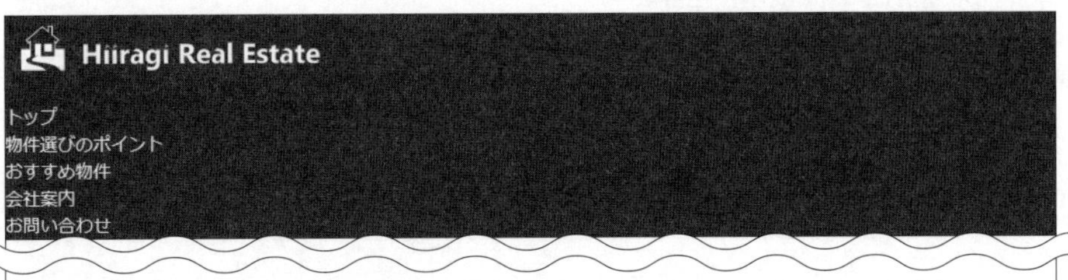

操作手順

次のように、CSSファイル「mystyle.css」を編集します。

●mystyle.css

```
ul{
    list-style-type:none;
    padding-left:0;
}
```

※CSSファイル「mystyle.css」を上書き保存して、ブラウザーで結果を確認しておきましょう。

3 行間の設定

文章を読みやすくするために、行間を調整します。行間を調整するには、行の高さを設定する**「line-heightプロパティ」**を使います。行の高さは、文字列の高さと行間を合わせた高さです。

行の高さ　ひいらぎ　行間／文字列の高さ／行間

■line-heightプロパティ

行の高さを設定します。

```
line-height:高さ
```

高さには、数値+単位または%を設定します。
数値のみを設定した場合は、フォントサイズに対する倍率になります。

例：p要素の行間を「1.5」に設定
　p{line-height:1.5;}

CSSファイル「**mystyle.css**」を編集して、p要素とul要素の行の高さを「**1.8**」に設定しましょう。また、ul要素のフォントサイズを「**90%**」に設定します。

①タスクバーの をクリックして、「**mystyle.css**」に切り替えます。

②次のように入力します。

```
p{
    font-size:90%;
    line-height:1.8;
}
```

```
ul{
    list-style-type:none;
    padding-left:0;
    line-height:1.8;
    font-size:90%;
}
```

※次の操作のために、上書き保存しておきましょう。

③タスクバーの をクリックして、Google Chromeに切り替えます。

④ (このページを再読み込みします) をクリックします。

⑤編集結果が表示されます。

※表示されていない場合は、スクロールして調整します。

4 日付の設定

日付を表示する場合は、**「time要素」**を記述します。time要素で記述した内容は日付の情報として認識されます。認識させる日付は**「datetime属性」**を使って設定します。datetime属性で正確な日付を設定しておくと、単なる文字データではなく、日付のデータとして認識できるようになります。

■time要素

コンピューターが識別できるように日付や時刻の情報を付加します。

```
<time datetime="日付と時刻">内容</time>
```

コンテンツモデルはフレージングコンテンツです。
内容には、a要素（リンク）やimg要素（画像）などのフレージングコンテンツを含むことができます。

●datetime属性

日付が正確に認識できる形式で日時を設定します。
年月日を「-」で、年月日と時間を「T」または半角空白で、時分を「：」で区切って記述します。時間は24時間表記で記述します。
また、年月日だけ、年月だけ、月日だけ、時間だけを記述することもできます。

例：「4月8日午後10時」に正確な日付情報「2024年4月8日22時」を設定

```
<time datetime="2024-04-08T22：00">4月8日午後10時</time>に出発します。
```

HTMLファイル**「index.html」**のli要素の中の日付に、2024年の月日が正確に認識できるようにtime要素を設定しましょう。

①タスクバーの［アイコン］をクリックして、**「index.html」**に切り替えます。
②次のように入力します。

```
<section>
<h2>お知らせ</h2>
<ul>
<li><time datetime="2024-04-20">04/20</time>2024年5月末日までにご契約いただいた方は、仲介手数料半額キャンペーン実施中。</li>
<li><time datetime="2024-04-10">04/10</time>新築マンション「アイビーレジデンス青島」の募集を開始しました。</li>
<li><time datetime="2024-04-01">04/01</time>今月のおすすめ物件を更新しました。</li>
</ul>
</section>
```

※次の操作のために、上書き保存しておきましょう。
※ブラウザー上での表示に変化はありません。

5 角丸背景の設定

background-colorプロパティを使って、日付に背景色を設定します。
さらに、やわらかい感じを出すためにtime要素のボックスの4つの角に丸みを出して楕円のように仕上げます。
ボックスの角に丸みを持たせる場合は、**「border-radiusプロパティ」**を使います。

■border-radiusプロパティ

ボックスの角を丸くします。

border-radius:半径

設定できる半径は、次のとおりです。

半径	説明
数値+%	設定されたボックスの幅と高さに対する割合
数値+px	ピクセル(1px=画面のドット1つ分の大きさ)

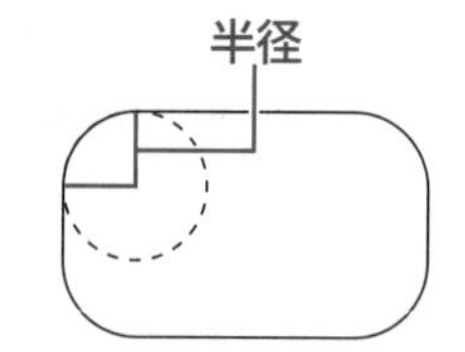

例：article要素のボックスの角に半径15pxの丸みを持たせる
article{border-radius:15px;}

CSSファイル**「mystyle.css」**を編集して、お知らせの日付であるtime要素に次のようなスタイルを設定しましょう。time要素はほかのWebページで使用する可能性があるので、ul要素内のtime要素だけにスタイルを適用します。

スタイル	値
ボックスの4つの角を丸くする	半径10px
背景色	灰色(#999999)
文字色	白色(#ffffff)

①メモ帳のタブをクリックして、**「mystyle.css」**に切り替えます。
②次のように入力します。

```
ul{
    list-style-type:none;
    padding-left:0;
    line-height:1.8;
    font-size:90%;
}
ul time{
    border-radius:10px;
    background-color:#999999;
    color:#ffffff;
}
```

※次の操作のために、上書き保存しておきましょう。

③タスクバーの[Chromeアイコン]をクリックして、Google Chromeに切り替えます。

④ [再読み込みアイコン]（このページを再読み込みします）をクリックします。

⑤編集結果が表示されます。

Let's Try ためしてみよう

文字列とボックスの境目が接しているので、お知らせの日付が見えにくくなっています。CSSファイル「mystyle.css」を編集して、ul要素内のtime要素に次のようなスタイルを設定しましょう。

スタイル	値
フォントサイズ	90%
パディング（左右）	5px
マージン（右）	5px

お知らせ

04/20 2024年5月末日までにご契約いただいた方は、仲介手数料半額キャンペーン実施中。
04/10 新築マンション「アイビーレジデンス青島」の募集を開始しました。
04/01 今月のおすすめ物件を更新しました。

Let's Try Answer

次のように、CSSファイル「mystyle.css」を編集します。

●mystyle.css

```
ul time{
    border-radius:10px;
    background-color:#999999;
    color:#ffffff;
    font-size:90%;
    padding-left:5px;
    padding-right:5px;
    margin-right:5px;
}
```

※CSSファイル「mystyle.css」を上書き保存して、ブラウザーで結果を確認しておきましょう。

STEP 8 ナビゲーションメニューを作成する

1 ナビゲーションメニューの作成

ここでは、次のようなナビゲーションメニューを作成します。

2 ナビゲーションの設定

別のWebページや特定の場所へのリンクの一覧が記述されている部分を**「ナビゲーション」**といいます。ナビゲーションを設定する場合は、**「nav要素」**を記述します。

■nav要素

ナビゲーションを表します。

```
<nav>内容</nav>
```

コンテンツモデルはフローコンテンツです。
内容には、p要素（段落）やimg要素（画像）などのフローコンテンツを含むことができます。

header要素のリストをナビゲーションに設定しましょう。

①タスクバーの をクリックして、**「index.html」**に切り替えます。
②次のように入力します。

```
<header>
<img src="image/logo.png" width="300" height="56" alt="ひいらぎ不動産">
<nav>
<ul>
<li>トップ</li>
<li>物件選びのポイント</li>
<li>おすすめ物件</li>
<li>会社案内</li>
<li>お問い合わせ</li>
</ul>
</nav>
</header>
```

※次の操作のために、上書き保存しておきましょう。
※ブラウザー上での表示には変化はありません。

3 フォントの太さの設定

フォントの太さを設定する場合は、**「font-weightプロパティ」**を使います。

■font-weightプロパティ

フォントの太さを設定します。

font-weight:太さ

設定できる太さは、次のとおりです。

太さ	説明
100~900	100から900までの数値を100単位で設定 400が標準の太さ
normal	400と同じ太さ(初期値)
bold	700と同じ太さ
bolder	親要素より1段階太い
lighter	親要素より1段階細い

例:h1要素に「900」を設定
h1{font-weight:900;}

CSSファイル**「mystyle.css」**を編集して、ナビゲーションメニューを見やすくするために、ul要素のフォントの太さを**「bold」**に設定しましょう。ただし、ul要素はarticle要素内にもあるので、nav要素内のul要素にだけスタイルを設定します。

①メモ帳のタブをクリックして、**「mystyle.css」**に切り替えます。
②次のように入力します。

```
nav ul{
    font-weight:bold;
}
```

※次の操作のために、上書き保存しておきましょう。
③タスクバーの をクリックして、Google Chromeに切り替えます。
④ (このページを再読み込みします)をクリックします。
⑤編集結果が表示されます。

4 表示形式の設定

HTMLの要素には、上から下へ縦方向に表示される要素と、左から右へ横方向に表示される要素があります。これは、要素ごとに表示形式の初期値が決まっているためです。表示形式には、**「ブロック（縦方向）」「インライン（横方向）」**などがあります。表示形式を変更する場合は、**「displayプロパティ」**を使います。

●ブロック

トップ
物件選びのポイント
おすすめ物件
会社案内
お問い合わせ

●インライン

トップ	物件選びのポイント	おすすめ物件	会社案内	お問い合わせ

■displayプロパティ

要素の表示形式を設定します。

display：表示形式

設定できる表示形式は、次のとおりです。

表示形式	説明
block	ブロックとして表示
inline	インラインとして表示
none	表示しない

例：li要素をブロックとして表示
　li{display:block;}

CSSファイル**「mystyle.css」**を編集して、ナビゲーションのリストを横方向に表示しましょう。li要素の表示形式をインラインに変更すると、ナビゲーション内で横方向に表示されます。ただし、li要素はarticle要素内にもあるので、nav要素内のli要素にだけスタイルを設定します。

①タスクバーの［アイコン］をクリックして、**「mystyle.css」**に切り替えます。
②次のように入力します。

```
nav ul{
    font-weight:bold;
}
nav li{
    display:inline;
}
```

※次の操作のために、上書き保存しておきましょう。

③タスクバーの をクリックして、Google Chromeに切り替えます。
④ (このページを再読み込みします)をクリックします。
⑤編集結果が表示されます。

ためしてみよう

CSSファイル「mystyle.css」を編集して、nav要素内のli要素に次のようなスタイルを設定しましょう。

スタイル	値
パディング(左)	10px
パディング(右)	12px
ボーダー(右)	1px　実線(solid)　白色(#ffffff)

トップ | 物件選びのポイント | おすすめ物件 | 会社案内 | お問い合わせ |

Let's Try Answer

次のように、CSSファイル「mystyle.css」を編集します。

●mystyle.css

```
nav li{
    display:inline;
    padding-left:10px;
    padding-right:12px;
    border-right:1px solid #ffffff;
}
```

※CSSファイル「mystyle.css」を上書き保存して、ブラウザーで結果を確認しておきましょう。

5 回り込みの設定

要素を回り込ませて配置するには、**「floatプロパティ」**を使います。
回り込みを解除するには、回り込みをやめる要素に**「clearプロパティ」**を設定します。

■floatプロパティ

配置を設定して、それに続く要素を回り込ませます。

```
float:位置
```

スタイルは子要素に継承されません。
設定できる位置は、次のとおりです。

位置	説明
left	左に配置して右に要素が回り込む
right	右に配置して左に要素が回り込む
none	回り込みなし(初期値)

例:画像を右に配置して、画像に続く要素を回り込むように設定
　img{float:right;}

■clearプロパティ

回り込みを解除します。

```
clear:位置
```

フレージングコンテンツには設定できません。
設定できる位置は、次のとおりです。

位置	説明
left	左に配置された要素への回り込みを解除
right	右に配置された要素への回り込みを解除
both	すべての回り込みを解除
none	解除なし(初期値)

例:フッターで回り込みを解除
　footer{clear:both;}

ナビゲーションメニューをheader要素内の画像の右に回り込ませて表示しましょう。ただし、img要素はarticle要素内にもあるので、header要素内のimg要素にだけスタイルを設定します。また、回り込みは、ナビゲーションメニューの下のarticle要素で解除します。

画像を左に配置して右にナビゲーションメニューを回り込ませる

回り込みを解除

①タスクバーの をクリックして、**「mystyle.css」**に切り替えます。

②次のように入力します。

```
article{
    position:relative;
    clear:both;
}
```

```
header img{
    float:left;
}
```

※次の操作のために、上書き保存しておきましょう。

③タスクバーの をクリックして、Google Chromeに切り替えます。

④ (このページを再読み込みします)をクリックします。

⑤編集結果が表示されます。

次に進む前に必ず操作しよう

CSSファイル**「mystyle.css」**を編集して、nav要素内のul要素に次のようなスタイルを設定しましょう。

スタイル	値
行揃え	右揃え
パディング（上）	26px
パディング（下）	5px
マージン（上下左右）	0

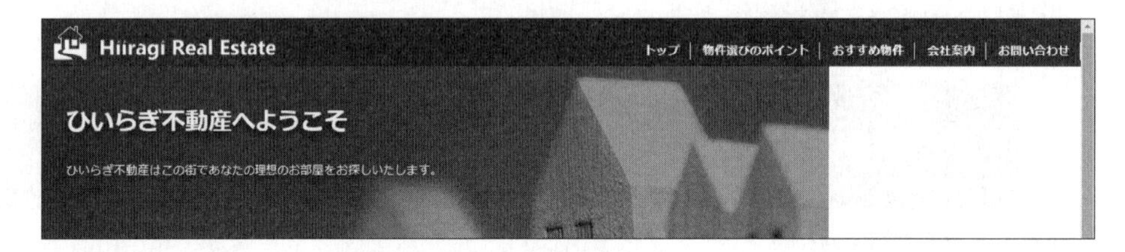

Hiiragi Real Estate
トップ | 物件選びのポイント | おすすめ物件 | 会社案内 | お問い合わせ
ひいらぎ不動産へようこそ
ひいらぎ不動産はこの街であなたの理想のお部屋をお探しいたします。

操作手順

次のように、CSSファイル「mystyle.css」を編集します。

●**mystyle.css**

```
nav ul{
    font-weight:bold;
    text-align:right;
    padding-top:26px;
    padding-bottom:5px;
    margin:0;
}
```

※CSSファイル「mystyle.css」を上書き保存して、ブラウザーで結果を確認しておきましょう。

6 幅や高さの設定

要素の幅を設定する場合は、**「widthプロパティ」**を使います。
また、要素の高さを設定する場合は、**「heightプロパティ」**を使います。

■widthプロパティ

要素の幅を設定します。

```
width：幅
```

幅には、数値+単位または%、「auto」（自動）を設定します。
負の値は設定できません。

例：article要素の幅を900pxに設定
　article{width:900px;}

■heightプロパティ

要素の高さを設定します。

```
height:高さ
```

高さには、数値+単位または%、「auto」(自動)を設定します。
負の値は設定できません。
スタイルは子要素に継承されません。

例:画像の高さを自動に設定
img{height:auto;}

メイン記事の幅を指定して、Webページの中央に配置します。さらにマージン(左)、マージン(右)の値を**「auto」**にすると、親要素であるbody要素の中央に配置できます。
CSSファイル**「mystyle.css」**を編集して、article要素に次のようなスタイルを設定しましょう。

スタイル	値
幅	960px
マージン(左)(右)	自動(auto)

①タスクバーの をクリックして、**「mystyle.css」**に切り替えます。
②次のように入力します。

```
article{
    position:relative;
    clear:both;
    width:960px;
    margin-left:auto;
    margin-right:auto;
}
```

※次の操作のために、上書き保存しておきましょう。

③タスクバーの をクリックして、Google Chromeに切り替えます。
④ (このページを再読み込みします)をクリックします。
⑤編集結果が表示されます。

7 ヘッダーの表示位置の設定

ヘッダーにあるロゴ画像とナビゲーションメニューをページの幅**「960px」**に合わせて表示しましょう。ヘッダーの内容にクラスを設定します。

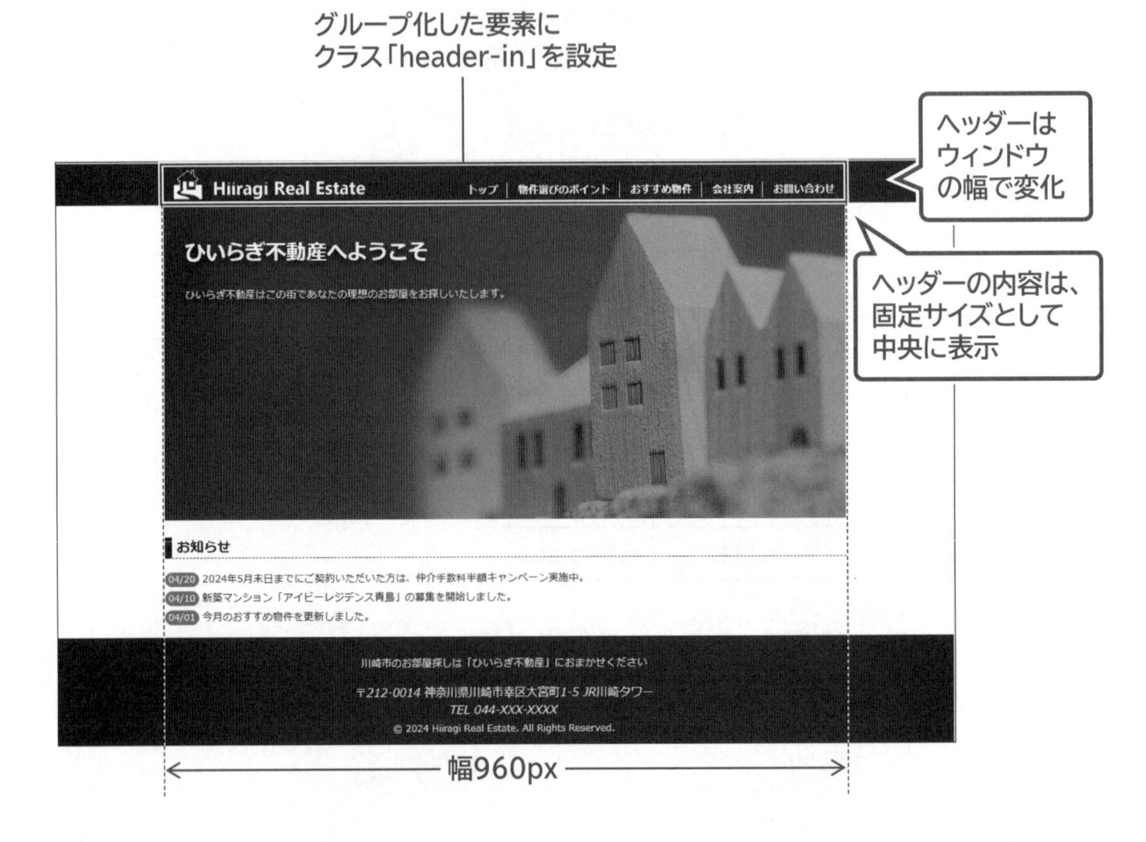

1 スタイルの設定

CSSファイル**「mystyle.css」**を編集して、クラス**「header-in」**を作成し、次のようなスタイルを設定しましょう。

スタイル	値
幅	960px
マージン（左）（右）	自動（auto）

①タスクバーの をクリックして、**「mystyle.css」**に切り替えます。

②次のように入力します。

```
header img{
    float:left;
}
.header-in{
    width:960px;
    margin-left:auto;
    margin-right:auto;
}
```

※次の操作のために、上書き保存しておきましょう。

2 クラスの設定

header要素内全体をグループ化しましょう。
次に、グループ化した要素にクラス「**header-in**」を設定しましょう。

①メモ帳のタブをクリックして、「**index.html**」に切り替えます。
②次のように入力します。

```
<header>
<div class="header-in">
<img src="image/logo.png" width="300" height="56" alt="ひいらぎ不動産">
<nav>
<ul>
<li>トップ</li>
<li>物件選びのポイント</li>
<li>おすすめ物件</li>
<li>会社案内</li>
<li>お問い合わせ</li>
</ul>
</nav>
</div>
</header>
```

※次の操作のために、上書き保存しておきましょう。

③タスクバーの をクリックして、Google Chromeに切り替えます。
④ （このページを再読み込みします）をクリックします。
⑤編集結果が表示されます。

STEP 9 レスポンシブWebデザインに対応させる

1　レスポンシブWebデザイン

「レスポンシブWebデザイン」とは、様々なデバイスのディスプレイで、Webページを適切に表示するためのデザインのことです。どのような環境でも正しく情報が伝わるように、読みやすく、操作しやすいレスポンシブWebデザインに対応したWebページにすることが大切です。

●パソコンでの表示

●スマートフォンでの表示

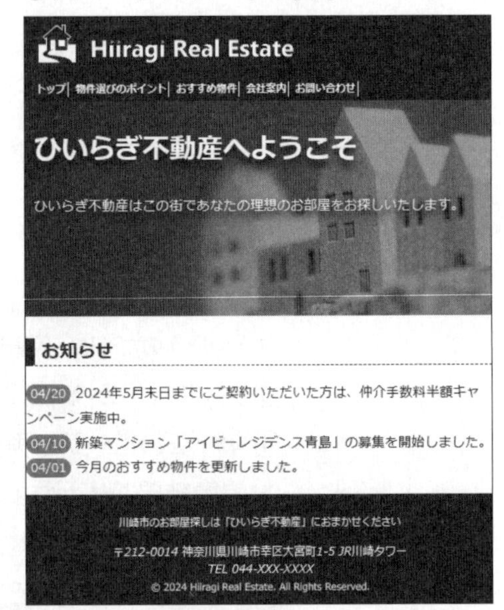

2　メディアクエリ

「メディアクエリ」を使うと、Webページを表示するデバイスの画面サイズやブラウザーのウィンドウサイズなどの条件によって、スタイルを分岐できます。分岐させる条件に応じたメディアクエリを用意します。メディアクエリの書式は、次のとおりです。

```
@media（ウィンドウ幅の条件）{
条件に一致したときのスタイルを記述
}
```

ウィンドウ幅が特定のサイズ以下の場合の条件を設定するには**「max-width：ウィンドウ幅」**、特定のサイズ以上の場合の条件を設定するには**「min-width：ウィンドウ幅」**と記述します。

例：ウィンドウ幅が1024px以下の場合にはヘッダーの画像の回り込みをしない

```
@media (max-width:1024px){
header img{
        float:none;
}
}
```

3 ウィンドウ幅に合わせて回り込みを解除

現在作成しているWebページでは、ヘッダーやメイン記事などの幅が960pxに設定されています。ウィンドウ幅が959px以下の場合は、ヘッダーのナビゲーションメニューが画像に回り込んで表示されないように、header要素内のimg要素の回り込みを解除しましょう。
また、その場合のheader要素内のul要素に、次のようなスタイルを設定しましょう。

スタイル	値
位置	左揃え
パディング（上下左右）	0
マージン（左）	10px

①タスクバーのをクリックして、**「mystyle.css」**に切り替えます。
②次のように入力します。

```
.header-in{
    width:960px;
    margin-left:auto;
    margin-right:auto;
}

/* 959px以下の場合 */
@media(max-width:959px){
header img{
    float:none;
}
nav ul{
    text-align:left;
    padding:0;
    margin-left:10px;
}
}
```

※次の操作のために、上書き保存しておきましょう。
③タスクバーのをクリックして、Google Chromeに切り替えます。
④ （このページを再読み込みします）をクリックします。
⑤編集結果が表示されます。
※ウィンドウ幅を変更して、ナビゲーションメニューが調整されることを確認しましょう。

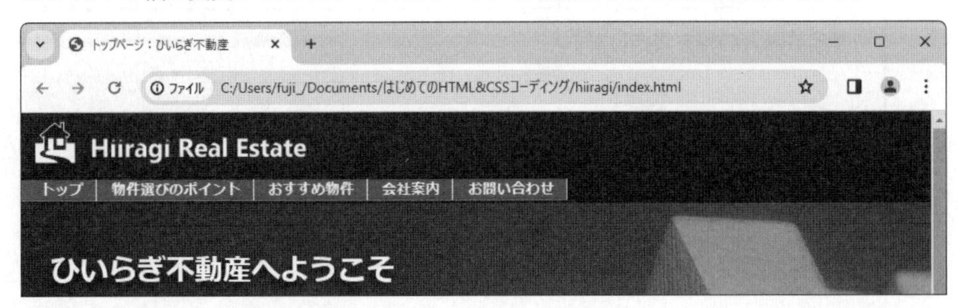

STEP UP CSSのコメント

CSSにコメントを記述するには、コメントを「/*」と「*/」で囲みます。コメントは複数行にわたってもかまいません。

```
/* 注意事項用の赤色 */
```

4 ウィンドウ幅に合わせてサイズを変更

現在、article要素には**「width:960px」**が設定されています。ウィンドウ幅が小さい場合には文章を読むために横方向のスクロールが必要です。このままでは、文章が読みづらく、重要な情報を読んでもらうことができなくなってしまいます。ウィンドウ幅が小さいデバイスに対応するため、ウィンドウ幅に合わせてarticle要素が自動調整されるように設定しましょう。

●article要素の幅が固定

横方向のスクロールが
必要なので文章が読みづらい

●article要素の幅が自動調整

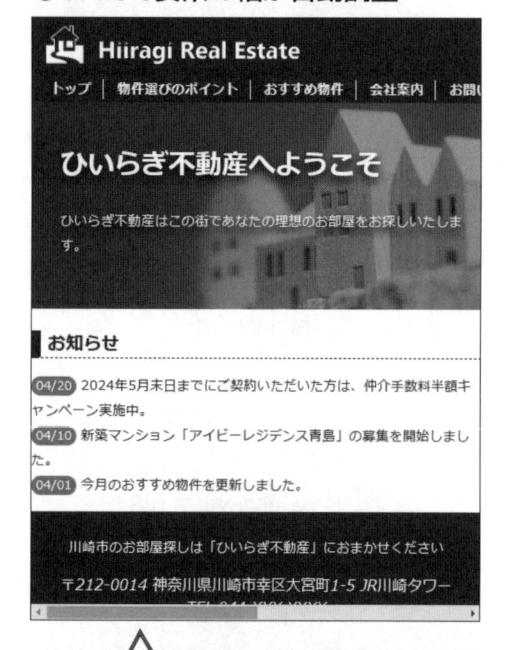

ウィンドウ幅に合わせて折り返して
表示されるので読みやすい

また、article要素内の画像も、width属性やheight属性が設定されているため、固定のサイズで表示されます。画像もarticle要素の横幅に合わせて表示されるように設定しましょう。親要素の横幅に合わせてサイズを調整するには、**「max-widthプロパティ」**を使います。

■ max-widthプロパティ

要素の最大の幅を設定します。

```
max-width:幅
```

幅には、数値+単位または%、「none」（制限なし）を設定します。
「100%」を設定すると、親要素の幅に合わせて表示します。
負の値は設定できません。

例：article要素内の画像を、親要素の幅に合わせて調整
　article img{max-width:100%;}

CSSファイル「**mystyle.css**」を編集して、ウィンドウ幅が959px以下の場合に、article要素がウィンドウ幅に合わせて自動調整されるように設定しましょう。
また、article要素の幅に合わせて、img要素の幅が調整されるように設定しましょう。高さは幅に合わせて自動調整されるようにします。

①タスクバーの をクリックして、「**mystyle.css**」に切り替えます。
②次のように入力します。
※メディアクエリ「@media(max-width:959px)」の中に記述します。

```
/* 959px以下の場合 */
@media(max-width:959px){
header img{
    float:none;
}
nav ul{
    text-align:left;
    padding:0;
    margin-left:10px;
}
article{
    width:auto;
}
article img{
    max-width:100%;
    height:auto;
}
}
```

※次の操作のために、上書き保存しておきましょう。
③タスクバーの をクリックして、Google Chromeに切り替えます。
④ (このページを再読み込みします)をクリックします。
⑤編集結果が表示されます。
※ウィンドウ幅を変更して、article要素の幅と画像の幅が調整されることを確認しましょう。

次に進む前に必ず操作しよう

現在、header要素はクラス「**header-in**」で幅が960pxに設定されています。ウィンドウ幅が959px以下の場合に、header要素がウィンドウ幅に合わせて自動調整されるように設定しましょう。

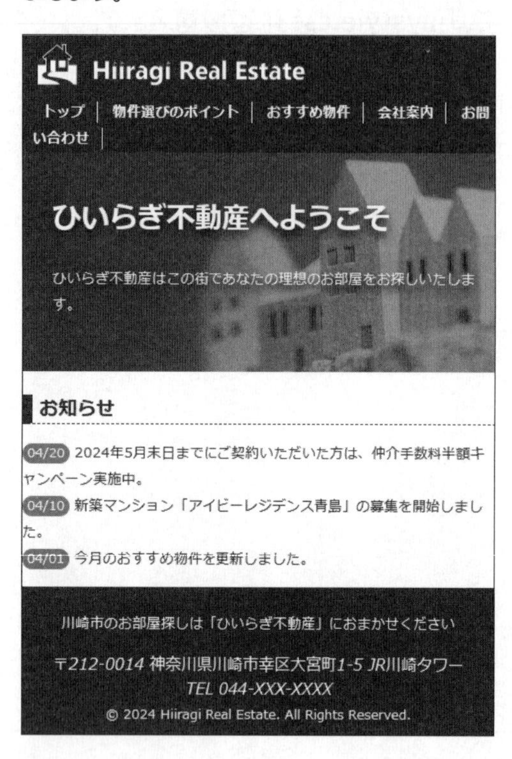

操作手順

次のように、CSSファイル「mystyle.css」を編集します。

●mystyle.css

```
/* 959px以下の場合 */
@media(max-width:959px){
header img{
    float:none;
}
nav ul{
    text-align:left;
    padding:0;
    margin-left:10px;
}
article{
    width:auto;
}
article img{
    max-width:100%;
    height:auto;
}
.header-in{
    width:auto;
}
}
```

※CSSファイル「mystyle.css」を上書き保存して、ブラウザーで結果を確認しておきましょう。

5 ウィンドウ幅に合わせてフォントサイズを変更

現在、ウィンドウ幅が小さい場合、ナビゲーションメニューがウィンドウ幅で折り返して表示されます。
ウィンドウ幅が600px以下の場合に、ナビゲーションメニューに次のようなスタイルを設定しましょう。

スタイル	値
フォントサイズ	75%
パディング（左）（右）	2px

①タスクバーの をクリックして、**「mystyle.css」**に切り替えます。
②次のように入力します。

```
.header-in{
    width:auto;
}
}

/* 600px以下の場合 */
@media(max-width:600px){
nav li{
    font-size:75%;
    padding-left:2px;
    padding-right:2px;
}
}
```

※次の操作のために、上書き保存しておきましょう。
③タスクバーの をクリックして、Google Chromeに切り替えます。
④ （このページを再読み込みします）をクリックします。
⑤編集結果が表示されます。
※ウィンドウの幅を変更して、ナビゲーションメニューが調整されることを確認しましょう。

Let's Try

ためしてみよう

次のように、Webページを編集しましょう。
CSSファイル「mystyle.css」を編集して、ウィンドウ幅が600px以下の場合に、次のようなスタイルを設定しましょう。

●フッター

スタイル	値
フォントサイズ	75%

●クラス「catch」

スタイル	値
上	5px
左	10px

※クラス「catch」は、見出し1「ひいらぎ不動産へようこそ」と段落「ひいらぎ不動産は…」に設定されているスタイルです。上と左の位置だけ編集します。

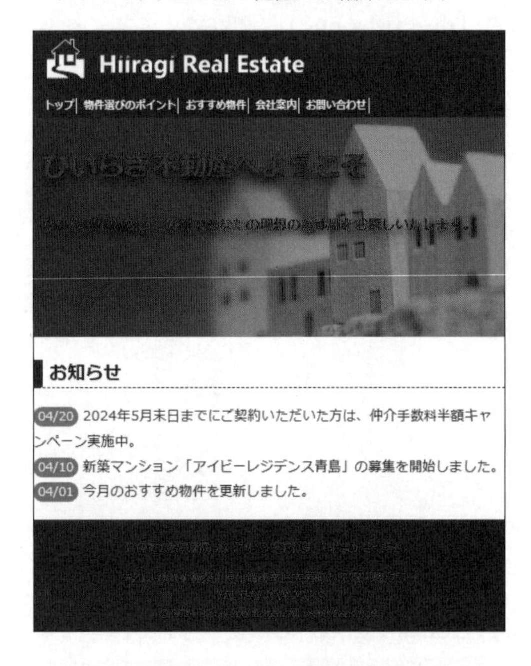

Let's Try Answer

次のように、CSSファイル「mystyle.css」を編集します。

●mystyle.css

```
/* 600px以下の場合 */
@media(max-width:600px){
nav li{
    font-size:75%;
    padding-left:2px;
    padding-right:2px;
}
footer{
    font-size:75%;
}
.catch{
    top:5px;
    left:10px;
}
}
```

※CSSファイル「mystyle.css」を上書き保存して、ブラウザーで結果を確認しておきましょう。
※メモ帳の × (タブを閉じる)をクリックして、すべてのファイルを閉じて終了しておきましょう。
※ブラウザーを終了しておきましょう。

第5章

サブページの作成

STEP 1 作成するWebページを確認する

1 作成するWebページの確認

この章では、次のようなWebページを作成します。

●point.html

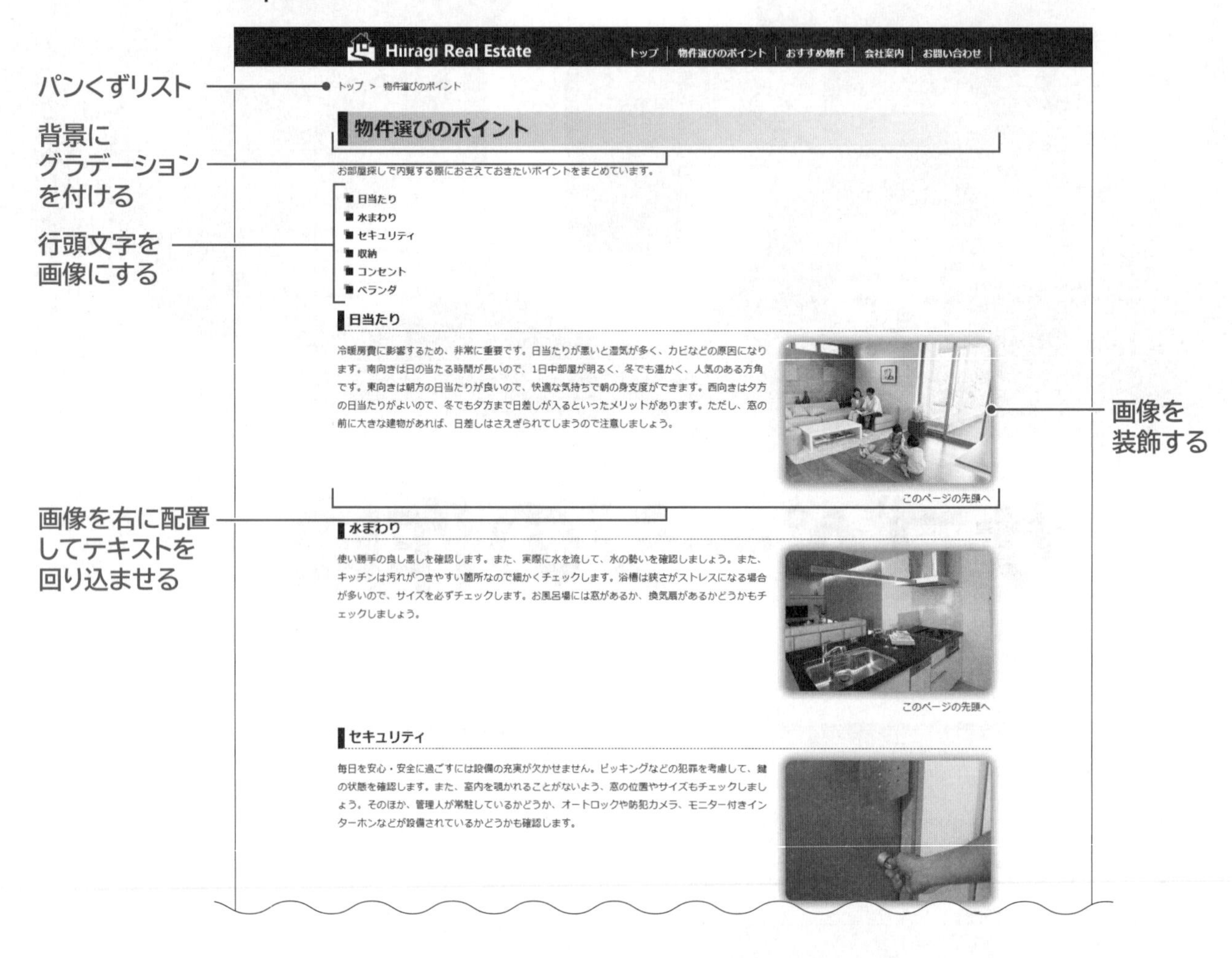

ここでは、Webページ「**物件選びのポイント**」を作成します。

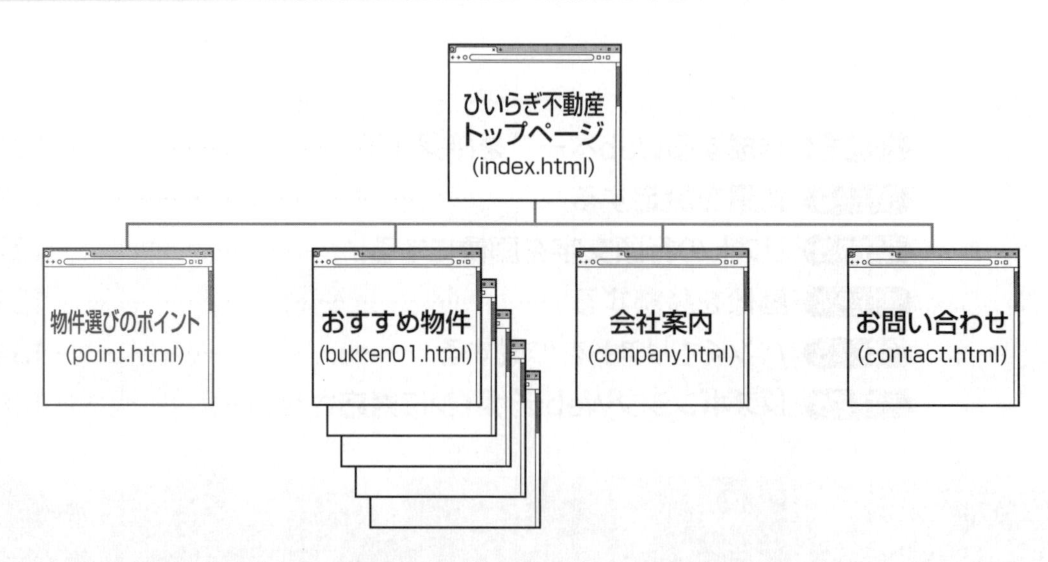

2 作成済みファイルの確認

本書では、HTMLファイル**「point.html」**は途中まで作成済みです。

OPEN

» HTMLファイル「point.html」をブラウザーとメモ帳で表示して内容を確認しましょう。

● Webページ

Hiiragi Real Estate
トップ
物件選びのポイント
おすすめ物件
会社案内
お問い合わせ
見出し1
物件選びのポイント
段落
お部屋探しで内覧する際におさえておきたいポイントをまとめています。
リスト
日当たり
水まわり
セキュリティ
収納
コンセント
ベランダ
見出し2
日当たり
画像
段落
冷暖房費に影響するため、非常に重要です。日当たりが悪いと湿気が多く、カビなどの原因になります。南向きは日の当たる時間が長いので、1日中部屋が明るく、冬でも温かく、人気のある方角です。東向きは朝方の日当たりが良いので、快適な気持ちで朝の身支度ができます。西向きは夕方の日当たりがよいので、冬でも夕方まで日差しが入るといったメリットがあります。ただし、窓の前に大きな建物があれば、日差しはさえぎられてしまうので注意しましょう。
段落
このページの先頭へ
水まわり

● HTMLファイル

```
<head>
<meta charset="UTF-8">
<title>物件選びのポイント：ひいらぎ不動産</title>
<link rel="stylesheet" href="css/mystyle.css">
</head>
<body>
<header>
<div class="header-in">
<img src="image/logo.png" width="300" height="56" alt="ひいらぎ不動産">
<nav>
<ul>
<li>トップ</li>
<li>物件選びのポイント</li>
<li>おすすめ物件</li>
<li>会社案内</li>
<li>お問い合わせ</li>
</ul>
</nav>
</div>
</header>
<article>
<h1>物件選びのポイント</h1>
<p>お部屋探しで内覧する際におさえておきたいポイントをまとめています。</p>
<ul
　　～
<p>このページの先頭へ</p>
</section>
<section>
<h2>コンセント</h2>
<img src="image/socket.jpg" width="300" height="200" alt="コンセントの写真">
<p>実際に使用する家具や家電製品の配置を想定し、コンセントの場所や数を確認します。事前に間取り図に書き込んでおくとよいでしょう。特にテレビは、電源とアンテナケーブルを使うので、配置が限られます。</p>
<p>このページの先頭へ</p>
</section>
<section>
<h2>ベランダ</h2>
<img src="image/veranda.jpg" width="300" height="200" alt="ベランダの写真">
<p>窓を開けてベランダに出てみましょう。ベランダの広さを確認します。また、ベランダに洗濯物が干せるかどうかも重要なポイントです。物干しのポールを掛ける場所があるかどうか、その高さや長さも確認します。ベランダの手すりや床に、上階や隣から泥水などが流れてきた痕跡がないかどうかもチェックしましょう。</p>
<p>このページの先頭へ</p>
</section>
</article>
<footer>
<p>川崎市のお部屋探しは「ひいらぎ不動産」におまかせください</p>
<address>〒212-0014 神奈川県川崎市幸区大宮町1-5 JR川崎タワー<br>
TEL 044-XXX-XXXX</address>
<small>&copy; 2024 Hiiragi Real Estate. All Rights Reserved.</small>
</footer>
</body>
</html>
```

ヘッダー（<header>～</header>）
メイン記事（<article>～</article>）
サブ記事（<section>～</section>）
サブ記事（<section>～</section>）
フッター（<footer>～</footer>）

STEP 2 背景を設定する

1 背景の設定

Webページ全体や見出しなどの背景に画像などを表示できます。背景画像を設定する場合は、**「background-imageプロパティ」**を使います。背景画像の並べ方は**「background-repeatプロパティ」**で設定できます。また、背景の要素をまとめて設定する場合は、**「backgroundプロパティ」**を使うこともできます。

■background-imageプロパティ

背景画像を設定します。

background-image：背景画像

背景画像には、画像ファイルまたは「none」（なし）を設定します。画像ファイルを設定する場合は、値に「url（画像ファイルのパス）」を記述します。
スタイルは子要素に継承されません。

例：h1要素の背景に画像「line.gif」を表示

```
h1{background-image:url(line.gif);}
```

■background-repeatプロパティ

背景画像の繰り返しを設定します。

background-repeat：並べ方

設定できる画像の並べ方は、次のとおりです。

並べ方	説明
repeat	全体にタイル状に繰り返す（初期値）
repeat-x	水平方向に繰り返す
repeat-y	垂直方向に繰り返す
no-repeat	繰り返しなし

例：body要素の背景に画像「hana.gif」を表示して、横方向に繰り返し並べる

```
body{
    background-image:url(hana.gif);
    background-repeat:repeat-x;
}
```

画像：hana.gif

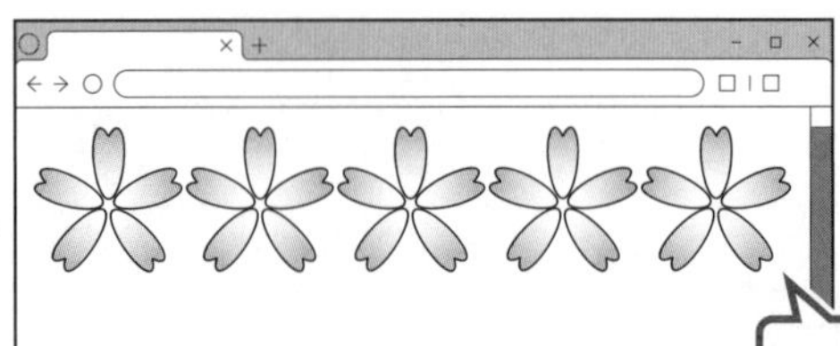

ブラウザーで表示すると、画像が横方向に繰り返し表示される

■ **backgroundプロパティ**

背景色（color）、背景画像（image）、背景画像の並べ方（repeat）、サイズ（size）などをまとめて設定します。

background：背景色 背景画像 並べ方 サイズ

※一部のプロパティだけを記載しています。

背景色、背景画像、並べ方、サイズの設定は半角空白で区切ります。設定する順番はどの項目から設定してもかまいません。
スタイルは子要素に継承されません。

例：body要素の背景に画像「hana.gif」を表示して、横方向に繰り返し並べる

```
body{
    background:url(hana.gif) repeat-x;
}
```

2 背景へのグラデーションの設定

「backgroundプロパティ」の「linear-gradient()」を設定すると、背景にグラデーションを設定できます。

■ **backgroundプロパティ**

背景にグラデーションを設定します。

background：linear-gradient(方向,開始色,終了色)

方向はキーワードまたは角度を設定します。
方向は省略できます。省略した場合、初期値は「下から上」です。

方向	キーワード	角度
下から上	to top	0deg
上から下	to bottom	180deg
右から左	to left	270deg
左から右	to right	90deg

開始色と終了色には、色名またはRGBを設定します。

例：body要素の背景に、上から下の方向に、水色（#00ffff）から青色（#0000ff）のグラデーションを表示

```
body{
    background:linear-gradient(to bottom,#00ffff,#0000ff);
}
```

1 スタイルの設定

CSSファイル**「mystyle.css」**を編集して、h1要素に次のようなスタイルを設定しましょう。
サブページのh1要素にだけスタイルを設定するため、**「sub-h1」**というクラスを作成します。

スタイル	値
グラデーション	右から左の方向に、白色（#ffffff）から灰色（#dcdcdc）のグラデーション
パディング（上）	5px
パディング（左）	10px
ボーダー（左）	15px　実線（solid）　紺色（#003366）

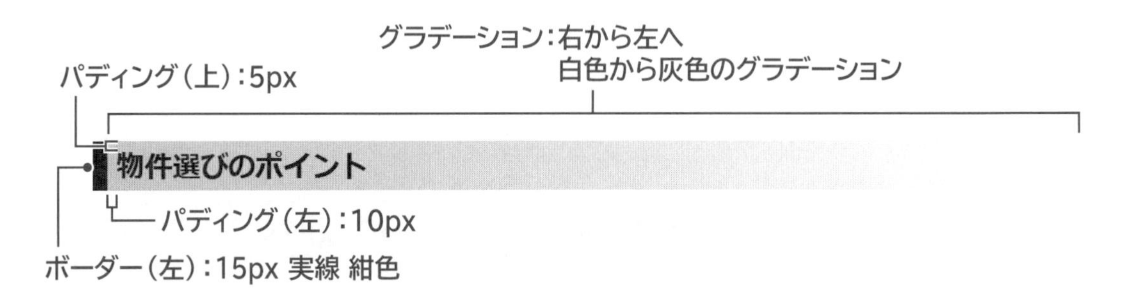

» CSSファイル「mystyle.css」をメモ帳で開いておきましょう。

①次のように入力します。

```
.header-in{
    width:960px;
    margin-left:auto;
    margin-right:auto;
}
.sub-h1{
    background:linear-gradient(to left,#ffffff,#dcdcdc);
    padding-top:5px;
    padding-left:10px;
    border-left:15px solid #003366;
}

/* 959px以下の場合 */
@media(max-width:959px){
header img{
    float:none;
}
```

※次の操作のために、上書き保存しておきましょう。

第5章　サブページの作成

2 クラスの設定

HTMLファイル**「point.html」**を編集して、h1要素にクラス**「sub-h1」**を設定しましょう。

①メモ帳のタブをクリックして、**「point.html」**に切り替えます。

②次のように入力します。

```
<article>
<h1 class="sub-h1">物件選びのポイント</h1>
<p>お部屋探しで内覧する際におさえておきたいポイントをまとめています。</p>
<ul>
<li>日当たり</li>
<li>水まわり</li>
<li>セキュリティ</li>
<li>収納</li>
<li>コンセント</li>
<li>ベランダ</li>
</ul>
```

※次の操作のために、上書き保存しておきましょう。

③タスクバーの をクリックして、Google Chromeに切り替えます。

④ （このページを再読み込みします）をクリックします。

⑤編集結果が表示されます。

STEP 3 リストの行頭文字を画像にする

1 行頭文字の設定

リスト項目の行頭文字に画像を設定できます。
行頭文字に画像を設定する場合は、**「list-style-imageプロパティ」**を使います。

■ list-style-imageプロパティ

行頭文字に画像を設定します。

list-style-image:画像

li要素に適用できます。また、ul要素、ol要素に設定すると内容であるli要素に適用されます。
画像には、画像のURLまたは「none」（なし）を設定します。画像を設定する場合は、値に「url（画像ファイルのパス）」を記述します。

例：行頭文字に画像「listmark.png」を設定
li{list-style-image:url(listmark.png);}

1 スタイルの設定

CSSファイル**「mystyle.css」**を編集して、リスト項目**「日当たり」**から**「ベランダ」**までに次のようなスタイルを設定しましょう。スタイルは**「point.html」**だけで使用するため、クラス**「point-list」**を作成します。

スタイル	値
行頭文字の画像	list.gif
フォントの太さ	bold
マージン（左）	30px

※画像ファイルは、フォルダー「image」に保存されています。

行頭文字の画像：list.gif
日当たり フォントの太さ：bold
マージン（左）：30px
水まわり
セキュリティ
収納
コンセント
ベランダ

①タスクバーのをクリックして、**「mystyle.css」**に切り替えます。

②次のように入力します。

```
.sub-h1{
    background:linear-gradient(to left,#ffffff,#dcdcdc);
    padding-top:5px;
    padding-left:10px;
    border-left:15px solid #003366;
}
.point-list{
    list-style-image:url(../image/list.gif);
    font-weight:bold;
    margin-left:30px;
}
```

※次の操作のために、上書き保存しておきましょう。

2 クラスの設定

HTMLファイル**「point.html」**を編集して、ul要素にクラス**「point-list」**を設定しましょう。

①メモ帳のタブをクリックして、**「point.html」**に切り替えます。

②次のように入力します。

```
<h1 class="sub-h1">物件選びのポイント</h1>
<p>お部屋探しで内覧する際におさえておきたいポイントをまとめています。</p>
<ul class="point-list">
<li>日当たり</li>
<li>水まわり</li>
<li>セキュリティ</li>
<li>収納</li>
<li>コンセント</li>
<li>ベランダ</li>
</ul>
```

※次の操作のために、上書き保存しておきましょう。

③タスクバーのをクリックして、Google Chromeに切り替えます。

④ （このページを再読み込みします）をクリックします。

⑤編集結果が表示されます。

STEP4 画像を装飾する

1 画像の影の設定

画像に影を設定できます。影のずれやぼかし、広がり、色などを設定して、見栄えを整えることができます。画像に影を設定する場合は、**「box-shadowプロパティ」**を使います。

■box-shadowプロパティ

影を設定します。

box-shadow:横方向のずれ幅 縦方向のずれ幅 ぼかし幅 広がり幅 影の色

設定値は半角空白で区切ります。
横方向のずれ幅に正の値を設定すると右に、負の値を設定すると左に影ができます。
縦方向のずれ幅に正の値を設定すると下に、負の値を設定すると上に影ができます。
ぼかし幅は、影をぼかす幅を設定します。
広がり幅に正の値を設定すると影が拡大され、負の値を設定すると影が縮小されます。
幅には、数値+pxを設定します。数値が「0」の場合は、単位を省略できます。

例:p要素に右方向5px、下方向5px、ぼかし幅0px、黒色(#000000)の影を付ける
p{box-shadow:5px 5px 0px #000000;}
※広がり幅は省略しています。

例:p要素に右方向0px、下方向0px、ぼかし幅10px、黒色(#000000)の影を付ける
p{box-shadow:0px 0px 10px #000000;}
※広がり幅は省略しています。

例:p要素に右方向0px、下方向0px、ぼかし幅0px、広がり幅10px、黒色(#000000)の影を付ける
p{box-shadow:0px 0px 0px 10px #000000;}

1 スタイルの設定

CSSファイル**「mystyle.css」**を編集して、h2要素の下の画像に、次のようなスタイルを設定しましょう。スタイルは**「point.html」**だけで使用するため、クラス**「point-img」**に設定します。

スタイル	値
影	横方向のずれ幅:0px 縦方向のずれ幅:0px ぼかし幅:10px 広がり幅:3px 影の色:灰色(#aaaaaa)

①タスクバーの[icon]をクリックして、**「mystyle.css」**に切り替えます。
②次のように入力します。

```
.point-list{
    list-style-image:url(../image/list.gif);
    font-weight:bold;
    margin-left:30px;
}
.point-img{
    box-shadow:0px 0px 10px 3px #aaaaaa;
}
```

※次の操作のために、上書き保存しておきましょう。

2 クラスの設定

HTMLファイル**「point.html」**を編集して、h2要素の下の画像にクラス**「point-img」**を設定しましょう。

①メモ帳のタブをクリックして、**「point.html」**に切り替えます。
②次のように入力します。

```
<h2>日当たり</h2>
<img src="image/hiatari.jpg" width="300" height="200" alt="明るい部屋の写真" class
="point-img">
```

```
<h2>水まわり</h2>
<img src="image/kitchen.jpg" width="300" height="200" alt="キッチンの写真" class
="point-img">
```

```
<h2>セキュリティ</h2>
<img src="image/security.jpg" width="300" height="200" alt="ドア鍵の写真" class
="point-img">
```

```
<h2>収納</h2>
<img src="image/shuno.jpg" width="300" height="200" alt="収納の写真" class
="point-img">
```

```
<h2>コンセント</h2>
<img src="image/socket.jpg" width="300" height="200" alt="コンセントの写真" class
="point-img">
```

```
<h2>ベランダ</h2>
<img src="image/veranda.jpg" width="300" height="200" alt="ベランダの写真" class
="point-img">
```

※次の操作のために、上書き保存しておきましょう。

③タスクバーの をクリックして、Google Chromeに切り替えます。

④ （このページを再読み込みします）をクリックします。

⑤編集結果が表示されます。

※スクロールして、すべての画像に影が設定されていることを確認しておきましょう。

C:/Users/fuji_/Documents/はじめてのHTML&CSSコーディング/hiiragi/point.html
日当たり
冷暖房費に影響するため、非常に重要です。日当たりが悪いと湿気が多く、カビなどの原因になります。南向きは日の当たる時間が長いので、1日中部屋が明るく、冬でも温かく、人気のある方角です。東向きは朝方の日当たりが良いので、快適な気持ちで朝の身支度ができます。西向きは夕方の日当たりがよいので、冬でも夕方まで日差しが入るといったメリットがあります。ただし、窓の前に大きな建物があれば、日差しはさえぎられてしまうので注意しましょう。
このページの先頭へ
水まわり

Let's Try ためしてみよう

CSSファイル「mystyle.css」を編集して、h2要素の下の画像に次のようなスタイルを設定しましょう。クラス「point-img」に適用します。

スタイル	値
画像の4つの角を丸くする	半径10px

日当たり

Let's Try Answer

次のように、CSSファイル「mystyle.css」を編集します。

●mystyle.css

```
.point-img{
    box-shadow:0px 0px 10px 3px #aaaaaa;
    border-radius:10px;
}
```

※CSSファイル「mystyle.css」を上書き保存して、ブラウザーで結果を確認しておきましょう。

次に進む前に必ず操作しよう

h2要素の下の画像に、次のようなスタイルを設定しましょう。スタイルは**「point.html」**だけで使用するため、クラス**「point-img」**に設定します。

●クラス「point-img」

スタイル	値
回り込み	右に配置して左に要素を回り込ませる
マージン（左）	20px
マージン（下）	10px

また、段落**「このページの先頭へ」**に次のようなスタイルを設定しましょう。スタイルは**「point.html」**だけで使用するため、クラス**「sentou」**を作成します。

●クラス「sentou」

スタイル	値
回り込み	すべての回り込みの解除
文字列の配置	右揃え

マージン（左）：20px

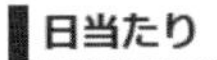
日当たり

冷暖房費に影響するため、非常に重要です。日当たりが悪いと湿気が多く、カビなどの原因になります。南向きは日の当たる時間が長いので、1日中部屋が明るく、冬でも温かく、人気のある方角です。東向きは朝方の日当たりが良いので、快適な気持ちで朝の身支度ができます。西向きは夕方の日当たりがよいので、冬でも夕方まで日差しが入るといったメリットがあります。ただし、窓の前に大きな建物があれば、日差しはさえぎられてしまうので注意しましょう。

このページの先頭へ

右に配置して左に要素を回り込ませる

回り込みの解除
右揃え

マージン（下）：10px

操作手順

次のように、CSSファイル「mystyle.css」とHTMLファイル「point.html」を編集します。

●mystyle.css

```
.point-img{
    box-shadow:0px 0px 10px 3px #aaaaaa;
    border-radius:10px;
    float:right;
    margin-left:20px;
    margin-bottom:10px;
}
.sentou{
    clear:both;
    text-align:right;
}
```

●point.html

```
<section>
<h2>日当たり</h2>
<img src="image/hiatari.jpg" width="300" height="200" alt="明るい部屋の写真" class
="point-img">
<p>冷暖房費に影響するため、非常に重要です。日当たりが悪いと湿気が多く、カビなどの原因になり
ます。南向きは日の当たる時間が長いので、1日中部屋が明るく、冬でも温かく、人気のある方角です。東
向きは朝方の日当たりが良いので、快適な気持ちで朝の身支度ができます。西向きは夕方の日当たりが
よいので、冬でも夕方まで日差しが入るといったメリットがあります。ただし、窓の前に大きな建物があれ
ば、日差しはさえぎられてしまうので注意しましょう。</p>
<p class="sentou">このページの先頭へ</p>
</section>
<section>
<h2>水まわり</h2>
<img src="image/kitchen.jpg" width="300" height="200" alt="キッチンの写真" class
="point-img">
<p>使い勝手の良し悪しを確認します。また、実際に水を流して、水の勢いを確認しましょう。また、キッチ
ンは汚れがつきやすい箇所なので細かくチェックします。浴槽は狭さがストレスになる場合が多いので、サ
イズを必ずチェックします。お風呂場には窓があるか、換気扇があるかどうかもチェックしましょう。</p>
<p class="sentou">このページの先頭へ</p>
</section>
<section>
<h2>セキュリティ</h2>
<img src="image/security.jpg" width="300" height="200" alt="ドア鍵の写真" class
="point-img">
<p>毎日を安心・安全に過ごすには設備の充実が欠かせません。ピッキングなどの犯罪を考慮して、鍵の
状態を確認します。また、室内を覗かれることがないよう、窓の位置やサイズもチェックしましょう。そのほ
か、管理人が常駐しているかどうか、オートロックや防犯カメラ、モニター付きインターホンなどが設備さ
れているかどうかも確認します。</p>
<p class="sentou">このページの先頭へ</p>
</section>
<section>
<h2>収納</h2>
<img src="image/shuno.jpg" width="300" height="200" alt="収納の写真" class
="point-img">
<p>収納量、使い勝手を確認します。幅や高さ、奥行きなども採寸しておくと、何をどこに収納するかを
検討する際に役立ちます。ウォークインクローゼットは、衣類や雑貨など一度に多くの物が収容でき、着替
える場所としても利用できます。</p>
<p class="sentou">このページの先頭へ</p>
</section>
<section>
<h2>コンセント</h2>
<img src="image/socket.jpg" width="300" height="200" alt="コンセントの写真" class
="point-img">
<p>実際に使用する家具や家電製品の配置を想定し、コンセントの場所や数を確認します。事前に間取り
図に書き込んでおくとよいでしょう。特にテレビは、電源とアンテナケーブルを使うので、配置が限られま
す。</p>
<p class="sentou">このページの先頭へ</p>
</section>
<section>
<h2>ベランダ</h2>
<img src="image/veranda.jpg" width="300" height="200" alt="ベランダの写真" class
="point-img">
<p>窓を開けてベランダに出てみましょう。ベランダの広さを確認します。また、ベランダに洗濯物が干せ
るかどうかも重要なポイントです。物干しのポールを掛ける場所があるかどうか、その高さや長さも確認
します。ベランダの手すりや床に、上階や隣から泥水などが流れてきた痕跡がないかどうかもチェックしま
しょう。</p>
<p class="sentou">このページの先頭へ</p>
</section>
```

※CSSファイル「mystyle.css」とHTMLファイル「point.html」を上書き保存して、ブラウザーで結果を確認しておきましょう。

STEP 5 パンくずリストを作成する

1 パンくずリストの作成

パンくずリストを作成する場合は、**「ol要素」**の**「li要素」**にWebページの位置を上位階層から順に記述します。上位階層から順になっていることがわかるように、階層と階層の間は半角空白2つと**「>」**の文字参照を使って記述します。
HTMLファイル**「point.html」**を編集して、article要素の先頭に次のようなパンくずリストを作成しましょう。ここでは、パンくずリストの入力とスタイルの設定をします。リンクは**「第6章 リンクの設定」**で設定します。

1. トップ　>
2. 物件選びのポイント

「>」を表示
半角空白を2つあける

①タスクバーの をクリックして、**「point.html」**に切り替えます。
②次のように入力します。
※「 」は半角空白、「>」は「>」を表す文字参照です。

```
<article>
<ol>
<li>トップ  &gt;</li>
<li>物件選びのポイント</li>
</ol>
<h1 class="sub-h1">物件選びのポイント</h1>
<p>お部屋探しで内覧する際におさえておきたいポイントをまとめています。</p>
```

※次の操作のために、上書き保存しておきましょう。
③タスクバーの をクリックして、Google Chromeに切り替えます。
④ (このページを再読み込みします)をクリックします。
⑤編集結果が表示されます。

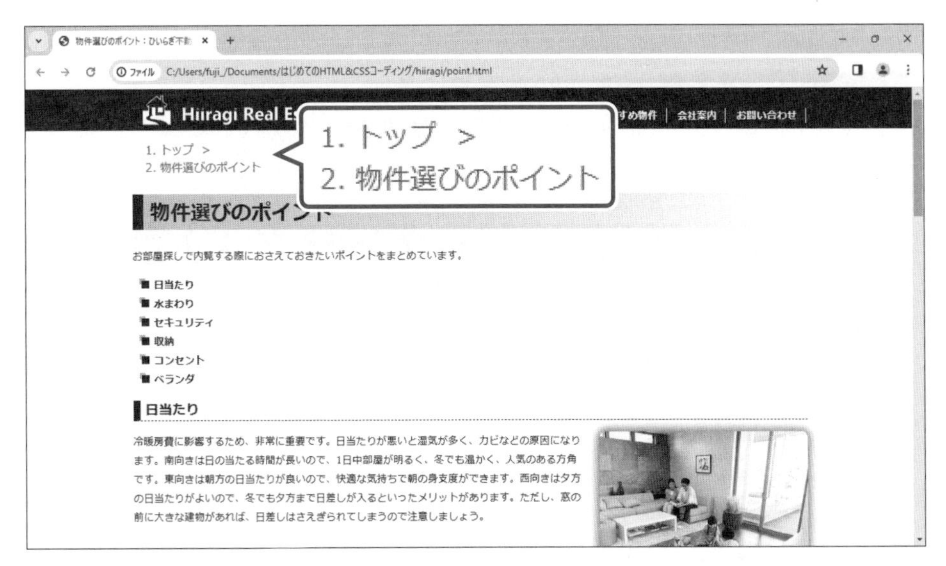

2 パンくずリストのスタイルの設定

パンくずリストに次のようなスタイルを設定しましょう。

●番号付きリストのリスト項目

スタイル	値
表示形式	インライン
マージン(右)	5px
フォントサイズ	80%

●番号付きリスト

スタイル	値
パディング(左)	0

フォントサイズ:80%

トップ > 物件選びのポイント

マージン(右):5px

パディング(左):0

①タスクバーのをクリックして、**「mystyle.css」**に切り替えます。

②次のように入力します。

```
.sentou{
    clear:both;
    text-align:right;
}
ol li{
    display:inline;
    margin-right:5px;
    font-size:80%;
}
ol{
    padding-left:0;
}
```

※次の操作のために、上書き保存しておきましょう。

③タスクバーのをクリックして、Google Chromeに切り替えます。

④ (このページを再読み込みします)をクリックします。

⑤編集結果が表示されます。

※表示形式をインラインにすると、li要素の番号が非表示になります。

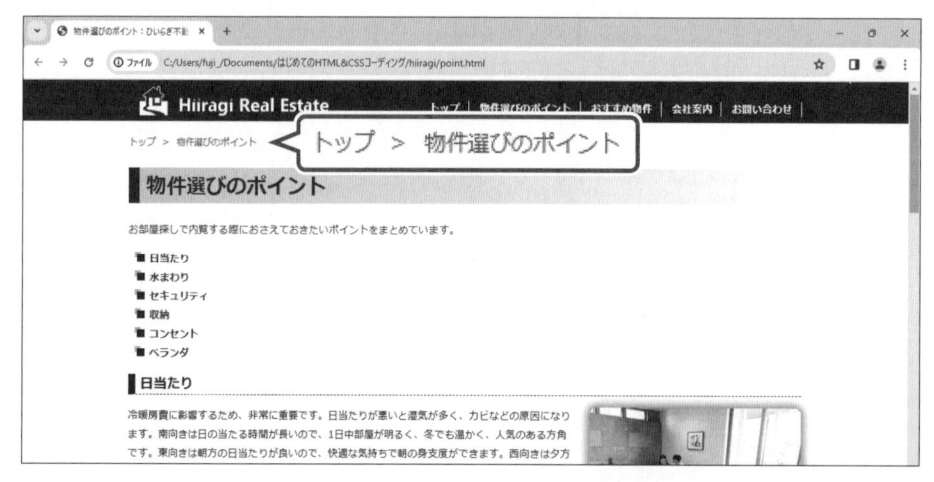

STEP 6 レスポンシブWebデザインに対応させる

1 ウィンドウ幅に合わせて回り込みを解除

現在、クラス「**point-img**」で、文章が画像の左に回り込むように設定されています。ウィンドウ幅が小さいデバイスで表示すると、文字列の折り返しが多くなりすぎて読みにくくなってしまいます。
ウィンドウ幅が600px以下の場合に、画像の回り込みが解除されるようにスタイルを設定しましょう。

①タスクバーの をクリックして、「**mystyle.css**」に切り替えます。
②次のように入力します。
※メディアクエリ「@media（max-width:600px）」の中に記述します。

```
/* 600px以下の場合 */
@media(max-width:600px){
nav li{
    font-size:75%;
}
.catch{
    top:5px;
    left:10px;
}
.point-img{
    float:none;
}
}
```

※次の操作のために、上書き保存しておきましょう。
③タスクバーの をクリックして、Google Chromeに切り替えます。
④ （このページを再読み込みします）をクリックします。
⑤編集結果が表示されます。
※ウィンドウの幅を変更して、回り込みが解除されることを確認しましょう。

物件選びのポイント：ひいらぎ不動
ファイル C:/Users/fuji_/Documents/はじめて...
日当たり
冷暖房費に影響するため、非常に重要です。日当たりが悪いと湿気が多く、カビなどの原因になります。南向きは日の当たる時間が長いので、1日中部屋が明るく、冬でも温かく、人気のある方角です。東向きは朝方の日当たりが良いので、快適な気持ちで朝の身支度ができます。西向きは夕方の日当たりがよいので、冬でも夕方まで日差しが入るといったメリットがあります。ただし、窓の前に大きな建物があれば、日差しはさえぎられてしまうので注意しましょう。
このページの先頭へ

ためしてみよう

現在、「point.html」のarticle要素と、「index.html」のsection要素は、ウィンドウ幅が小さいデバイスで表示すると、左右の余白がなく、詰まって見えます。CSSファイル「mystyle.css」を編集して、クラス「page」を作成し、次のようなスタイルを設定しましょう。次に、このクラスを「point.html」のarticle要素と、「index.html」のsection要素に設定しましょう。

スタイル	値
パディング（左）（右）	10px

※このスタイルは、ウィンドウ幅に関係なく設定するため、メディアクエリ以外の場所に作成します。

●point.html

日当たり

冷暖房費に影響するため、非常に重要です。日当たりが悪いと湿気が多く、カビなどの原因になります。南向きは日の当たる時間が長いので、1日中部屋が明るく、冬でも温かく、人気のある方角です。東向きは朝方の日当たりが良いので、快適な気持ちで朝の身支度ができます。西向きは夕方の日当たり

●index.html

Hiiragi Real Estate
トップ｜物件選びのポイント｜おすすめ物件｜会社案内｜お問い合わせ｜
ひいらぎ不動産へようこそ
ひいらぎ不動産はこの街であなたの理想のお部屋をお探しいたします。

お知らせ

04/20 2024年5月末日までにご契約いただいた方は、仲介手数料半額キャンペーン実施中。
04/10 新築マンション「アイビーレジデンス青島」の募集を開始しました。
04/01 今月のおすすめ物件を更新しました。

「index.html」をメモ帳で開いておきましょう。
次のように、CSSファイル「mystyle.css」、HTMLファイル「point.html」と「index.html」を編集します。

●mystyle.css

```
ol{
    padding-left:0;
}
.page{
    padding-left:10px;
    padding-right:10px;
}
```

●point.html

```
<article class="page">
<ol>
<li>トップ  &gt;</li>
```

●index.html

```
<section class="page">
<h2>お知らせ</h2>
```

※CSSファイル「mystyle.css」、HTMLファイル「point.html」と「index.html」を上書き保存して、ブラウザーで結果を確認しておきましょう。
※メモ帳の［×］（タブを閉じる）をクリックして、すべてのファイルを閉じて終了しておきましょう。
※ブラウザーを終了しておきましょう。

第6章

リンクの設定

STEP 1 リンクの概要

1 リンク

文字列や画像をクリックすると、別のWebページやファイルにジャンプする仕組みを**「リンク」**といいます。
ジャンプする起点を**「リンク元」**、ジャンプする先を**「リンク先」**といいます。
リンク先には、次のようなものを設定できます。

- 同じWebサイト内の別のWebページ
- 同じWebページ内の別の場所
- 別のWebサイト
- HTMLファイル以外のファイル
- メールソフトの起動

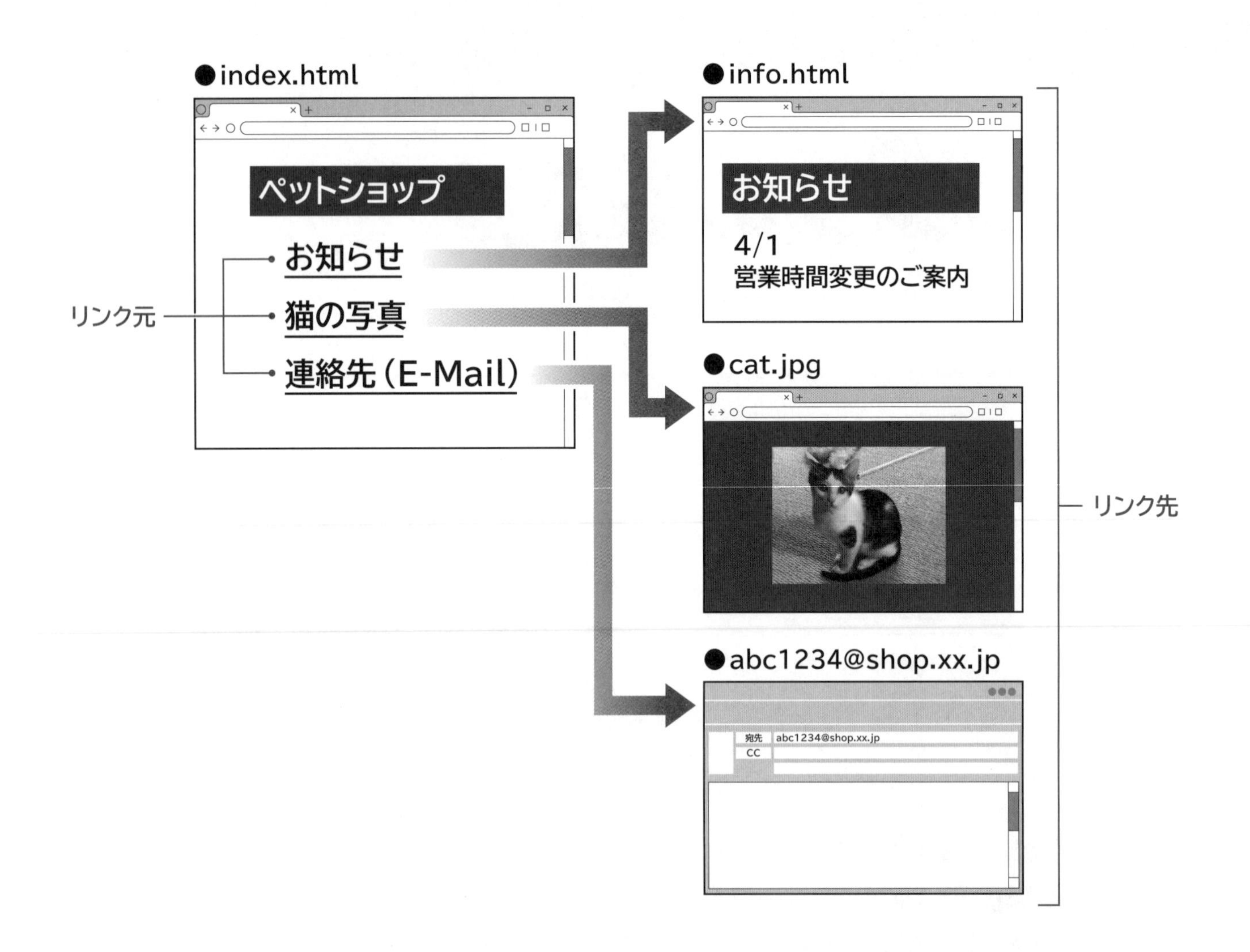

STEP 2 別のWebページへのリンクを設定する

1 設定するリンクの確認

Webサイト内で、次のようなリンクを設定します。

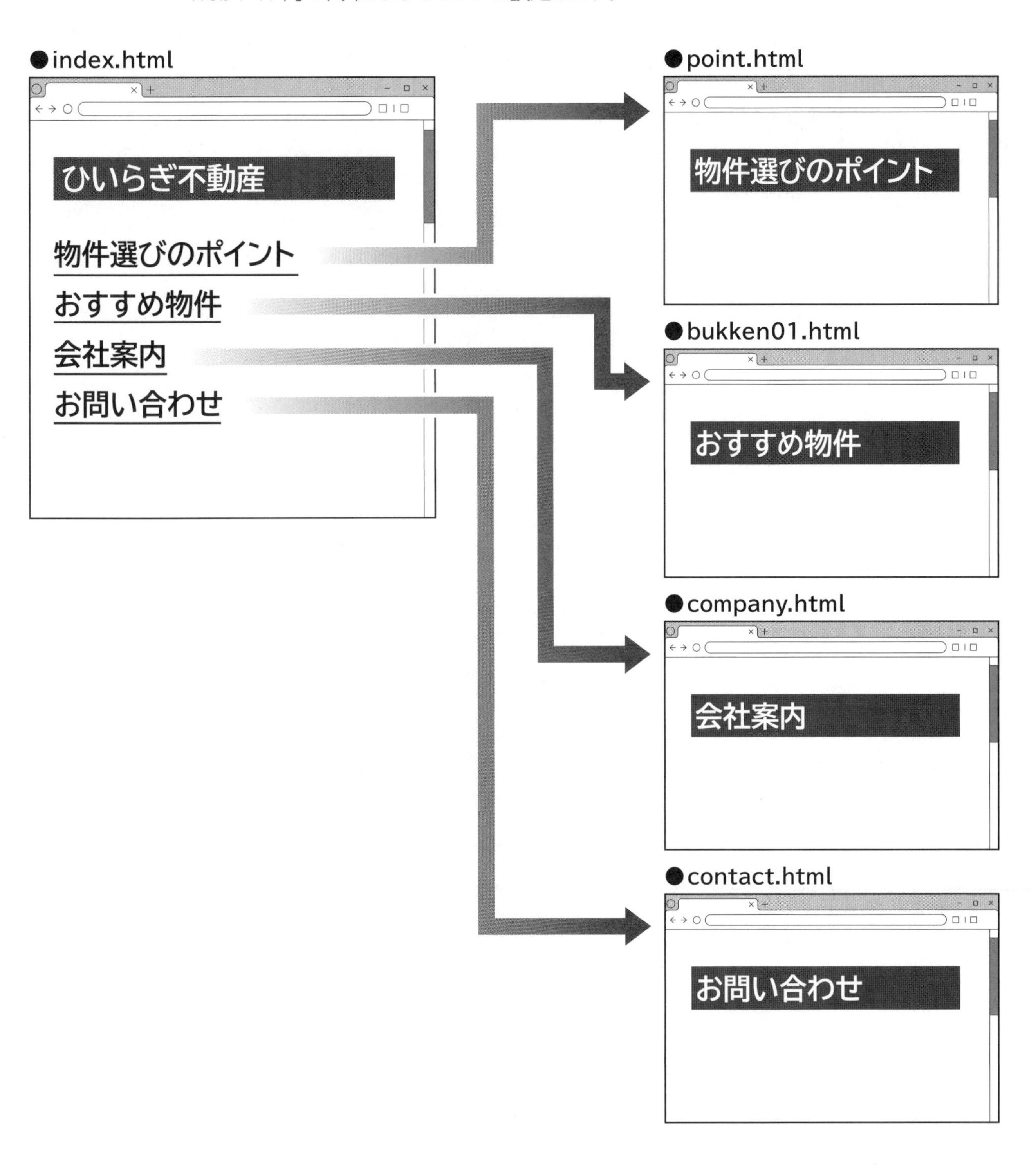

2 別のWebページへのリンクの設定

リンクを設定するには、**「a要素」**を記述し、リンク先を**「href属性」**で設定します。

■a要素

セクショニング

リンクを表します。

```
<a href="リンク先">内容</a>
```

内容には、文字列や画像などを含むことができます。

●href属性

リンク先を設定します。
リンク先には、ファイルのパスまたはURLなどを設定します。

例：文字列「FOM出版」にリンク先としてWebサイト「https://www.fom.fujitsu.com/goods/」を設定
<a href="https://www.fom.fujitsu.com/goods/">FOM出版</a>

HTMLファイル**「index.html」**のナビゲーションメニューのリストに、次のようなリンクを設定しましょう。設定後、リンクを確認しましょう。

リンク元	リンク先
物件選びのポイント	point.html
おすすめ物件	bukken01.html
会社案内	company.html
お問い合わせ	contact.html

※リンク先のHTMLファイルは「index.html」と同じフォルダーに保存されています。

» HTMLファイル「index.html」をメモ帳とブラウザーで開いておきましょう。

①タスクバーのをクリックして、**「index.html」**に切り替えます。
②次のように入力します。

```
<nav>
<ul>
<li>トップ</li>
<li><a href="point.html">物件選びのポイント</a></li>
<li><a href="bukken01.html">おすすめ物件</a></li>
<li><a href="company.html">会社案内</a></li>
<li><a href="contact.html">お問い合わせ</a></li>
</ul>
</nav>
```

※次の操作のために、上書き保存しておきましょう。

③タスクバーのをクリックして、Google Chromeに切り替えます。
④（このページを再読み込みします）をクリックします。

⑤編集結果が表示されます。

⑥**「物件選びのポイント」**をクリックします。

⑦リンク先のWebページ**「point.html」**が表示されます。

⑧ ← （クリックすると前に戻ります。押したまま待つと履歴が表示されます。）をクリックします。

⑨Webページ**「index.html」**に戻ります。

※「おすすめ物件」「会社案内」「お問い合わせ」へのリンクも確認しておきましょう。

STEP UP リンク先の表示方法

「a要素」に「target属性」を指定すると、リンク先のWebページをどのように表示するかを設定できます。

●target属性

リンク先をどのように表示するかを設定します。
設定できる主な表示方法は、次のとおりです。

表示方法	説明
_self	現在のウィンドウでリンク先を開く（初期値）
_blank	新しいタブやウィンドウでリンク先を開く

例：文字列「FOM出版」にリンク先としてWebサイト「https://www.fom.fujitsu.com/goods/」を設定し、リンク先は新しいタブやウィンドウに表示する

```
<a href="https://www.fom.fujitsu.com/goods/" target="_blank">FOM出版</a>
```

次に進む前に必ず操作しよう

次のように、Webページを編集しましょう。

①HTMLファイル「**index.html**」の見出し2「**お知らせ**」のリスト内にある文字列「**おすすめ物件**」に、次のようなリンクを設定しましょう。

リンク元	リンク先
おすすめ物件	bukken01.html

②HTMLファイル「**point.html**」のナビゲーションメニューのリストや画像、パンくずリストに、次のようなリンクを設定しましょう。

リンク元	リンク先
トップ	index.html
おすすめ物件	bukken01.html
会社案内	company.html

リンク元	リンク先
お問い合わせ	contact.html
画像「logo.png」	index.html
パンくずリストの「トップ」	index.html

※HTMLファイル「index.html」のナビゲーションメニューのリンクをコピーして編集すると効率的です。
※リンク先のHTMLファイルは「point.html」と同じフォルダーに保存されています。

操作手順

①次のように、HTMLファイル「index.html」を編集します。

●index.html

```
<h2>お知らせ</h2>
<ul>
<li><time datetime="2024-04-20">04/20</time>2024年5月末日までにご契約いただいた方は、仲介手数料半額キャンペーン実施中。</li>
<li><time datetime="2024-04-10">04/10</time>新築マンション「アイビーレジデンス青島」の募集を開始しました。</li>
<li><time datetime="2024-04-01">04/01</time>今月の<a href="bukken01.html">おすすめ物件</a>を更新しました。</li>
</ul>
```

②HTMLファイル「point.html」をメモ帳で開いておきましょう。
次のように、HTMLファイル「point.html」を編集します。

●point.html

```
<header>
<div class="header-in">
<a href="index.html"><img src="image/logo.png" width="300" height="56" alt="ひいらぎ不動産"></a>
<nav>
<ul>
<li><a href="index.html">トップ</a></li>
<li>物件選びのポイント</li>
<li><a href="bukken01.html">おすすめ物件</a></li>
<li><a href="company.html">会社案内</a></li>
<li><a href="contact.html">お問い合わせ</a></li>
</ul>
</nav>
</div>
</header>
<article class="page">
<ol>
<li><a href="index.html">トップ</a>  &gt;</li>
<li>物件選びのポイント</li>
</ol>
```

※HTMLファイル「index.html」と「point.html」を上書き保存して、ブラウザーで結果を確認しておきましょう。

STEP 3 特定の場所へのリンクを設定する

1 設定するリンクの確認

Webページ内で、次のようなリンクを設定します。

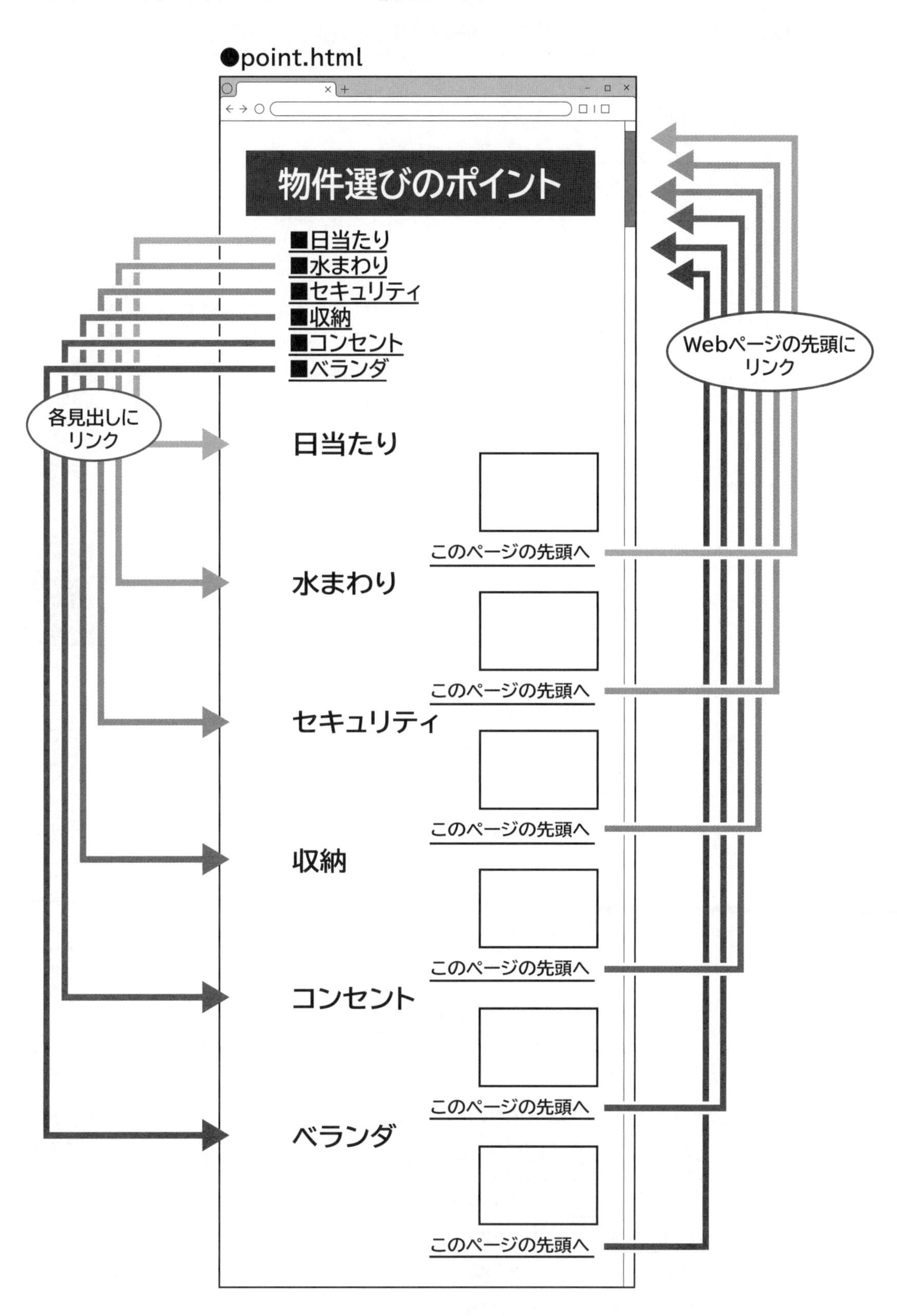

2 特定の場所へのリンクの設定

同じWebページ内の特定の場所を表示するようにリンクを設定できます。
同じWebページ内の別の場所にリンクを設定するには、リンク先に目印となる**「ラベル」**を付けておく必要があります。

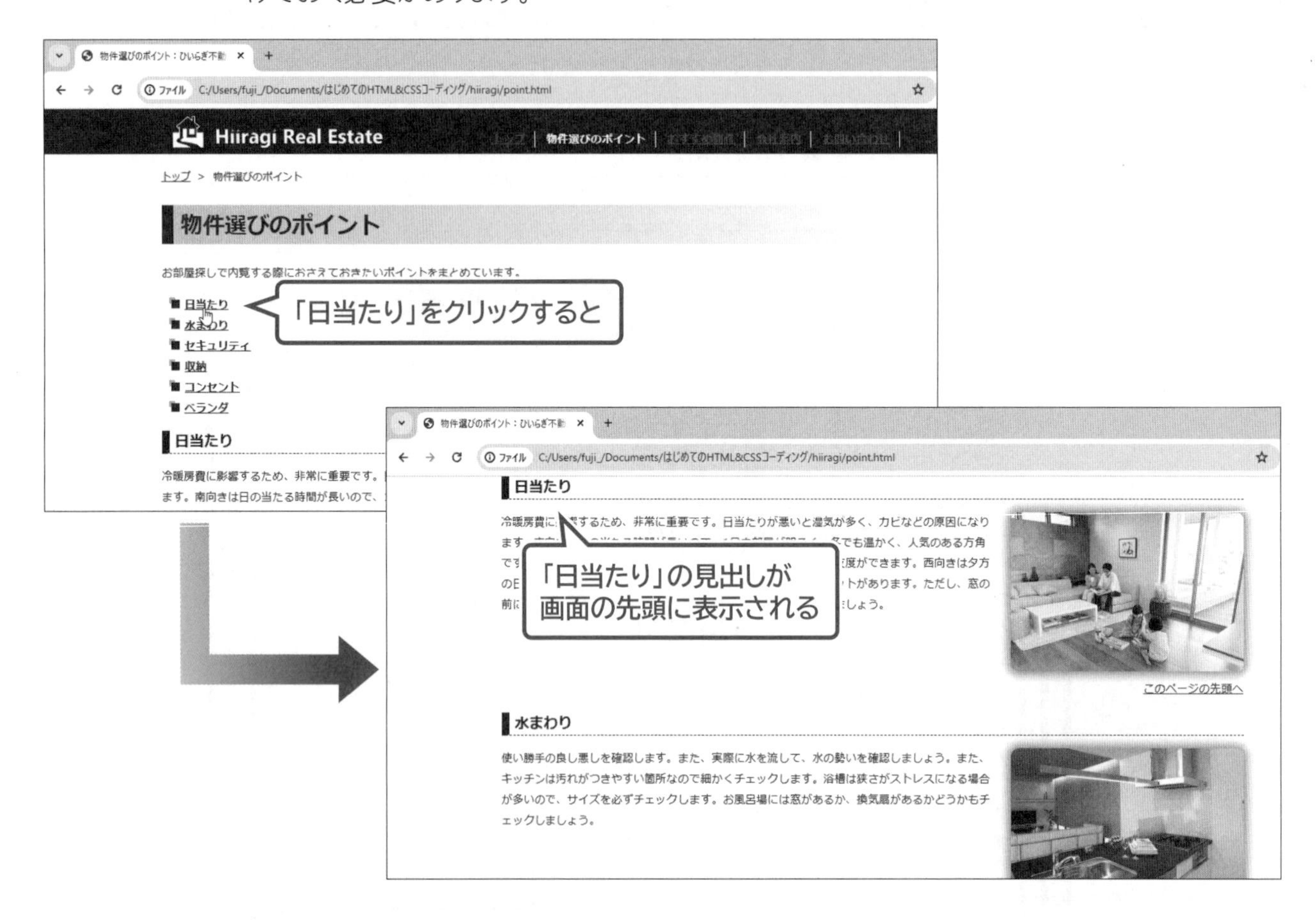

1 ラベルの設定

ラベルを設定する場合は、**「id属性」**を記述します。
※id属性は汎用属性なので、ほとんどの要素に共通して記述できます。

■id属性

ラベルを設定します。
ラベルには文字列を設定し、Webページ内で同じラベルを付けることはできません。
リンク先にラベルを設定するときには、付けたラベルと完全に一致している必要があります。

例：リンク先のラベルに「mokuji」を設定
<a id="mokuji">目次</a>

HTMLファイル**「point.html」**を編集して、リンク先に次のようなラベルを設定しましょう。

リンク先	ラベル
ロゴ画像	pagetop
日当たり	point1
水まわり	point2
セキュリティ	point3

リンク先	ラベル
収納	point4
コンセント	point5
ベランダ	point6

①タスクバーの をクリックして、**「point.html」**に切り替えます。

②次のように入力します。

```
<header>
<div class="header-in">
<a href="index.html" id="pagetop"><img src="image/logo.png" width="300"
height="56" alt="ひいらぎ不動産"></a>
<nav>
～～～～～～～～～～～～～～～～～～～～～～～～～～～～～～～～～～～～～
</ul>
<section>
<h2><a id="point1">日当たり</a></h2>
<img src="image/hiatari.jpg" width="300" height="200" alt="明るい部屋の写真"
class="point-img">
<p>冷暖房費に影響するため、非常に重要です。日当たりが悪いと湿気が多く、カビなどの原因になり
ます。南向きは日の当たる時間が長いので、1日中部屋が明るく、冬でも温かく、人気のある方角です。東
向きは朝方の日当たりが良いので、快適な気持ちで朝の身支度ができます。西向きは夕方の日当たりが
よいので、冬でも夕方まで日差しが入るといったメリットがあります。ただし、窓の前に大きな建物があれ
ば、日差しはさえぎられてしまうので注意しましょう。</p>
<p class="sentou">このページの先頭へ</p>
</section>
<section>
<h2><a id="point2">水まわり</a></h2>
<img src="image/kitchen.jpg" width="300" height="200" alt="キッチンの写真"
class="point-img">
<p>使い勝手の良し悪しを確認します。また、実際に水を流して、水の勢いを確認しましょう。また、キッチ
ンは汚れがつきやすい箇所なので細かくチェックします。浴槽は狭さがストレスになる場合が多いので、サ
イズを必ずチェックします。お風呂場には窓があるか、換気扇があるかどうかもチェックしましょう。</p>
<p class="sentou">このページの先頭へ</p>
</section>
<section>
<h2><a id="point3">セキュリティ</a></h2>
<img src="image/security.jpg" width="300" height="200" alt="ドア鍵の写真" class="point-
img">
<p>毎日を安心・安全に過ごすには設備の充実が欠かせません。ピッキングなどの犯罪を考慮して、鍵の
状態を確認します。また、室内を覗かれることがないよう、窓の位置やサイズもチェックしましょう。そのほ
か、管理人が常駐しているかどうか、オートロックや防犯カメラ、モニター付きインターホンなどが設備さ
れているかどうかも確認します。</p>
<p class="sentou">このページの先頭へ</p>
</section>
<section>
<h2><a id="point4">収納</a></h2>
<img src="image/shuno.jpg" width="300" height="200" alt="収納の写真" class="point-
img">
<p>収納量、使い勝手を確認します。幅や高さ、奥行きなども採寸しておくと、何をどこに収納するかを
検討する際に役立ちます。ウォークインクローゼットは、衣類や雑貨など一度に多くの物が収容でき、着替
える場所としても利用できます。</p>
<p class="sentou">このページの先頭へ</p>
</section>
<section>
<h2><a id="point5">コンセント</a></h2>
<img src="image/socket.jpg" width="300" height="200" alt="コンセントの写真"
class="point-img">
<p>実際に使用する家具や家電製品の配置を想定し、コンセントの場所や数を確認します。事前に間取り
図に書き込んでおくとよいでしょう。特にテレビは、電源とアンテナケーブルを使うので、配置が限られま
す。</p>
<p class="sentou">このページの先頭へ</p>
</section>
<section>
<h2><a id="point6">ベランダ</a></h2>
<img src="image/veranda.jpg" width="300" height="200" alt="ベランダの写真"
class="point-img">
```

※本書では、a要素を記述してラベルを設定していますが、h2要素にid属性を記述してラベルを設定してもかまいません。

※次の操作のために、上書き保存しておきましょう。

2 リンクの設定

同じWebページ内のリンク先にリンクを設定するには、href属性に**「#」**(ナンバー)とラベルを記述します。HTMLファイル**「point.html」**を編集して、次のようなリンクを設定しましょう。設定後、リンクを確認しましょう。

リンク先	ラベル
日当たり	point1
水まわり	point2
セキュリティ	point3
収納	point4
コンセント	point5
ベランダ	point6
このページの先頭へ(6か所)	pagetop

①**「point.html」**がメモ帳で表示されていることを確認します。
②次のように入力します。

```
<h1 class="sub-h1">物件選びのポイント</h1>
<p>お部屋探しで内覧する際におさえておきたいポイントをまとめています。</p>
<ul class="point-list">
<li><a href="#point1">日当たり</a></li>
<li><a href="#point2">水まわり</a></li>
<li><a href="#point3">セキュリティ</a></li>
<li><a href="#point4">収納</a></li>
<li><a href="#point5">コンセント</a></li>
<li><a href="#point6">ベランダ</a></li>
</ul>
<section>
<h2><a id="point1">日当たり</a></h2>
<img src="image/hiatari.jpg" width="300" height="200" alt="明るい部屋の写真"
class="point-img">
<p>冷暖房費に影響するため、非常に重要です。日当たりが悪いと湿気が多く、カビなどの原因になります。南向きは日の当たる時間が長いので、1日中部屋が明るく、冬でも温かく、人気のある方角です。東向きは朝方の日当たりが良いので、快適な気持ちで朝の身支度ができます。西向きは夕方の日当たりがよいので、冬でも夕方まで日差しが入るといったメリットがあります。ただし、窓の前に大きな建物があれば、日差しはさえぎられてしまうので注意しましょう。</p>
<p class="sentou"><a href="#pagetop">このページの先頭へ</a></p>
</section>
```

③同様に、**「水まわり」「セキュリティ」「収納」「コンセント」「ベランダ」**の**「このページの先頭へ」**にリンクを設定します。
※次の操作のために、上書き保存しておきましょう。
④タスクバーの をクリックして、Google Chromeに切り替えます。
※Webページ「物件選びのポイント」を表示します。

⑤ (このページを再読み込みします)をクリックします。

⑥編集結果が表示されます。

⑦**「日当たり」**をクリックします。

⑧見出し2**「日当たり」**が表示されます。

⑨**「このページの先頭へ」**をクリックします。

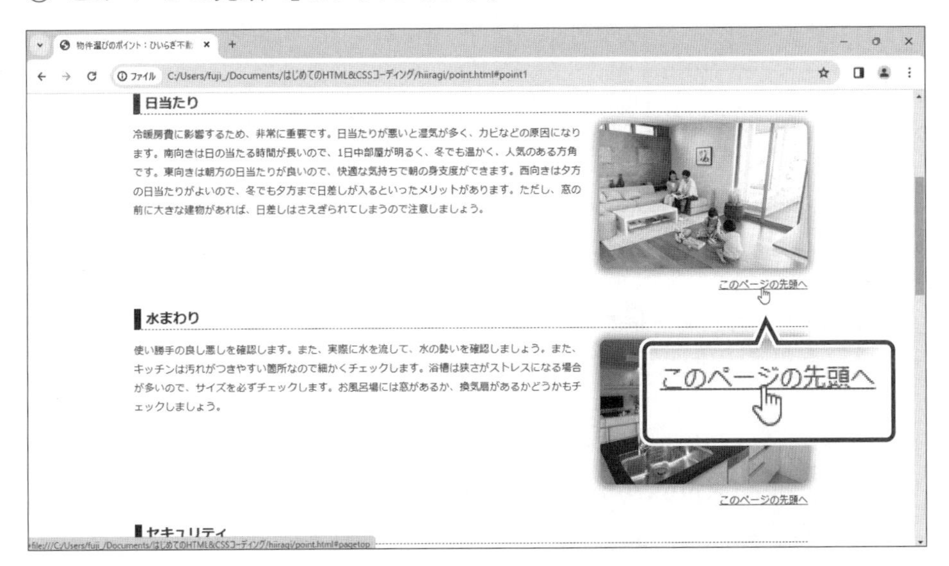

⑩Webページの先頭が表示されます。

※同様に、「水まわり」「セキュリティ」「収納」「コンセント」「ベランダ」のリンクを確認しましょう。

STEP UP 別のWebページの特定の場所へのリンクの設定

別のWebページの特定の場所へのリンクを設定するには、リンク先に「ファイルのパス#ラベル」を記述します。

例:リンク先としてWebページ「news.html」のラベル「top10」を設定

```
<a href="news.html#top10">今月の10大ニュースへ</a>
```

STEP 4 リンクのスタイルを設定する

1 リンクのスタイルの設定

文字列にリンクを設定すると、文字色が青色になり、一度リンクをクリックすると紫色に変わります。この文字色を変更するには、CSSの**「colorプロパティ」**を設定します。
また、文字列にリンクを設定すると、文字列に下線が付いて表示されます。この下線を非表示にする場合は、**「text-decorationプロパティ」**を使います。

■text-decorationプロパティ

文字列の装飾を設定します。

```
text-decoration:装飾
```

スタイルは子要素に継承されません。
設定できる装飾は、次のとおりです。

装飾	説明
none	なし（初期値）
underline	下線
overline	上線
line-through	取り消し線

例：リンクの下線を非表示にする
a{text-decoration:none;}

CSSファイル**「mystyle.css」**を編集して、ナビゲーションメニューのリンクに、次のようなスタイルを設定しましょう。
nav要素のul要素のa要素に、スタイルを設定します。

スタイル	値
文字色	白色（#ffffff）
文字列の装飾	なし（none）

●ナビゲーションメニュー

トップ | 物件選びのポイント | おすすめ物件 | 会社案内 | お問い合わせ |

文字色：白色
文字列の装飾：なし

» CSSファイル「mystyle.css」をメモ帳で開いておきましょう。

①次のように入力します。

```
ol li{
    display:inline;
    margin-right:5px;
    font-size:80%;
}
ol{
    padding-left:0;
}
.page{
    padding-left:10px;
    padding-right:10px;
}
nav ul a{
    text-decoration:none;
    color:#ffffff;
}

/* 959px以下の場合 */
```

※次の操作のために、上書き保存しておきましょう。

②タスクバーの をクリックして、Google Chromeに切り替えます。

③ (このページを再読み込みします)をクリックします。

④編集結果が表示されます。

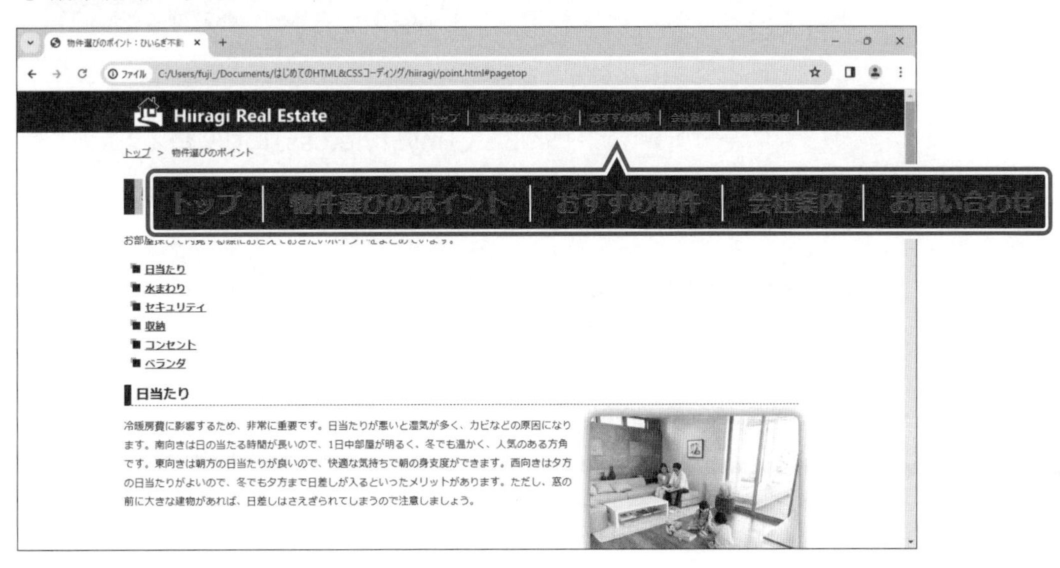

2 リンクをポイントしたときのスタイルの設定

リンクをマウスでポイントしたときの文字色を設定するには、セレクタ**「a」**のうしろに、マウスでポイントした状態を表す**「:hover」**という**「擬似クラス」**を記述します。擬似クラスは、セレクタのうしろに記述することで、その要素の状態ごとに異なったスタイルを設定することができます。
セレクタ**「a」**のうしろに記述できる擬似クラスには、次のようなものがあります。

擬似クラス	説明
:link	未訪問の状態を表します。
:visited	訪問済の状態を表します。
:hover	マウスでポイントした状態を表します。
:active	マウスで押されている状態を表します。

CSSファイル**「mystyle.css」**を編集して、ナビゲーションメニューのリンクをマウスでポイントしたときに文字色がオレンジ色（#ffcc00）になるように、スタイルを設定しましょう。
nav要素のul要素のa要素に、スタイルを設定します。

●ナビゲーションメニュー

①タスクバーのをクリックして、**「mystyle.css」**に切り替えます。
②次のように入力します。

```
.page{
    padding-left:10px;
    padding-right:10px;
}
nav ul a{
    text-decoration:none;
    color:#ffffff;
}
nav ul a:hover{
    color:#ffcc00;
}

/* 959px以下の場合 */
```

※次の操作のために、上書き保存しておきましょう。

③タスクバーの をクリックして、Google Chromeに切り替えます。

④ （このページを再読み込みします）をクリックします。

⑤編集結果が表示されます。

※「トップ」をポイントして文字色が変化することを確認しておきましょう。

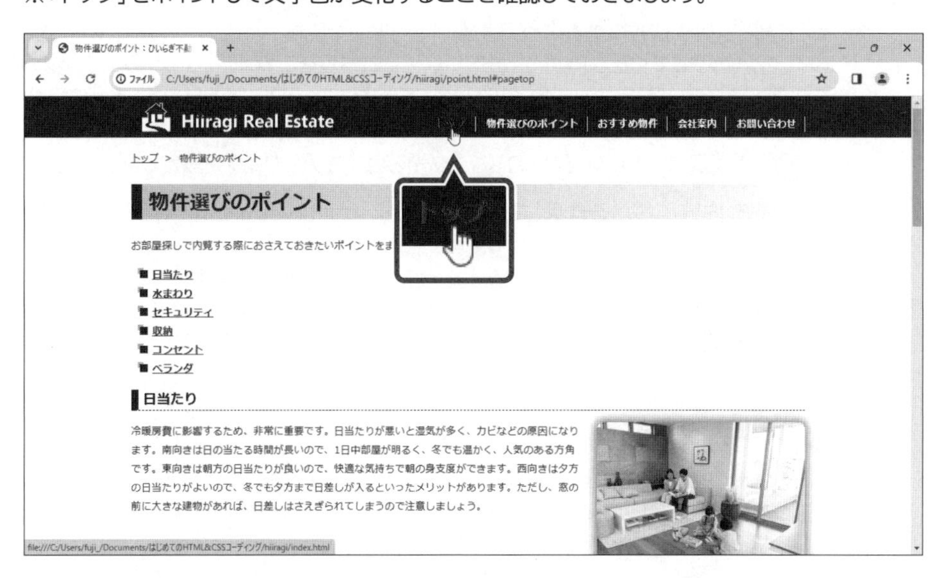

※メモ帳の ×（タブを閉じる）をクリックして、すべてのファイルを閉じて終了しておきましょう。
※ブラウザーを終了しておきましょう。

POINT 擬似クラスの記述順

a要素の擬似クラスは、「:link」「:visited」「:hover」「:active」の順番で記述します。これは、同じセレクタに対して同じプロパティに異なるスタイルを適用した場合に、うしろに記述したスタイルが優先されるからです。
例えば、「:visited」の前に「:hover」のスタイルを記述した場合、「:hover」のスタイルを適用したあとに、「:visited」のスタイルを適用するので、「:hover」のスタイルが表示されなくなってしまいます。

●誤った記述例

```
a:hover{
        color:#0000ff;
}
a:visited{
        color:#ff0000;
}
```

訪問済のリンクの場合
マウスでポイントしても訪問済の「赤」（#ff0000）のままで「青」（#0000ff）にならない

POINT リンクの注意点

リンクには、ユーザーを情報へ導く大事な役割があります。リンクを設定するときは、次のようなことに注意しましょう。

●リンク先の内容がわかるようにする

「ここをクリックしてください。」や「～についてはこちらをご覧ください。」のような文章で、「ここ」や「こちら」だけにリンクが設定されているWebページを見かけることがあります。音声ブラウザーでは、リンクだけを読み上げる機能があるため、この機能を使うと、「ここ」「こちら」だけを読み上げてしまい、リンク先の内容が正しく伝わりません。具体的なリンク先を表す言葉にリンクを設定しましょう。

○良い例：内容がわかる言葉にリンクを設定

物件選びのポイントに関する情報
おすすめ物件のご案内
お問い合わせ

×悪い例：指示代名詞などにリンクを設定

物件を選ぶポイントはこちらです。
おすすめ物件はここをクリックしてください。
お問い合わせはこのページからお願いします。

●リンクであることがわかるようにする

リンクが周りの文字列と同じようなスタイルでは、ユーザーがリンクを見落としたり、リンク箇所がわからなくなったりします。リンクにスタイルを設定する場合は、リンクの下線を表示したり、ボタンのように表示したりして、リンク以外の場所と区別できるようにします。

○良い例：下線のあるリンク

日当たり
水まわり
セキュリティ
収納
コンセント
ベランダ

×悪い例：下線のないリンク

日当たり
水まわり
セキュリティ
収納
コンセント
ベランダ

●リンクとリンクの間隔をとる

横や縦にリンクを並べることがありますが、特にスマートフォンなど画面の小さいデバイスでは、間隔が狭いと間違って選択してしまったり、区切りがわかりにくかったりします。縦に並べる場合は、改行で並べるのではなく、段落やリストを使うか、行間を広めに設定しましょう。横に並べる場合は、区切りの文字列を入れるなどして、間隔をとるようにしましょう。

○良い例：リンクが斜線で区切られ間隔に余裕がある

物件01　／　物件02
物件03　／　物件04　／　物件05

×悪い例：リンク同士の間隔に余裕がない

物件01物件02
物件03物件04物件05

●別ウィンドウまたは別のタブでWebページを開く

リンクで別のWebサイトを表示するときは、別ウィンドウまたは別のタブで表示する設定にしましょう。自分のWebサイトでないことをユーザーに意識してもらえるほか、リンク先の別サイトを閲覧したあと、自分のWebサイトに戻ってきやすくするというメリットにもなります。
また、リンク箇所を見ただけで、別ウィンドウまたは別のタブで表示されることがわかる文字列を表示するとよいでしょう。

○良い例：リンクのうしろに文字列を付け加えて、別ウィンドウまたは別のタブでWebページが開くことがわかる

2024年5月末日までにご契約いただいた方は、仲介手数料半額キャンペーン実施中。
新築マンション「アイビーレジデンス青島（新しいウィンドウを開く）」の募集を開始しました。

第7章

Webページの検証

STEP 1 検証する内容を確認する

1 検証する内容の確認

この章では、第6章までで作成した「**index.html**」「**point.html**」の2つのWebページが正しく表示されるかなどを確認します。
検証する内容は、次のとおりです。

- SEO対策
- Webアクセシビリティ
- パソコン用ブラウザーでの表示
- スマートフォン・タブレット用ブラウザーでの表示
- 印刷結果の確認

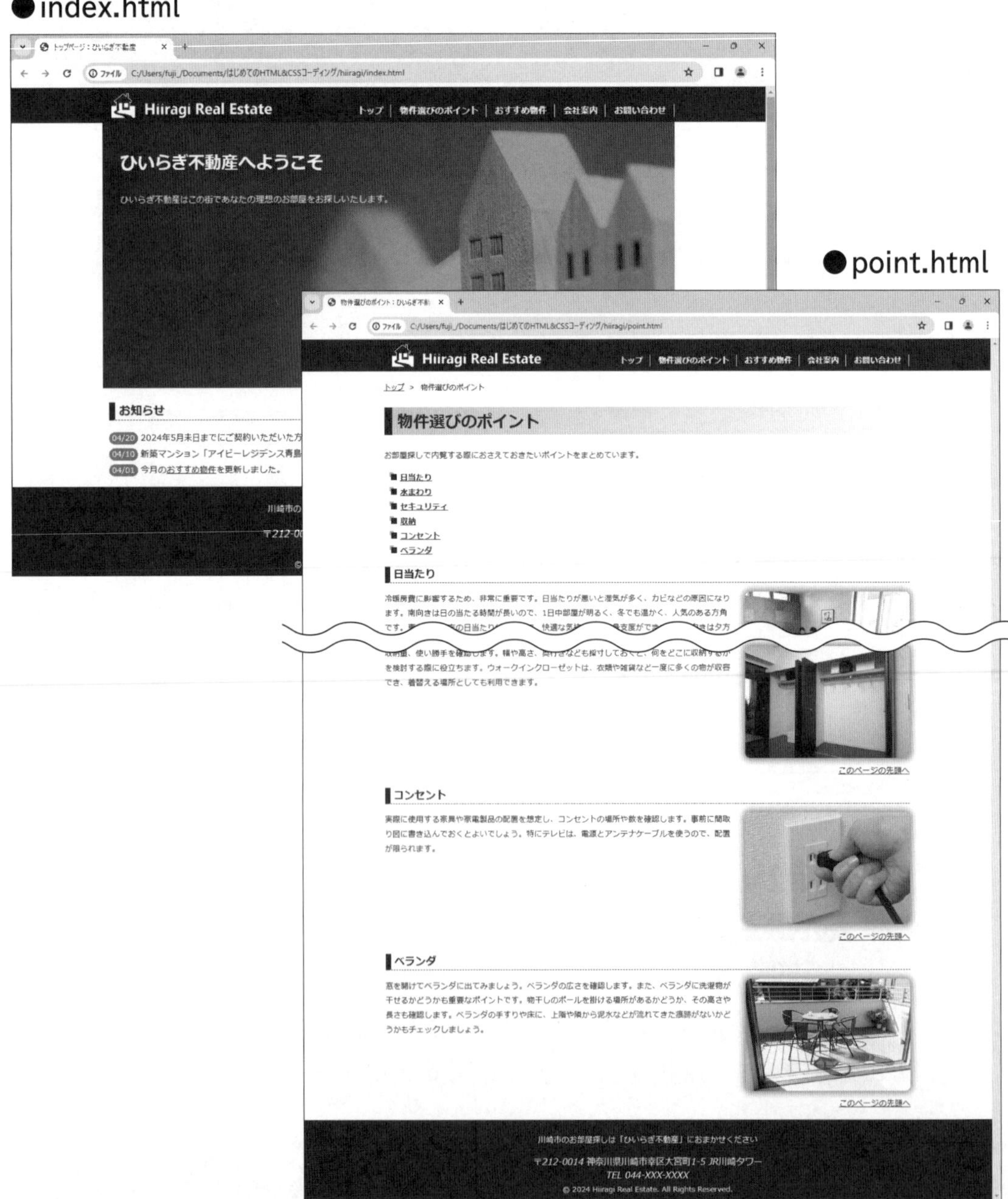

STEP 2 SEO対策を実施する

1 SEO対策

情報を探すときは、検索エンジンで検索を行い、検索結果の中から目的にあったWebサイトを表示します。しかし、検索結果の件数が何千件、何万件と表示された場合、ユーザーは検索結果の上位にあるWebサイトのみを表示するでしょう。できるだけたくさんの人にWebサイトを見てもらうためには、検索結果の上位に表示されるような対策が求められます。この対策を**「SEO対策」**といいます。**「SEO」**とは、**「Search Engine Optimization（検索エンジン最適化）」**を意味しています。検索順位を決定づける要因には、Webサイトの設計、構造、タイトル、見出しなどが最適化されているかなどの内部要因、ほかのWebサイトから多くリンクされている信頼性のあるコンテンツかなどの外部要因の2つがあり、両面から対策を行っていきます。

検索エンジンではロボットが各Webサイトを巡回して情報を収集するため、SEO対策はロボット対策のテクニックと思われがちですが、閲覧する人間にとってわかりやすいページにすることがSEO対策の本来の意図であることを意識しておきましょう。

SEO対策のための設定として、次のようなものがあります。

1 標準規格への準拠

まずは、HTML Living StandardとCSS3に準拠したWebページを作成することを心掛けましょう。間違った文法でコードを記述していると、検索エンジンのロボットにWebページの内容が正しく伝わらず、上位に表示されない可能性が高まります。

HTMLやCSSの文法をチェックできるWebサイトを利用して、標準規格に準拠した正しい文法のWebページを作成するようにしましょう。

STEP UP HTMLやCSSの文法のチェック

HTMLやCSSの文法をチェックできるWebサイトには、次のようなものがあります。URLを入力したり、ファイルをアップロードしたり、コードを直接入力したりして検証できます。

●HTML Conformance Checkers
WHATWGのHTML検証サービスのWebサイトです。「Nu Html Checker」を利用してチェックを行います。

https://whatwg.org/validator/

●CSS Validation Service
W3CのCSS検証サービスのWebサイトです。W3Cの標準規格に準拠しているか、文法的に正しく記述されているかをチェックできます。

https://jigsaw.w3.org/css-validator/

2 適切なアウトラインの設定

アウトラインとは、Webページの階層構造のことです。HTML Living Standardでは、body要素、article要素、section要素、nav要素などを使って、Webページを構造的に記述できます。セクションや見出しなどを正しい階層で記述することで、Webページに適切なアウトラインを作成できます。
適切なアウトラインを設定すると、人間にとって情報が探しやすく読みやすいことはもちろん、検索エンジンのロボットがページ構造を正確に読み取ることができます。このようなWebページは、検索結果の上位に表示されやすくなります。
セクションと見出しを記述するときには、次の点に注意しましょう。

○良い例：セクションの階層と見出し要素のレベルを一致させる

物件選びのポイント	<h1>		article
ここでは物件選びのポイントを紹介します。	<p>		
日当たり	<h2>	section	
冷暖房費に影響するため、非常に重要です。・・・	<p>		
南向き	<h3>	section	
日の当たる時間が長いので・・・	<p>		
東向き	<h3>		
朝方の日当たりが良いので・・・	<p>		
水まわり	<h2>	section	
使い勝手の良し悪しを確認します。・・・	<p>		

×悪い例：見出し要素は、連続番号で記述し、飛び番号は使わない

この例では、「**h1**」の直下に「**h3**」、「**h3**」の直下に「**h5**」を使用しています。

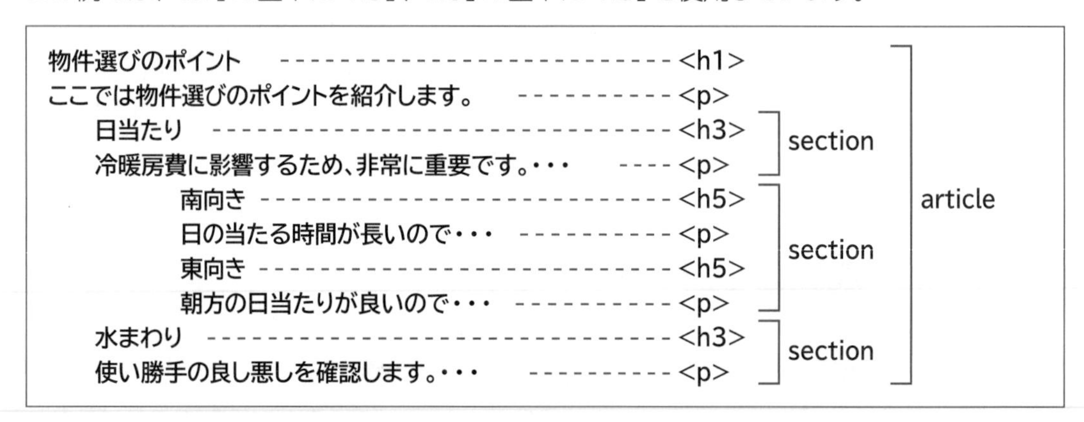

×悪い例：上層の見出し要素を下層に含まない

この例では、「**h3**」の下層に、その上層で使うべき「**h2**」を使用しています。

物件選びのポイント	<h1>		article
ここでは物件選びのポイントを紹介します。	<p>		
日当たり	<h3>	section	
冷暖房費に影響するため、非常に重要です。・・・	<p>		
南向き	<h2>	section	
日の当たる時間が長いので・・・	<p>		
東向き	<h2>		
朝方の日当たりが良いので・・・	<p>		
水まわり	<h3>	section	
使い勝手の良し悪しを確認します。・・・	<p>		

3 ページ表示速度の向上

ページの表示速度も検索結果の順位に影響します。Webページを構成するファイルサイズを小さくするなど、表示に時間がかかりすぎないようにしましょう。

4 サイトマップの設置

サイトマップは、ロボットに新規で公開したページや更新したページを伝えるために重要です。ユーザー向けとは別に、XML形式で作成すると効果が高まります。
※「XML」(Extensible Markup Language)は、データの構造を定義するための言語です。

2 要約の入力

検索エンジンのロボットは、インターネット上から情報を自動収集して、Webページのタイトルなどをデータベースに登録します。
検索エンジンの検索結果には、Webページのタイトルや URLのほかに、Webページの要約が表示されます。この要約文章は**「meta要素」**に記述したものが表示されています。
meta要素は、head要素内に記述します。

●Googleで「FOM出版」を検索した結果

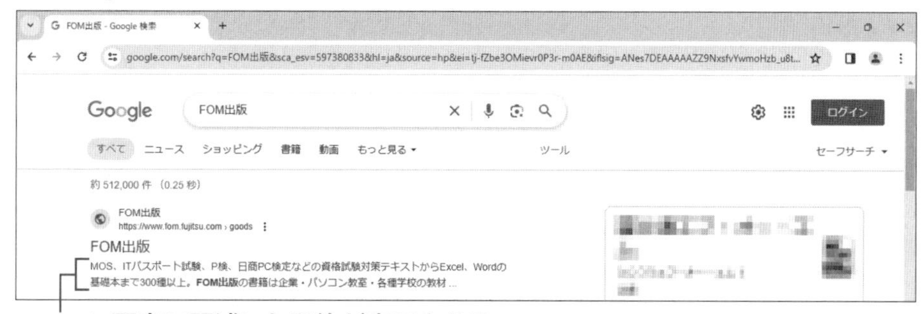

meta要素に記述した要約が表示される

meta要素は、**「name属性」**と**「content属性」**を組み合わせて設定します。以前は検索結果の順位を上げるためにname属性にキーワードを記述するという対策がありましたが、現在では検索エンジンでキーワードは重視されなくなりました。そのため、検索結果の順位を上げるための対策として有効とはいえません。なお、キーワードはページの要点を整理する目的で使用する場合があります。

■meta要素

Webページに関する様々な情報を記述します。

```
<meta name="種類" content="内容">
```

●name属性
情報の種類を設定します。
キーワードを記述する場合はname属性に「keywords」、要約を記述する場合はname属性に「description」を設定します。

●content属性
情報の内容を設定します。
name属性に「keywords」を設定した場合は、Webページに存在するキーワードを記述します。複数のキーワードは「,」(カンマ)で区切ります。
name属性に「description」を設定した場合は、Webページの要約を120文字程度で記述します。

作成した2つのHTMLファイルを編集して、次のように要約を設定しましょう。

●index.html

種類	内容
要約	ひいらぎ不動産は神奈川県川崎市の不動産会社です。多様なライフスタイルに応じた物件を用意して、お客様のお部屋探しをサポートしています。

●point.html

種類	内容
要約	ひいらぎ不動産の物件選びのポイントのページです。日当たり、水まわり、セキュリティ、収納など物件を選ぶ際に確認しておきたいポイントを説明しています。

» HTMLファイル「index.html」と「point.html」をメモ帳で開いておきましょう。

①メモ帳のタブをクリックして、**「index.html」**に切り替えます。

②次のように入力します。

```
<!DOCTYPE html>
<html lang="ja">
<head>
<meta charset="UTF-8">
<title>トップページ：ひいらぎ不動産</title>
<link rel="stylesheet" href="css/mystyle.css">
<meta name="description" content="ひいらぎ不動産は神奈川県川崎市の不動産会社です。多様なライフスタイルに応じた物件を用意して、お客様のお部屋探しをサポートしています。">
</head>
```

※次の操作のために、上書き保存しておきましょう。
※ブラウザー上での表示に変化はありません。

③メモ帳のタブをクリックして、**「point.html」**に切り替えます。

④次のように入力します。

```
<!DOCTYPE html>
<html lang="ja">
<head>
<meta charset="UTF-8">
<title>物件選びのポイント：ひいらぎ不動産</title>
<link rel="stylesheet" href="css/mystyle.css">
<meta name="description" content="ひいらぎ不動産の物件選びのポイントのページです。日当たり、水まわり、セキュリティ、収納など物件を選ぶ際に確認しておきたいポイントを説明しています。">
</head>
```

※次の操作のために、上書き保存しておきましょう。
※ブラウザー上での表示に変化はありません。

Webアクセシビリティに配慮する

1 Webアクセシビリティとは

「Webアクセシビリティ」とは、ユーザーの障がいなどの有無やその度合い、年齢や利用環境にかかわらず、あらゆる人々がWebサイトで提供されている情報やサービスを利用できること、またその到達度のことです。**「アクセシビリティ」**の語源は、次のとおりです。

Accessibility（アクセシビリティ） ＝ Access（アクセス）［近づく・アクセスする］ ＋ Ability（アビリティ）［能力・～できること］

Webサイトを作成するときには、提供する情報やサービスを、誰もが安心して利用できるようにWebアクセシビリティを考慮して作成することが大切です。

デジタル庁の**「ウェブアクセシビリティ導入ガイドブック」**によると、一般的に**「Webアクセシビリティが確保できている」**とは、次のような状態のことをいいます。

- 目が見えなくても情報が伝わる・操作できること
- キーボードだけで操作できること
- 一部の色が区別できなくても情報が欠けないこと
- 音声コンテンツや動画コンテンツでは、音声が聞こえなくても何を話しているかわかること

「ウェブアクセシビリティ導入ガイドブック」は次のWebサイトで公開されています。

https://www.digital.go.jp/resources/introduction-to-web-accessibility-guidebook/

2 Webアクセシビリティを向上させるための注意点

Webアクセシビリティのガイドラインとして、W3Cが作成している**「WCAG（Web Content Accessibility Guidelines）」**、WCAGをJIS規格として策定した**「JIS X 8341-3:2016」**などがあります。これらのガイドラインにどこまで適応するか、対応方針を決めましょう。
Webアクセシビリティを向上させるための主な注意点には、次のようなものがあります。

●文字と背景色とのコントラスト比を高くする

●画像（ロゴ・写真・イラストなど）に代替テキストを付ける

●動画の自動再生をしないようにする

●色だけで情報を区別しないようにする

×不適切な例		○適切な例
赤字は入力必須です。 氏名［　　　　］	→	（必須）と書かれている項目は入力必須です。 氏名（必須）［　　　　］

●単語の文字の調整に、空白文字やタブを使用しないようにする

日□時	→	不適切な理由：不要な空白文字があるため、音声ブラウザーで「にちじ」ではなく、「ひ・とき」などと読まれる。

●ユーザーが目的地にたどり着きやすくする

●リンクをわかりやすくする

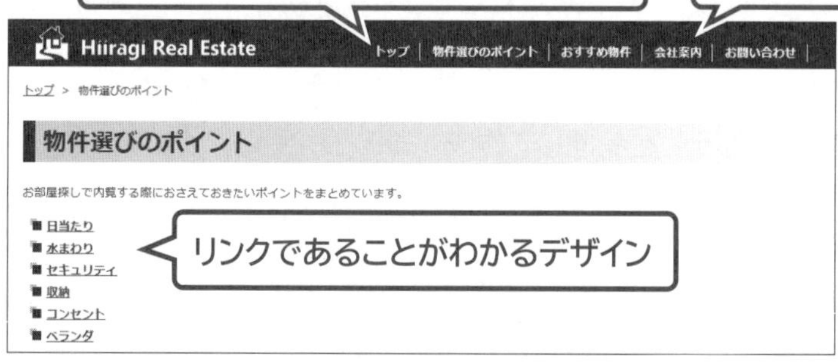

3 Webアクセシビリティのチェック

Webアクセシビリティをチェックするには、チェックツールを使うとよいでしょう。
代表的なWebアクセシビリティチェックツールには、次のようなものがあります。

●AChecker Web Accessibility Checker

WebアクセシビリティのチェックができるWebサイトです。URLを入力したり、ファイルをアップロードしたり、コードを直接入力したりして検証できます。

https://achecks.org/achecker/

●みんなのアクセシビリティ評価ツール：miChecker

総務省が提供するWebアクセシビリティ評価ツールです。音声、見た目などのシミュレーションを行ってチェックできます。ダウンロードして使用します。

https://www.soumu.go.jp/main_sosiki/joho_tsusin/b_free/michecker.html

●axe DevTools-Web Accessibility Testing

Google ChromeやFirefoxの拡張機能として利用できるWebアクセシビリティチェックツールです。Google Chromeでは、⋮（Google Chromeの設定）→**《拡張機能》**→**《Chromeウェブストアにアクセス》**から「**axe DevTools**」を検索して追加できます。

STEP UP 民間事業者の合理的配慮

「障害者差別解消法」（障害を理由とする差別の解消の推進に関する法律）が改正され、国や地方公共団体だけでなく、2024年4月1日から民間事業者でも合理的配慮の提供が義務化されます。
障害のある人への合理的配慮とは、社会生活の中にあるバリアを取り除くために何らかの対応を必要としている場合に、負担が重すぎない範囲で対応すること（民間事業者では対応に努めること）です。合理的配慮を的確に行うため、環境の整備が努力義務となっています。Webサイトの場合、「JIS X 8341-3:2016」に準拠したWebサイトを作り、Webアクセシビリティを確保することが必要です。

STEP 4 様々なブラウザーで表示を確認する

1 パソコン用ブラウザーでの確認

ブラウザーによって、Webページの表示が異なる場合があります。代表的なブラウザーでどのように表示されるかを確認するとよいでしょう。
よく使用されているブラウザーには、Googleの**「Google Chrome」**、Microsoftの**「Microsoft Edge」**、Mozillaの**「Firefox」**、Appleの**「Safari」**などがあります。
※各ブラウザーは、各社Webサイトからのダウンロードなどで入手できます。

●Google Chrome

●Microsoft Edge

●Firefox

●Safari（macOS）

STEP UP リセットCSS

「リセットCSS」とは、ブラウザーが持つデフォルト（初期値）のスタイルをリセットするCSSのことです。同じWebページを表示しても、ブラウザーによってデフォルトのスタイルが異なるため、表示が異なる場合があります。リセットCSSを使うと、ブラウザーのデフォルトのスタイルに左右されず、すべてのブラウザーでほぼ同じようなデザインで表示することができます。具体的には、マージンやパディングを0に設定したり、フォントサイズを一定の値に設定したりします。
リセットCSSは、自分でリセット用のCSSを記述してファイルを作成するか、インターネット上で任意のリセットCSSファイルをダウンロードするなどして準備します。そのうえで、スタイルシートの適用と同様に、HTMLファイルにlink要素を使って適用します。なお、リセットCSSは最初に読み込む必要があるため、ほかのCSSよりも先に記述するようにします。

例：用意したリセットCSS用のファイル「reset.css」をHTMLファイルに関連付ける

```
<head>
<link rel="stylesheet" href="css/reset.css">
<link rel="stylesheet" href="css/mystyle.css">
```

※1つのHTMLファイルに、CSSファイルを複数個関連付けることができます。

2 スマートフォン・タブレット用ブラウザーでの確認

スマートフォンやタブレットで表示したときに、読み取りにくい部分や操作しにくい部分がないか確認しましょう。

1 ビューポートとは

スマートフォンやタブレットで表示を確認すると、メディアクエリでウィンドウ幅を設定したにもかかわらず、そのままのレイアウトで表示されます。デバイスの画面サイズに合わせてWebページを表示するには、**「ビューポート」**を使います。ビューポートを設定するには、各HTMLファイルのmeta要素のname属性に**「viewport」**、content属性に**「width=device-width」**を記述します。

●ビューポート設定前

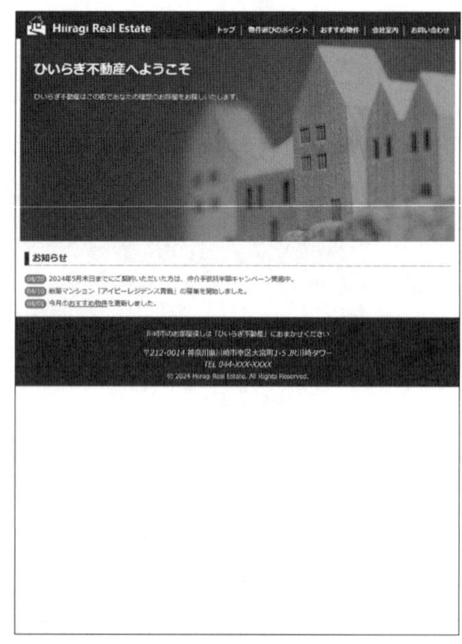

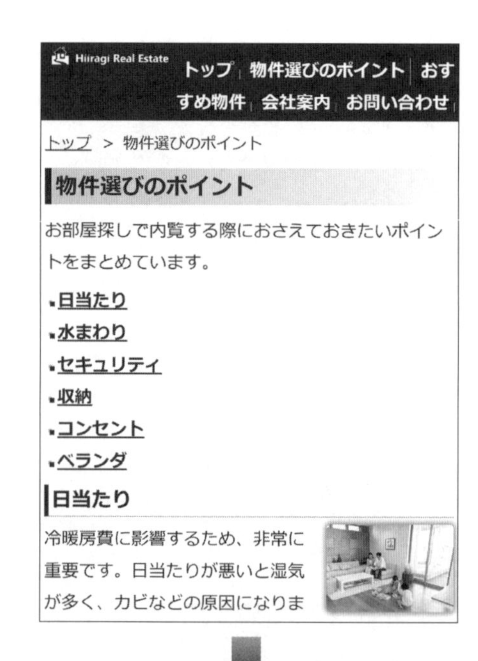

●ビューポート設定後

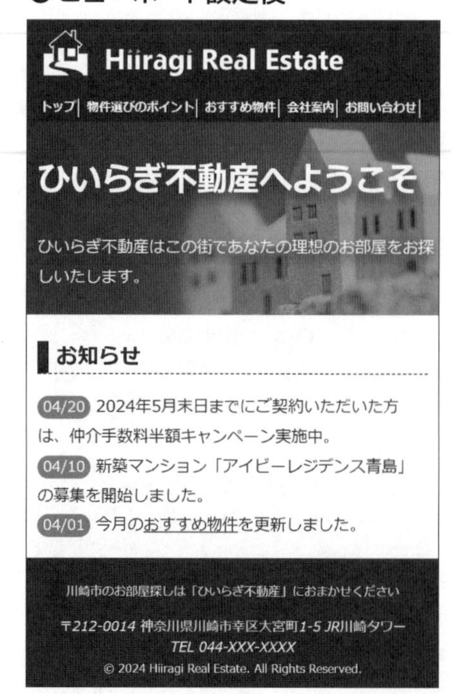

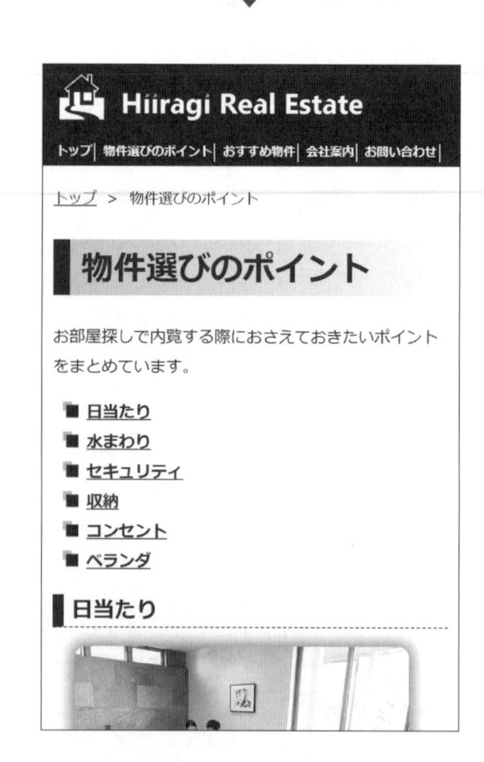

2 ビューポートの設定

HTMLファイル**「index.html」**と**「point.html」**のhead要素内に、ビューポートを設定しましょう。

①メモ帳のタブをクリックして、**「index.html」**に切り替えます。

②次のように入力します。

```
<!DOCTYPE html>
<html lang="ja">
<head>
<meta charset="UTF-8">
<title>トップページ：ひいらぎ不動産</title>
<link rel="stylesheet" href="css/mystyle.css">
<meta name="description" content="ひいらぎ不動産は神奈川県川崎市の不動産会社です。多様なライフスタイルに応じた物件を用意して、お客様のお部屋探しをサポートしています。">
<meta name="viewport" content="width=device-width">
</head>
```

※次の操作のために、上書き保存しておきましょう。

③同様に、**「point.html」**に次のように入力します。

```
<!DOCTYPE html>
<html lang="ja">
<head>
<meta charset="UTF-8">
<title>物件選びのポイント：ひいらぎ不動産</title>
<link rel="stylesheet" href="css/mystyle.css">
<meta name="description" content="ひいらぎ不動産の物件選びのポイントのページです。日当たり、水まわり、セキュリティ、収納など物件を選ぶ際に確認しておきたいポイントを説明しています。">
<meta name="viewport" content="width=device-width">
</head>
```

※次の操作のために、上書き保存しておきましょう。
※各WebページをWWWサーバーに転送し、スマートフォンやタブレットで表示を確認しておきましょう。

STEP UP パソコンで様々なデバイスの表示をシミュレーション

Google Chromeのデベロッパーツールの[アイコン]（Toggle device toolbar）を使うと、パソコン上で様々なデバイスの表示をシミュレーションできます。確認したいデバイスを選択すると、デバイスの画面サイズに切り替わるので便利です。
※[アイコン]（Toggle device toolbar）を再度クリックすると、もとの表示に戻ります。

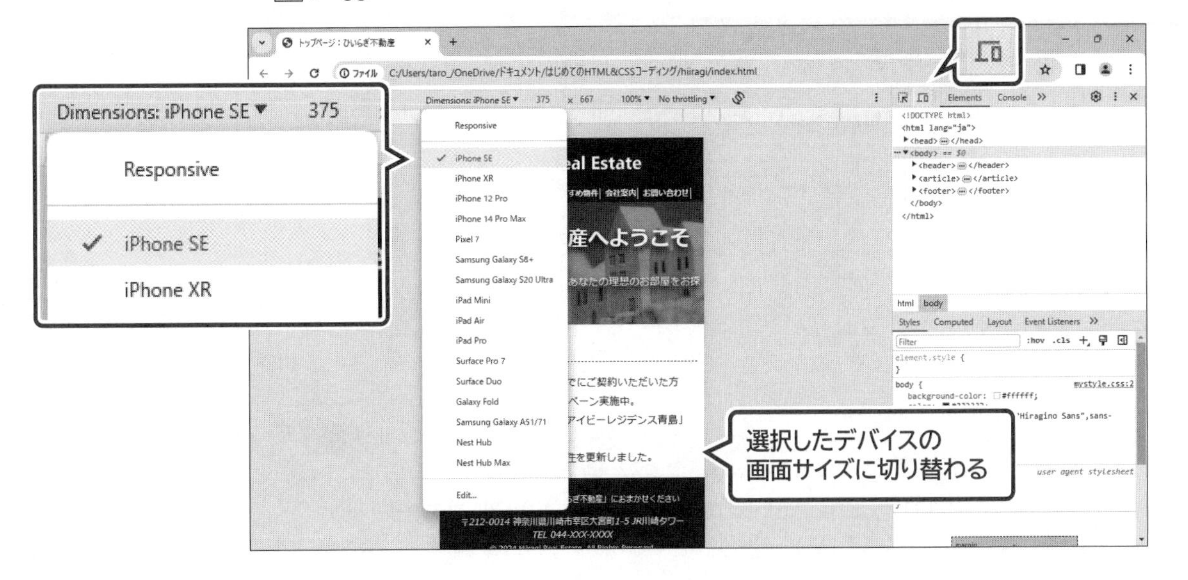

STEP 5 印刷用にカスタマイズする

1 印刷結果の確認

Webページは画面上でだけきれいに表示できればよいというわけではありません。Webページを印刷するユーザーのために、印刷結果を確認しておくことも必要です。
HTMLファイル**「index.html」**と**「point.html」**を印刷プレビューで表示して、印刷結果を確認しましょう。

①タスクバーの をクリックして、Google Chromeに切り替えます。
②**「index.html」**を表示します。
③ （Google Chromeの設定）をクリックします。
④**《印刷》**をクリックします。

⑤印刷プレビューが表示されます。
⑥見出し**「ひいらぎ不動産へようこそ」**、段落**「ひいらぎ不動産は…」**、フッターが読みづらくなっていることを確認します。

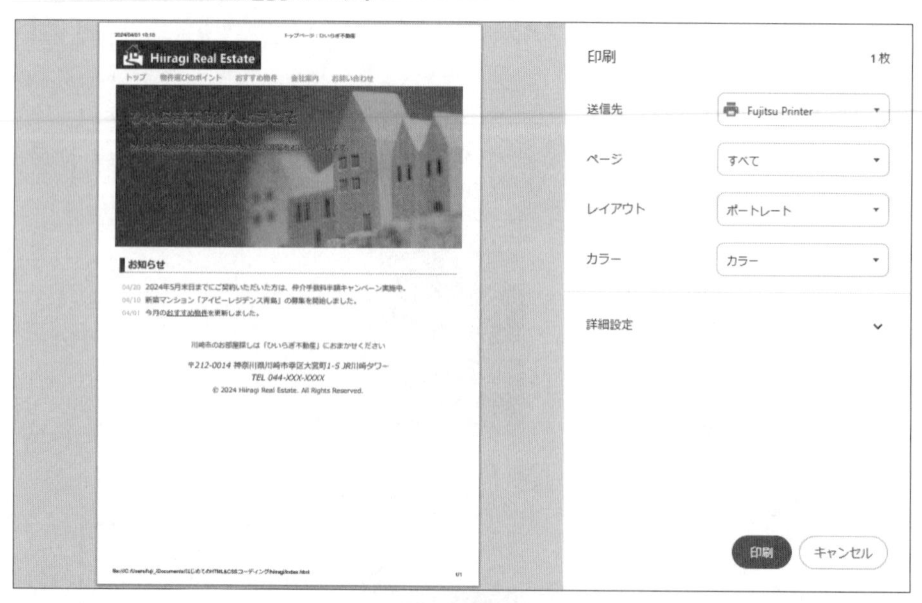

※同様に、HTMLファイル「point.html」を印刷プレビューで確認しておきましょう。
※次の操作のために、《キャンセル》をクリックして印刷プレビューを閉じておきましょう。

2 印刷用のスタイルの設定

HTMLファイル**「index.html」**を印刷プレビューで表示すると、見出し**「ひいらぎ不動産へようこそ」**、段落**「ひいらぎ不動産は…」**、フッターは文字色が白色ではなく、灰色になっています。これは、プリンターでは白色で印刷するという設定ができないためです。また、見出し**「ひいらぎ不動産へようこそ」**と段落**「ひいらぎ不動産は…」**の灰色の文字列に影が設定されているため、読みづらくなっています。
このような場合は、画面用のスタイルとは別に、印刷用のスタイルを作成するとよいでしょう。印刷用のスタイルを作成するには、メディアクエリの**「@media print」**を使います。

```
@media print{
印刷のときのスタイルを記述
}
```

CSSファイル**「mystyle.css」**を編集し、印刷用のスタイルを作成しましょう。見出し**「ひいらぎ不動産へようこそ」**と段落**「ひいらぎ不動産は…」**には、クラス**「catch」**が設定されています。印刷用のスタイルとして、クラス**「catch」**に文字色を黒色（#000000）、影なし、footer要素に文字色を黒色（#000000）を設定します。

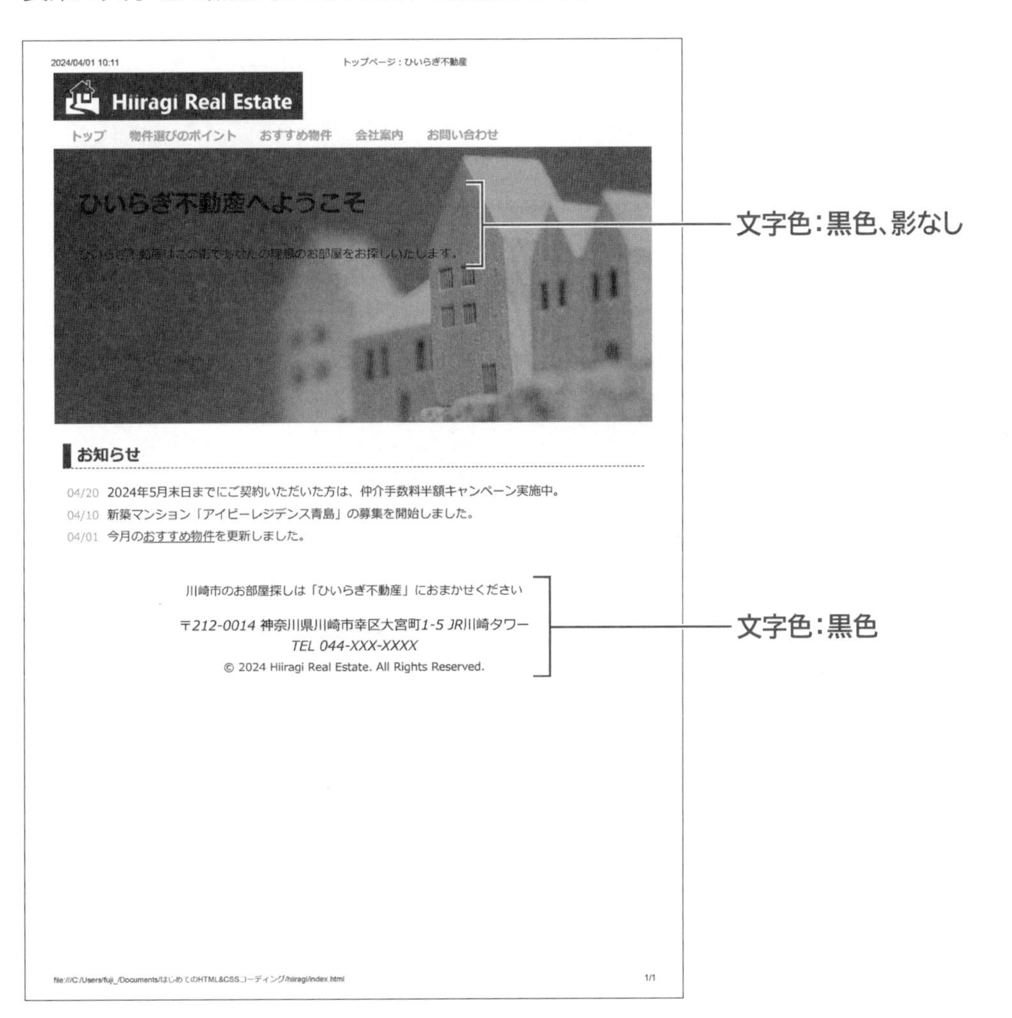

» CSSファイル「mystyle.css」をメモ帳で開いておきましょう。

①次のように入力します。

```
.point-img{
    float:none;
}
}

/* プリント出力 */
@media print{
.catch{
    color:#000000;
    text-shadow:none;
}
footer{
    color:#000000;
}
}
```

※次の操作のために、上書き保存しておきましょう。

②タスクバーの をクリックして、Google Chromeに切り替えます。

③**「index.html」**を表示します。

④ (このページを再読み込みします)をクリックします。

⑤ (Google Chromeの設定)をクリックします。

⑥**《印刷》**をクリックします。

⑦印刷プレビューが表示されます。

※見出し「ひいらぎ不動産へようこそ」、段落「ひいらぎ不動産は…」、フッターのスタイルが変更されたことを確認しておきましょう。

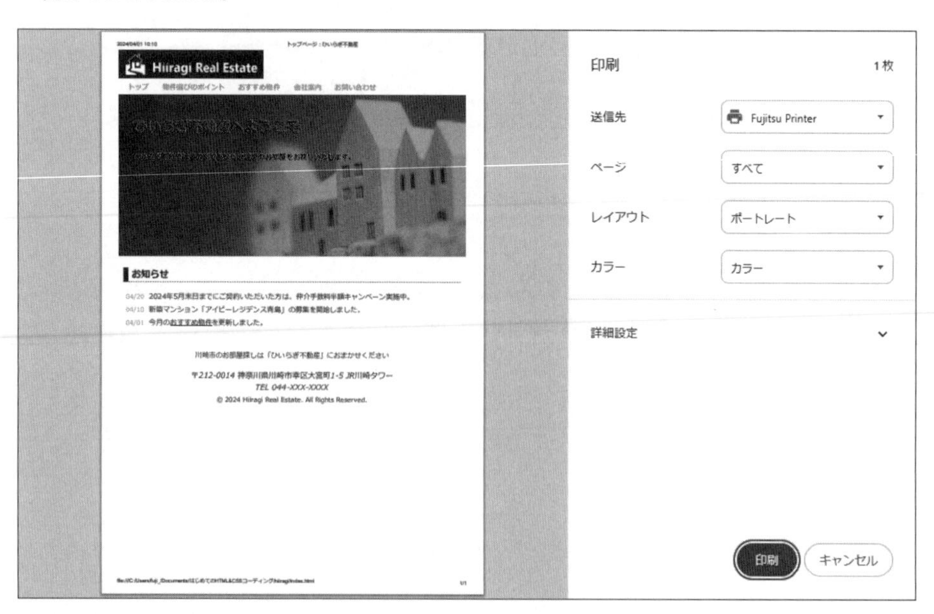

※メモ帳の (タブを閉じる)をクリックして、すべてのファイルを閉じて終了しておきましょう。
※ブラウザーを終了しておきましょう。

STEP UP 印刷プレビューで表示されないスタイル

スタイルによっては、ブラウザーで表示されても、印刷プレビューで表示されないものがあります。

表を挿入したWebページの作成

STEP 1 作成するWebページを確認する

1 作成するWebページの確認

この章では、次のようなWebページを作成します。

●company.html

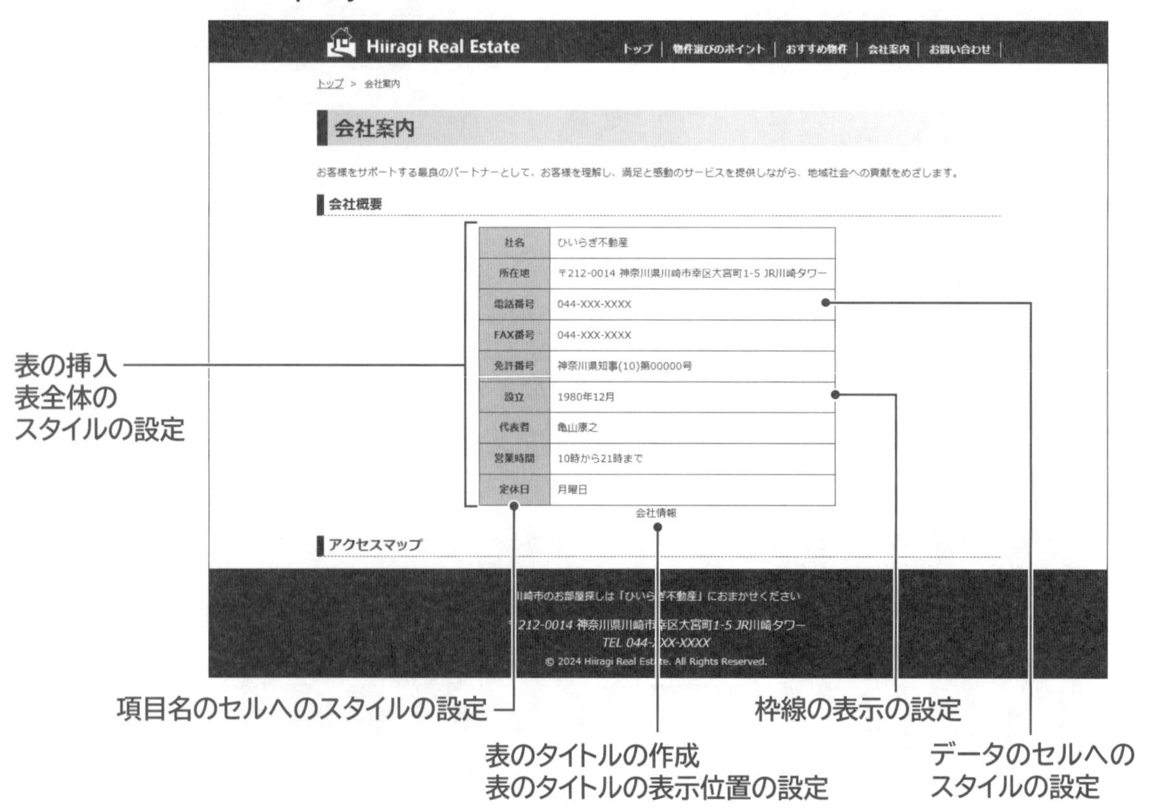

ここでは、Webページ**「会社案内」**を作成します。

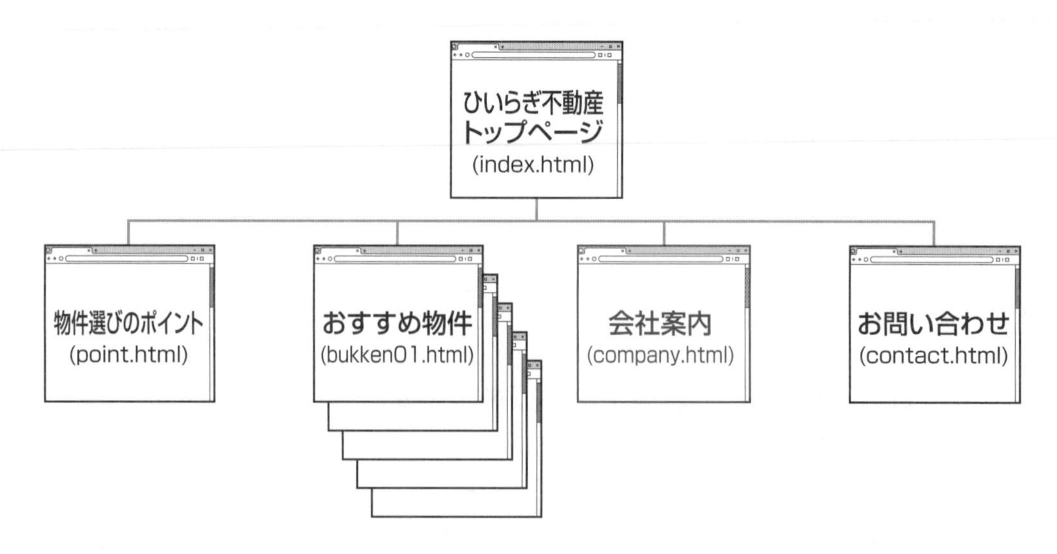

2 作成済みファイルの確認

本書では、HTMLファイル**「company.html」**は途中まで作成済みです。

» HTMLファイル「company.html」をブラウザーとメモ帳で表示して内容を確認しましょう。

●Webページ

●HTMLファイル

```
<!DOCTYPE html>
<html lang="ja">
<head>
<meta charset="UTF-8">
<title>会社案内：ひいらぎ不動産</title>
<link rel="stylesheet" href="css/mystyle.css">
<meta name="description" content="ひいらぎ不動産の会社案内のページです。会社概要、アクセスマップを紹介しています。">
<meta name="viewport" content="width=device-width">
</head>
<body>
<header>
<div class="header-in">
<a href="index.html" id="pagetop"><img src="image/logo.png" width="300" height="56" alt="ひいらぎ不動産"></a>
<nav>
<ul>
<li><a href="index.html">トップ</a></li>
<li><a href="point.html">物件選びのポイント</a></li>
<li><a href="bukken01.html">おすすめ物件</a></li>
<li>会社案内</li>
<li><a href="contact.html">お問い合わせ</a></li>
</ul>
</nav>
</div>
</header>
<article class="page">
<ol>
<li><a href="index.html">トップ</a>  &gt;</li>
<li>会社案内</li>
</ol>
<h1 class="sub-h1">会社案内</h1>
<p>お客様をサポートする最良のパートナーとして、お客様を理解し、満足と感動のサービスを提供しながら、地域社会への貢献をめざします。</p>
<section>
<h2>会社概要</h2>
</section>
<section>
<h2>アクセスマップ</h2>
</section>
</article>
<footer>
<p>川崎市のお部屋探しは「ひいらぎ不動産」におまかせください</p>
<address>〒212-0014 神奈川県川崎市幸区大宮町1-5 JR川崎タワー<br>
TEL 044-XXX-XXXX</address>
<small>&copy; 2024 Hiiragi Real Estate. All Rights Reserved.</small>
</footer>
</body>
</html>
```

ヘッダー
メイン記事
サブ記事
サブ記事
フッター

STEP 2 表を挿入する

1 表の構成

「表」を使うと、項目ごとにデータが並び、内容が読み取りやすくなります。
表の各部の名称は、次のとおりです。

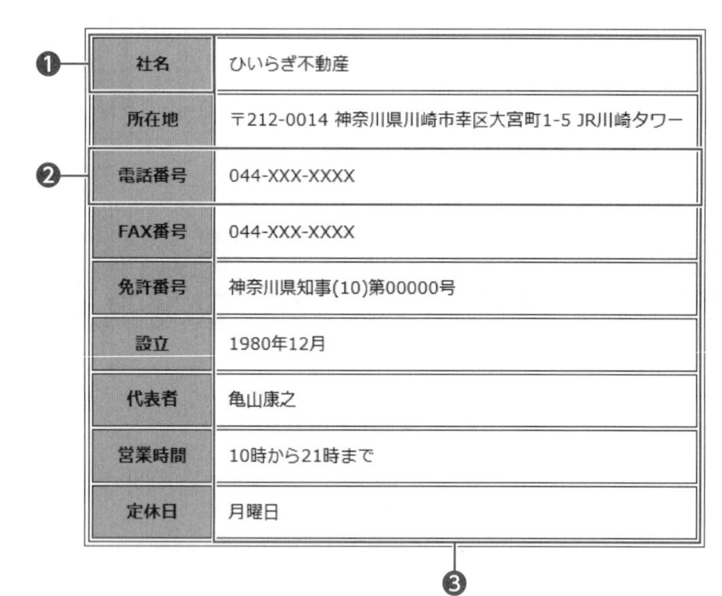

社名	ひいらぎ不動産
所在地	〒212-0014 神奈川県川崎市幸区大宮町1-5 JR川崎タワー
電話番号	044-XXX-XXXX
FAX番号	044-XXX-XXXX
免許番号	神奈川県知事(10)第00000号
設立	1980年12月
代表者	亀山康之
営業時間	10時から21時まで
定休日	月曜日

❶セル
表の1つ1つのマス目

❷行
横方向に並んでいるセルの集まり

❸列
縦方向に並んでいるセルの集まり

2 表を構成する要素

HTMLで表を挿入する場合、表全体は**「table要素」**を記述します。
table要素内には、行を表す**「tr要素」**を記述します。
tr要素内には、項目名のセルを表す**「th要素」**やデータのセルを表す**「td要素」**を記述します。

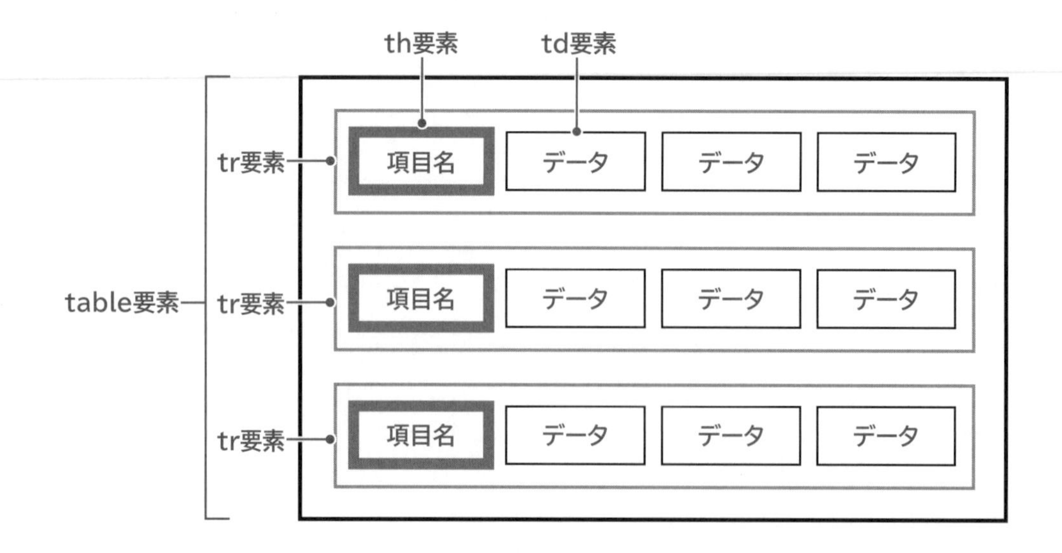

■table要素

表を表します。

```
<table>内容</table>
```

内容には、表を構成する行数分のtr要素を記述します。

■tr要素

表の行を表します。

```
<tr>内容</tr>
```

内容には、td要素またはth要素を1つ以上記述します。

■th要素

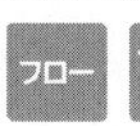

表の項目名のセルを表します。

```
<th>内容</th>
```

コンテンツモデルはフローコンテンツです。
内容には、項目名を記述し、p要素（段落）やimg要素（画像）などのフローコンテンツ（ただし、header要素、footer要素など一部の要素を除く）を含むことができます。
一般的なブラウザーでは、th要素は太字・中央揃えで表示されます。

■td要素

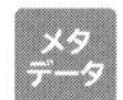

表のデータのセルを表します。

```
<td>内容</td>
```

コンテンツモデルはフローコンテンツです。
内容には、データを記述し、p要素（段落）やimg要素（画像）などのフローコンテンツを含むことができます。
内容は空でもかまいませんが、ブラウザーによっては、セルが正しく表示されません。内容が空の場合は、空白を表す文字参照「 」を記述するとよいでしょう。

3 表の挿入

HTMLファイル**「company.html」**の見出し2**「会社概要」**の下に、次のように表を挿入しましょう。

項目名	データ
社名	ひいらぎ不動産
所在地	〒212-0014 神奈川県川崎市幸区大宮町1-5 JR川崎タワー
電話番号	044-XXX-XXXX
FAX番号	044-XXX-XXXX
免許番号	神奈川県知事(10)第00000号
設立	1980年12月
代表者	亀山康之
営業時間	10時から21時まで
定休日	月曜日

※所在地の空白は、半角空白を入力します。

①タスクバーの をクリックして、**「company.html」**に切り替えます。

②次のように入力します。

```
<section>
<h2>会社概要</h2>
<table>
<tr>
<th>社名</th>
<td>ひいらぎ不動産</td>
</tr>
<tr>
<th>所在地</th>
<td>〒212-0014 神奈川県川崎市幸区大宮町1-5 JR川崎タワー</td>
</tr>
<tr>
<th>電話番号</th>
<td>044-XXX-XXXX</td>
</tr>
<tr>
<th>FAX番号</th>
<td>044-XXX-XXXX</td>
</tr>
<tr>
<th>免許番号</th>
<td>神奈川県知事(10)第00000号</td>
</tr>
<tr>
<th>設立</th>
<td>1980年12月</td>
</tr>
<tr>
<th>代表者</th>
<td>亀山康之</td>
</tr>
<tr>
<th>営業時間</th>
<td>10時から21時まで</td>
</tr>
<tr>
<th>定休日</th>
<td>月曜日</td>
</tr>
</table>
</section>
```

※次の操作のために、上書き保存しておきましょう。

③タスクバーの をクリックして、Google Chromeに切り替えます。

④ （このページを再読み込みします）をクリックします。

⑤編集結果が表示されます。

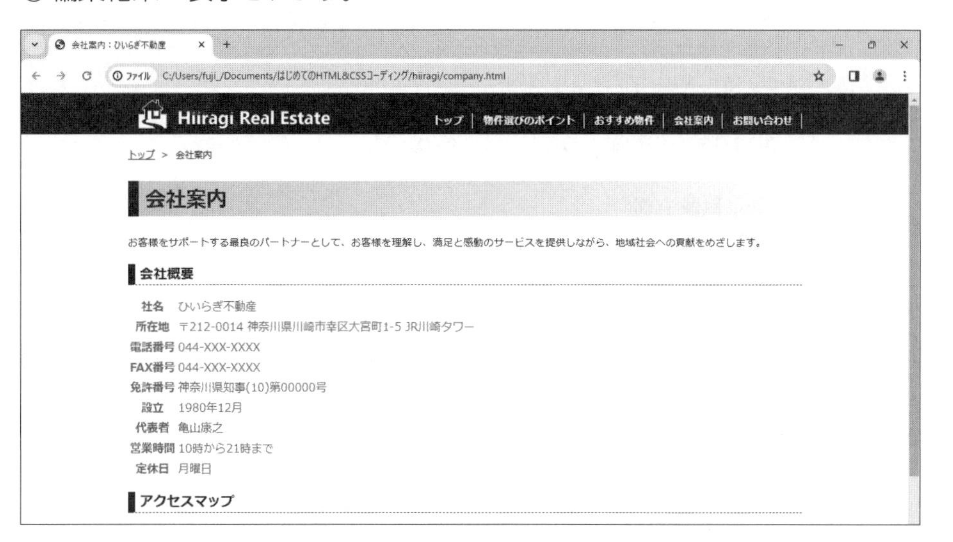

改行

改行する場合は、改行する位置に「br要素」を記述します。内容が存在しない空要素です。終了タグは記述しません。

例えば、所在地の郵便番号と住所のうしろで改行する場合は、次のように記述します。

```
<tr>
<th>所在地</th>
<td>〒212-0014<br>
神奈川県川崎市幸区大宮町1-5<br>
JR川崎タワー</td>
</tr>
```

所在地	〒212-0014 神奈川県川崎市幸区大宮町1-5 JR川崎タワー

4 表のタイトルの作成

表のタイトルを表す場合は、**「caption要素」**を使います。

音声ブラウザーを利用するユーザーは、表のデータが読み上げられるまで、表の内容を把握することができません。表にタイトルを記述すると、音声ブラウザーでタイトルが読み上げられるため、表の内容を把握することができます。

■caption要素

表のタイトルを表します。

```
<caption>内容</caption>
```

コンテンツモデルはフローコンテンツです。

内容には、タイトルを記述し、p要素（段落）やimg要素（画像）などのフローコンテンツ（ただし、table要素を除く）を含むことができます。

table要素の開始タグの直後に1つだけ記述できます。

表のタイトルに**「会社情報」**と記述しましょう。

①タスクバーの をクリックして、**「company.html」**に切り替えます。

②次のように入力します。

```
<h1 class="sub-h1">会社案内</h1>
<p>お客様をサポートする最良のパートナーとして、お客様を理解し、満足と感動のサービスを提供しながら、地域社会への貢献をめざします。</p>
<section>
<h2>会社概要</h2>
<table>
<caption>会社情報</caption>
<tr>
<th>社名</th>
<td>ひいらぎ不動産</td>
</tr>
<tr>
<th>所在地</th>
<td>〒212-0014 神奈川県川崎市幸区大宮町1-5 JR川崎タワー</td>
</tr>
<tr>
<th>電話番号</th>
<td>044-XXX-XXXX</td>
</tr>
```

※次の操作のために、上書き保存しておきましょう。

③タスクバーの をクリックして、Google Chromeに切り替えます。

④ (このページを再読み込みします)をクリックします。

⑤編集結果が表示されます。

STEP 3 表にスタイルを設定する

1 表のスタイルの確認

次のような表を作成するには、表全体のスタイル、項目名のセルのスタイル、データのセルのスタイルを設定します。

社名	ひいらぎ不動産
所在地	〒212-0014 神奈川県川崎市幸区大宮町1-5 JR川崎タワー
電話番号	044-XXX-XXXX
FAX番号	044-XXX-XXXX
免許番号	神奈川県知事(10)第00000号
設立	1980年12月
代表者	亀山康之
営業時間	10時から21時まで
定休日	月曜日

表全体のスタイル

項目名のセルのスタイル

データのセルのスタイル

●表全体のスタイル

表全体のフォントサイズや表の位置などを設定したり、表の外枠にボーダーを表示したり、セル間の余白を調整したりします。
表全体のスタイルを設定するには、table要素にスタイルを設定します。

●項目名のセルとデータのセルのスタイル

背景色やボーダーを付けたり、セル内の余白などを調整したりします。
項目名のセルのスタイルを設定するには、th要素にスタイルを設定します。
データのセルのスタイルを設定するには、td要素にスタイルを設定します。

2 表全体のスタイルの設定

表全体のフォントサイズや表の位置などを設定したり、表の外枠にボーダーを表示したりします。

CSSファイル**「mystyle.css」**を編集して、table要素に次のようなスタイルを設定しましょう。

スタイル	値
ボーダー（上下左右）	1px　実線（solid）　濃い灰色（#333333）
フォントサイズ	90%
マージン（左）（右）	自動（auto）
マージン（下）	20px

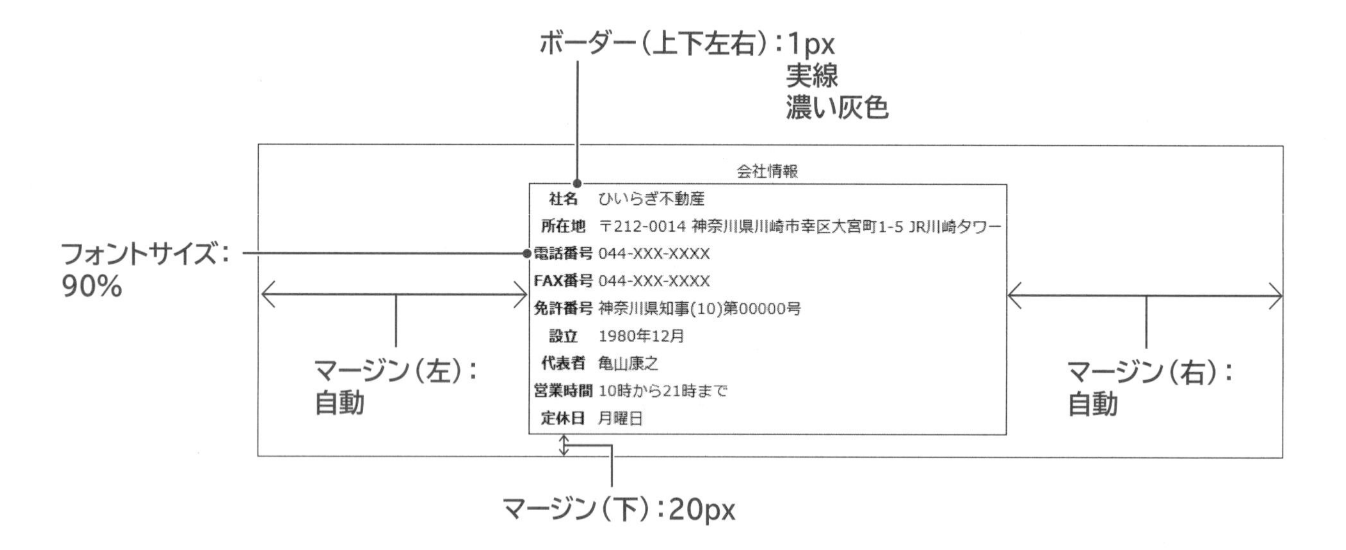

» CSSファイル「mystyle.css」をメモ帳で開いておきましょう。

①次のように入力します。

```
nav ul a:hover{
    color:#ffcc00;
}
table{
    border:1px solid #333333;
    font-size:90%;
    margin-left:auto;
    margin-right:auto;
    margin-bottom:20px;
}

/* 959px以下の場合 */
```

※次の操作のために、上書き保存しておきましょう。

②タスクバーのをクリックして、Google Chromeに切り替えます。

③ (このページを再読み込みします)をクリックします。

④編集結果が表示されます。

3 項目名のセルのスタイルの設定

表の項目名のセルに背景色を付けて、データのセルと区別しやすくします。また、項目名のセルの上下左右にボーダーを表示して、背景色とパディングを設定します。
CSSファイル**「mystyle.css」**を編集して、th要素に次のようなスタイルを設定しましょう。

スタイル	値
背景色	薄い青紫色(#ccccff)
ボーダー(上下左右)	1px　実線(solid)　濃い灰色(#333333)
パディング(上下左右)	10px
幅	テーブルの幅の20%

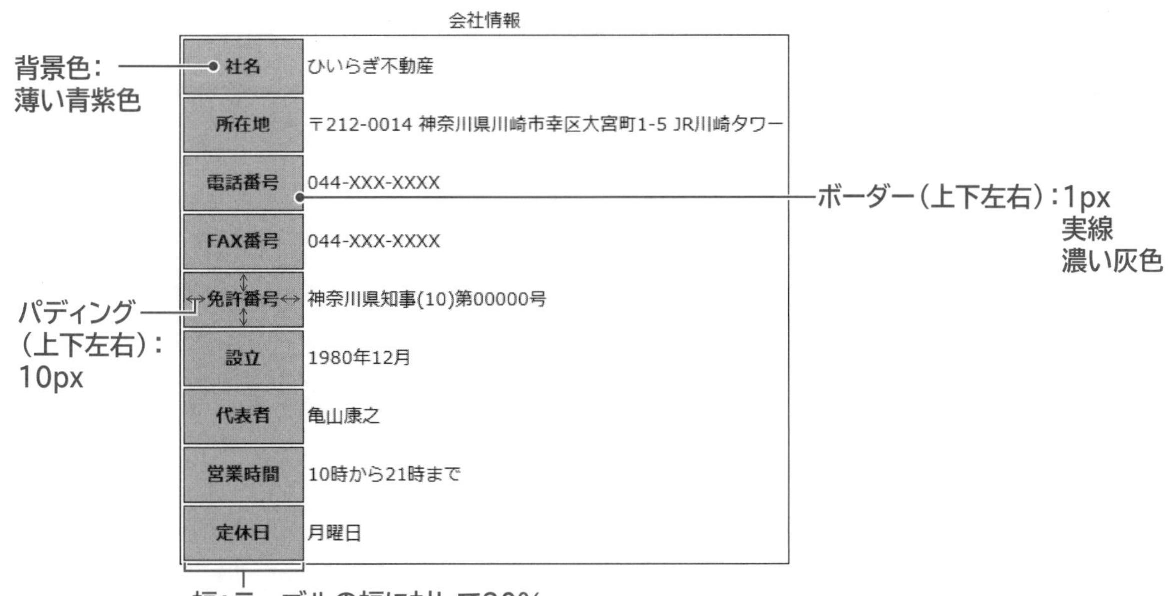

①タスクバーの をクリックして、**「mystyle.css」**に切り替えます。

②次のように入力します。

```
table{
    border:1px solid #333333;
    font-size:90%;
    margin-left:auto;
    margin-right:auto;
    margin-bottom:20px;
}
th{
    background-color:#ccccff;
    border:1px solid #333333;
    padding:10px;
    width:20%;
}

/* 959px以下の場合 */
```

※次の操作のために、上書き保存しておきましょう。

③タスクバーの をクリックして、Google Chromeに切り替えます。

④ (このページを再読み込みします)をクリックします。

⑤編集結果が表示されます。

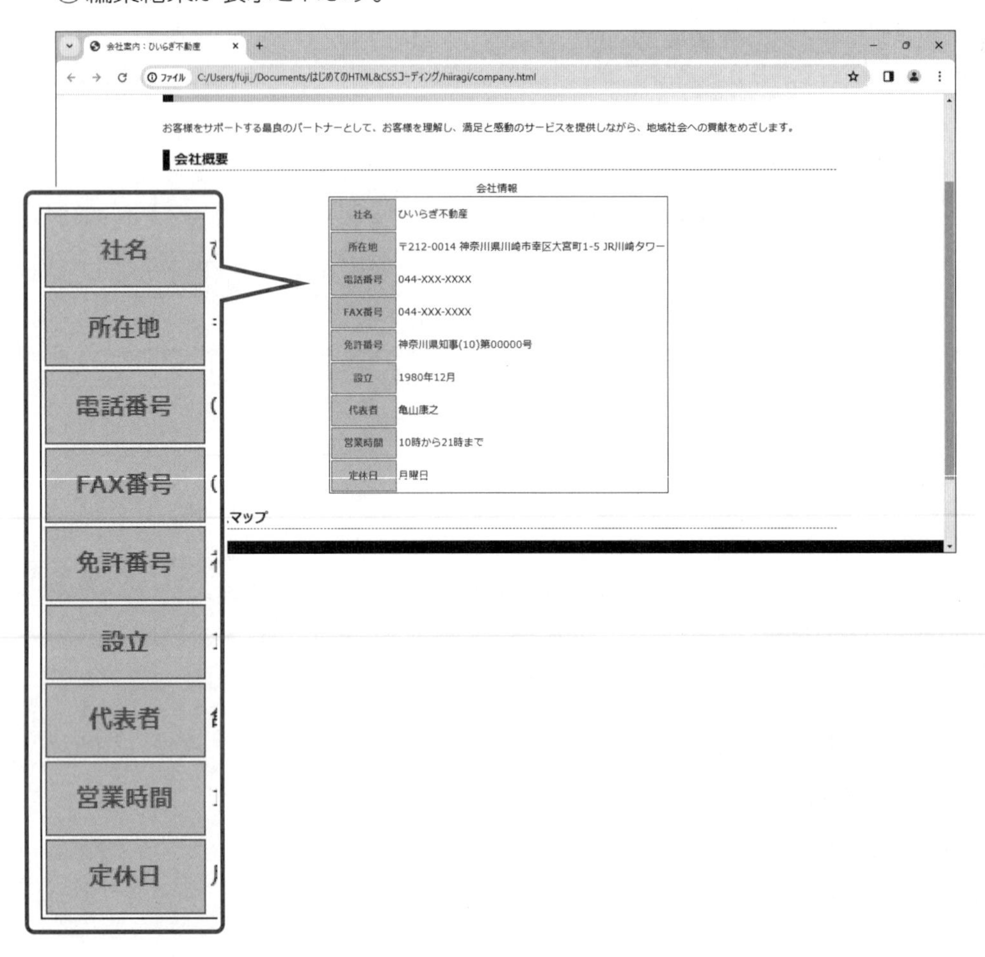

4 データのセルのスタイルの設定

データを見やすくするために、セルの上下左右にボーダーを表示して、パディングを設定します。

CSSファイル**「mystyle.css」**を編集して、td要素に次のようなスタイルを設定しましょう。

スタイル	値
ボーダー(上下左右)	1px　実線(solid)　濃い灰色(#333333)
パディング(上下左右)	10px

会社情報

社名	ひいらぎ不動産
所在地	〒212-0014 神奈川県川崎市幸区大宮町1-5 JR川崎タワー
電話番号	044-XXX-XXXX
FAX番号	044-XXX-XXXX
免許番号	神奈川県知事(10)第00000号
設立	1980年12月
代表者	亀山康之
営業時間	10時から21時まで
定休日	月曜日

ボーダー(上下左右):1px
実線
濃い灰色

パディング(上下左右):10px

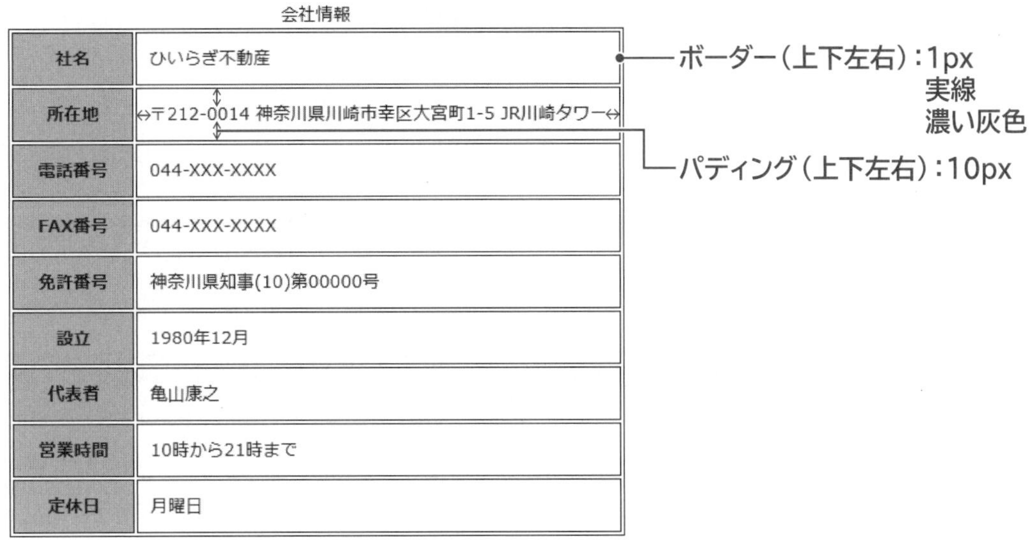

①タスクバーの をクリックして、**「mystyle.css」**に切り替えます。

②次のように入力します。

```
table{
    border:1px solid #333333;
    font-size:90%;
    margin-left:auto;
    margin-right:auto;
    margin-bottom:20px;
}
th{
    background-color:#ccccff;
    border:1px solid #333333;
    padding:10px;
    width:20%;
}
td{
    border:1px solid #333333;
    padding:10px;
}

/* 959px以下の場合 */
```

※次の操作のために、上書き保存しておきましょう。

③タスクバーの をクリックして、Google Chromeに切り替えます。

④ （このページを再読み込みします）をクリックします。

⑤編集結果が表示されます。

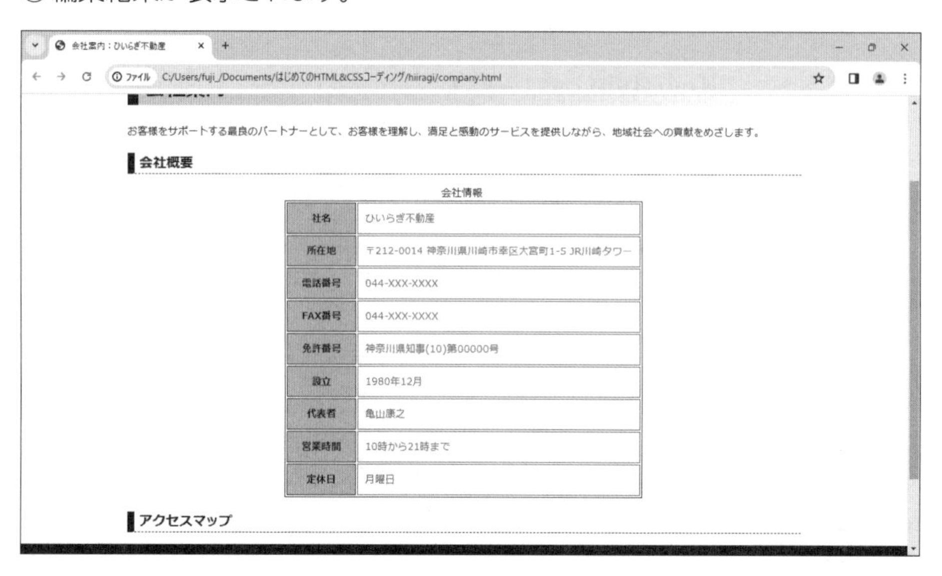
会社案内：ひいらぎ不動産
ファイル　C:/Users/fuji_/Documents/はじめてのHTML&CSSコーディング/hiiragi/company.html
お客様をサポートする最良のパートナーとして、お客様を理解し、満足と感動のサービスを提供しながら、地域社会への貢献をめざします。
会社概要
アクセスマップ

会社情報

社名	ひいらぎ不動産
所在地	〒212-0014 神奈川県川崎市幸区大宮町1-5 JR川崎タワー
電話番号	044-XXX-XXXX
FAX番号	044-XXX-XXXX
免許番号	神奈川県知事(10)第00000号
設立	1980年12月
代表者	亀山康之
営業時間	10時から21時まで
定休日	月曜日

5　枠線の表示の設定

HTMLで表を作成すると、表やセルごとに枠線が表示されるため、セル間に隙間ができます。
枠線の表示形式を設定するには、**「border-collapseプロパティ」**を使います。
border-collapseプロパティを使うと、隣接するセルの枠線を1本にまとめることができます。

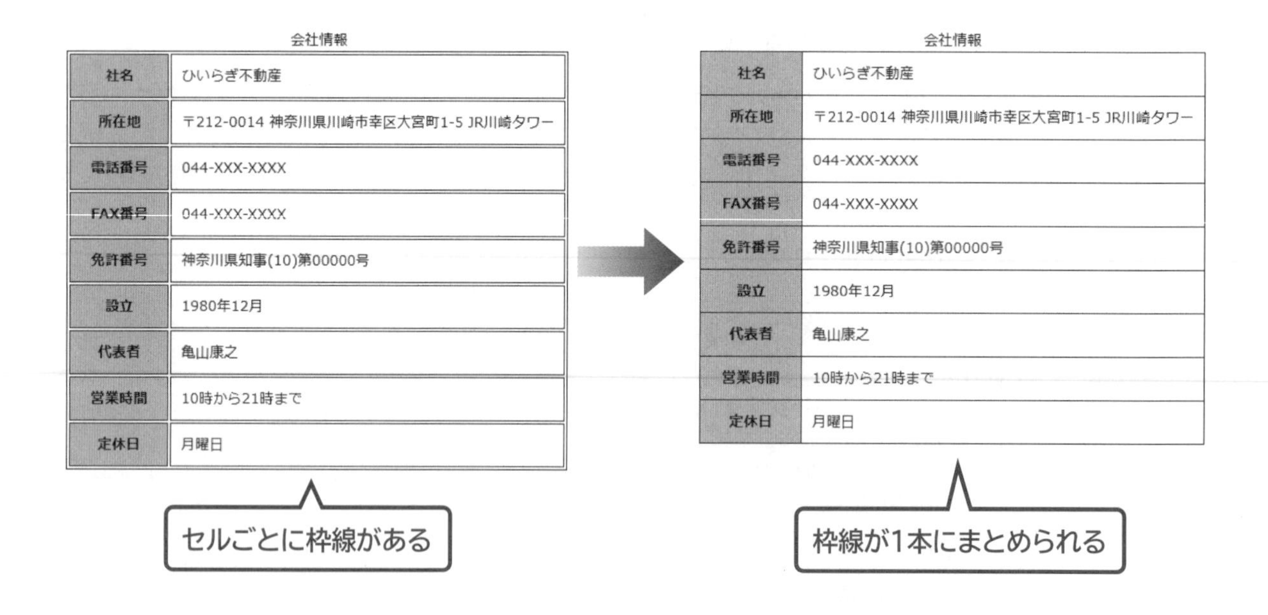
セルごとに枠線がある
枠線が1本にまとめられる

会社情報

社名	ひいらぎ不動産
所在地	〒212-0014 神奈川県川崎市幸区大宮町1-5 JR川崎タワー
電話番号	044-XXX-XXXX
FAX番号	044-XXX-XXXX
免許番号	神奈川県知事(10)第00000号
設立	1980年12月
代表者	亀山康之
営業時間	10時から21時まで
定休日	月曜日

会社情報

社名	ひいらぎ不動産
所在地	〒212-0014 神奈川県川崎市幸区大宮町1-5 JR川崎タワー
電話番号	044-XXX-XXXX
FAX番号	044-XXX-XXXX
免許番号	神奈川県知事(10)第00000号
設立	1980年12月
代表者	亀山康之
営業時間	10時から21時まで
定休日	月曜日

■border-collapseプロパティ

表やセルの枠線の表示形式を設定します。

```
border-collapse:表示形式
```

table要素に設定できます。
表示形式には、「collapse」または「separate」を設定します。
collapseを設定すると、表やセルの隣り合う枠線を1本にまとめて表示します。
separateを設定すると、表やセルごとに枠線を表示します。

例：表やセルの枠線を1本にまとめて表示
　table{border-collapse:collapse;}

CSSファイル**「mystyle.css」**を編集して、表やセルの枠線を1本にまとめて表示するスタイルを設定しましょう。

①タスクバーの をクリックして、**「mystyle.css」**に切り替えます。
②次のように入力します。

```
table{
    border:1px solid #333333;
    font-size:90%;
    margin-left:auto;
    margin-right:auto;
    margin-bottom:20px;
    border-collapse:collapse;
}
th{
    background-color:#ccccff;
    border:1px solid #333333;
    padding:10px;
    width:20%;
}
```

※次の操作のために、上書き保存しておきましょう。
③タスクバーの をクリックして、Google Chromeに切り替えます。
④ （このページを再読み込みします）をクリックします。
⑤編集結果が表示されます。

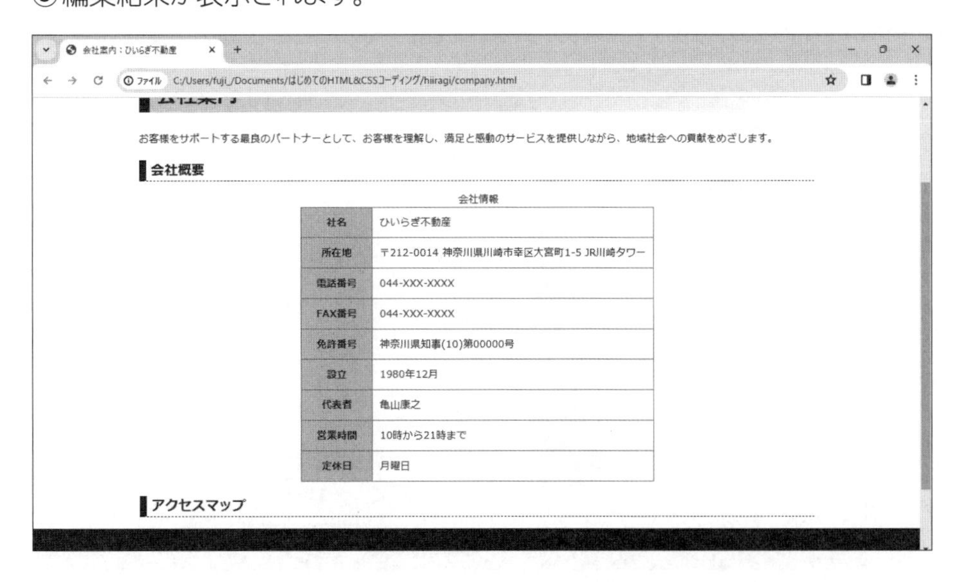

6 表のタイトルの表示位置を設定

初期の設定では、表のタイトルは表の上に表示されます。
表のタイトルの表示位置を設定する場合は、**「caption-sideプロパティ」**を使います。

■caption-sideプロパティ

表のタイトルの表示位置を設定します。

caption-side：位置

caption要素に設定できます。
位置には、「top」または「bottom」を設定します。
topを設定すると、表の上にタイトルを表示します。
bottomを設定すると、表の下にタイトルを表示します。

例：表のタイトルを表の下に表示
caption {caption-side:bottom;}

CSSファイル**「mystyle.css」**を編集して、表のタイトルを表の下に表示しましょう。

①タスクバーの をクリックして、**「mystyle.css」**に切り替えます。
②次のように入力します。

```
td{
    border:1px solid #333333;
    padding:10px;
}
caption{
    caption-side:bottom;
}

/* 959px以下の場合 */
```

※次の操作のために、上書き保存しておきましょう。
③タスクバーの をクリックして、Google Chromeに切り替えます。
④ （このページを再読み込みします）をクリックします。
⑤編集結果が表示されます。

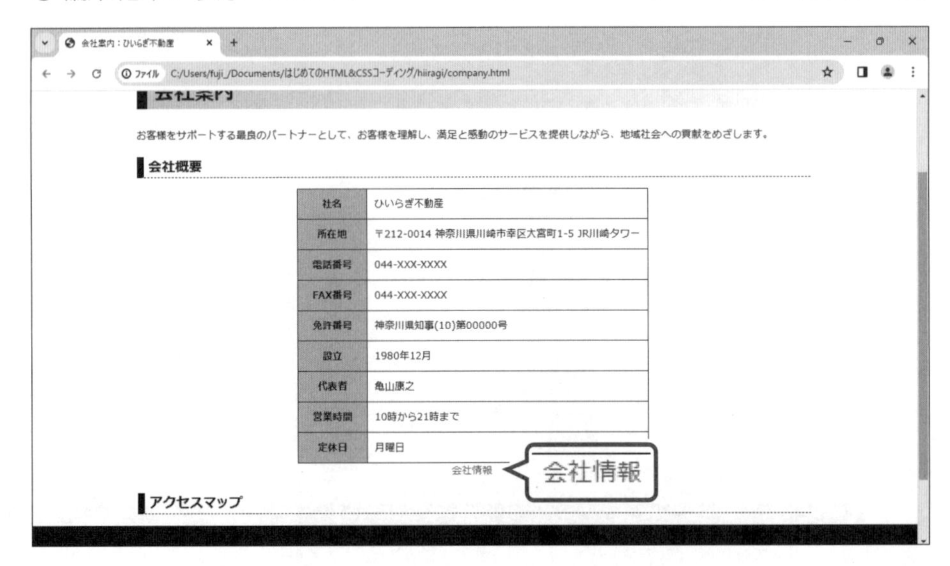

1 ウィンドウ幅に合わせて表の方向を変更

現在、表のセルが横方向に表示されており、表の左側に項目名、右側にデータが並んでいます。ウィンドウ幅が大きいデバイスでは表全体を1画面で確認できますが、スマートフォンなどウィンドウ幅が小さいデバイスの場合、表全体が画面におさまらず、読みにくくなることがあります。
ウィンドウ幅が600px以下の場合に、表のセルを縦方向に表示するように設定しましょう。
Webサイト内のすべての表のth要素とtd要素の**「displayプロパティ」**を**「ブロック」**に設定します。また、幅は自動的に調整されるようにします。

●表のセルを横方向に表示

社名	ひいらぎ不動産
所在地	〒212-0014 神奈川県川崎市幸区大宮町1-5 JR川崎タワー
電話番号	044-XXX-XXXX
FAX番号	044-XXX-XXXX
免許番号	神奈川県知事(10)第00000号
設立	1980年12月
代表者	亀山康之
営業時間	10時から21時まで
定休日	月曜日

●表のセルを縦方向に表示

社名
ひいらぎ不動産
所在地
〒212-0014 神奈川県川崎市幸区大宮町1-5 JR川崎タワー
電話番号
044-XXX-XXXX
FAX番号
044-XXX-XXXX
免許番号
神奈川県知事(10)第00000号
設立
1980年12月
代表者
亀山康之
営業時間
10時から21時まで
定休日
月曜日

①タスクバーの をクリックして、**「mystyle.css」**に切り替えます。

②次のように入力します。

```
/* 600px以下の場合 */
@media(max-width:600px){
nav li{
    font-size:75%;
    padding-left:2px;
    padding-right:2px;
}
footer{
    font-size:75%;
}
.catch{
    top:5px;
    left:10px;
}
.point-img{
    float:none;
}
th,td{
    display:block;
    width:auto;
}
}

/* プリント出力 */
```

※次の操作のために、上書き保存しておきましょう。

③タスクバーの をクリックして、Google Chromeに切り替えます。

④ (このページを再読み込みします)をクリックします。

⑤編集結果が表示されます。

※ウィンドウの幅を変更して、表が調整されることを確認しましょう。

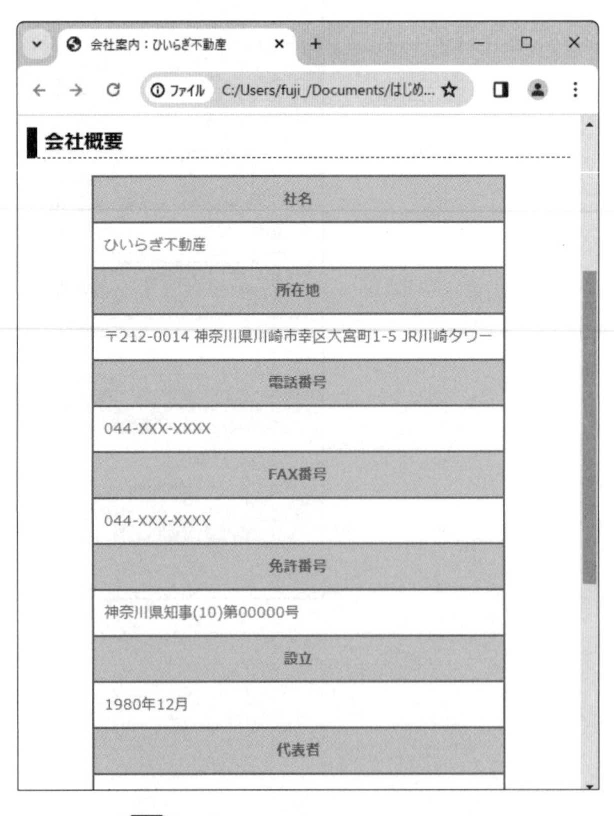

※メモ帳の (タブを閉じる)をクリックして、すべてのファイルを閉じて終了しておきましょう。

※ブラウザーを終了しておきましょう。

サイドメニューのあるWebページの作成

STEP 1 作成するWebページを確認する

1 作成するWebページの確認

この章では、次のようなWebページを作成します。

●bukken01.htmlからbukken05.html

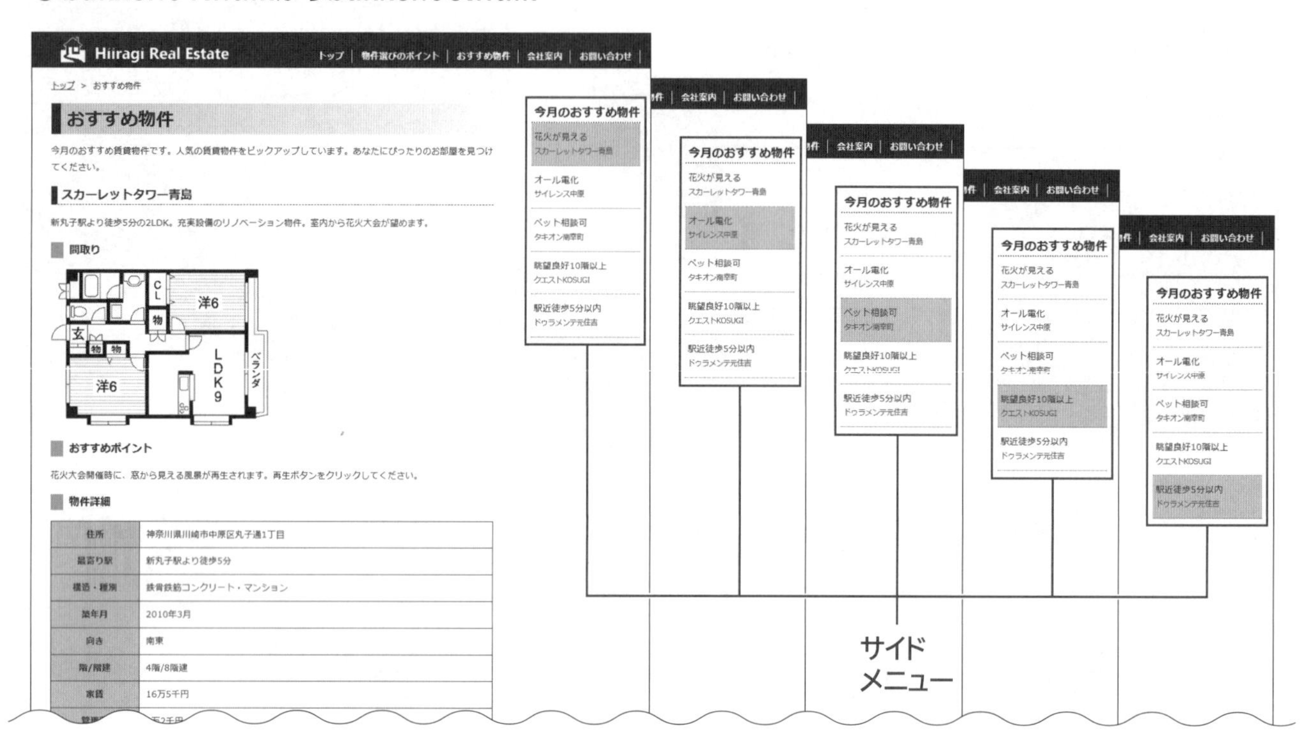

ここでは、Webページ「**おすすめ物件**」を5ページ分作成します。

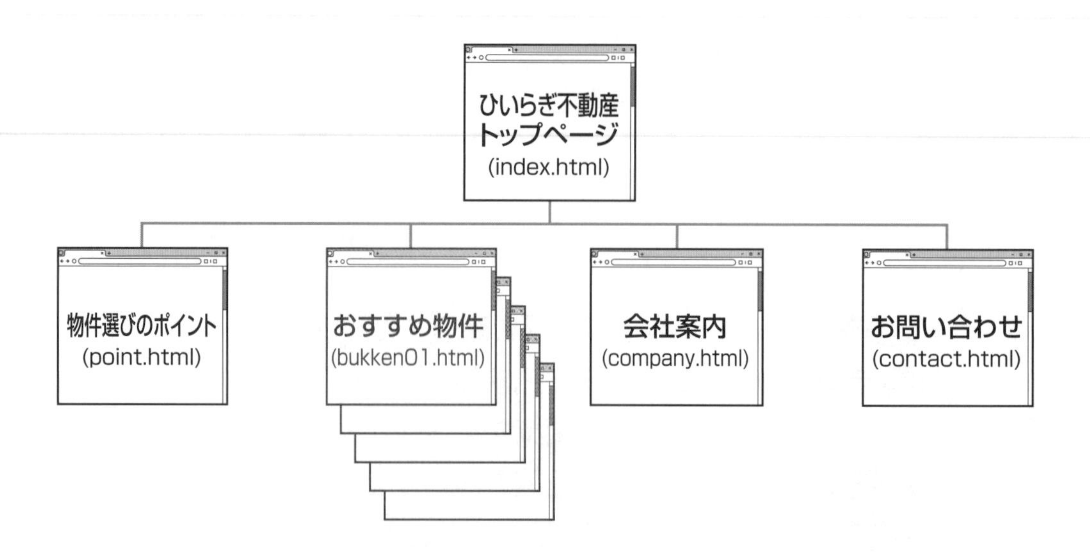

2 作成済みファイルの確認

本書では、HTMLファイル「**bukken01.html**」「**bukken02.html**」「**bukken03.html**」「**bukken04.html**」「**bukken05.html**」は途中まで作成済みです。

» HTMLファイル「bukken01.html」「bukken02.html」「bukken03.html」「bukken04.html」「bukken05.html」をブラウザーとメモ帳で表示して内容を確認しましょう。

●Webページ

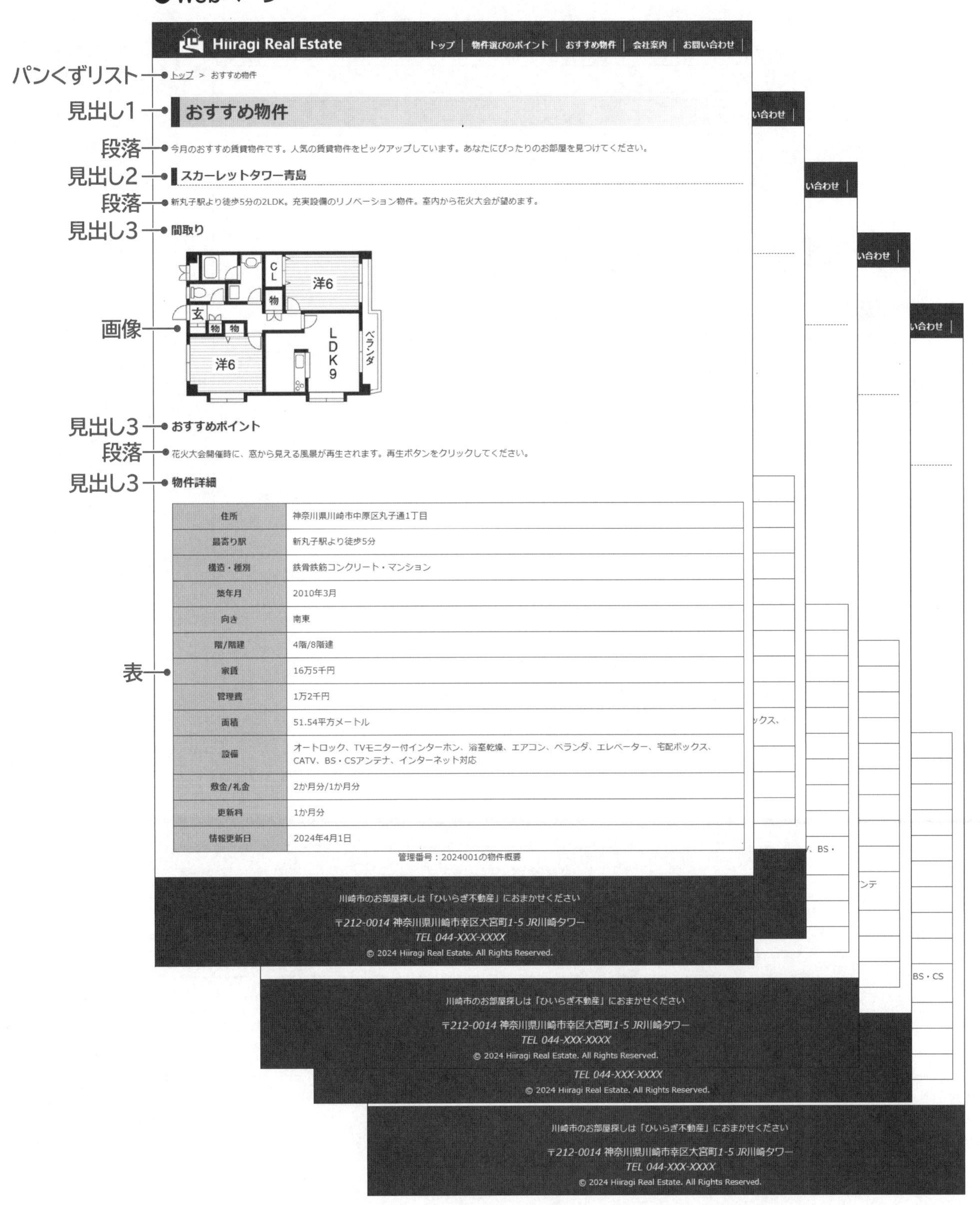

●HTMLファイル

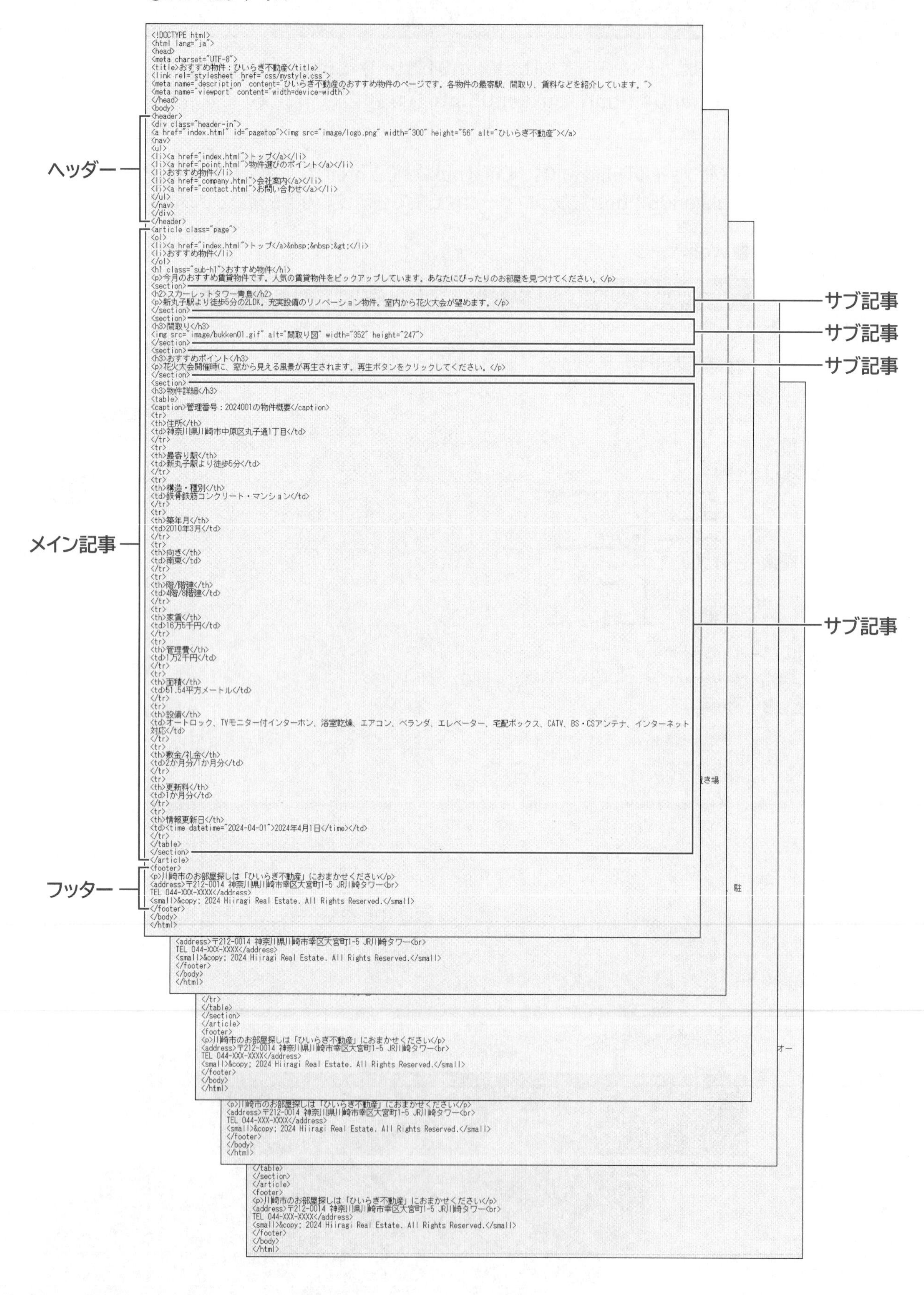


```
<!DOCTYPE html>
<html lang="ja">
<head>
<meta charset="UTF-8">
<title>おすすめ物件：ひいらぎ不動産</title>
<link rel="stylesheet" href="css/mystyle.css">
<meta name="description" content="ひいらぎ不動産のおすすめ物件のページです。各物件の最寄駅、間取り、賃料などを紹介しています。">
<meta name="viewport" content="width=device-width">
</head>
<body>
<header>
<div class="header-in">
<a href="index.html" id="pagetop"><img src="image/logo.png" width="300" height="56" alt="ひいらぎ不動産"></a>
<nav>
<ul>
<li><a href="index.html">トップ</a></li>
<li><a href="point.html">物件選びのポイント</a></li>
<li>おすすめ物件</li>
<li><a href="company.html">会社案内</a></li>
<li><a href="contact.html">お問い合わせ</a></li>
</ul>
</nav>
</div>
</header>
<article class="page">
<ol>
<li><a href="index.html">トップ</a>  &gt;</li>
<li>おすすめ物件</li>
</ol>
<h1 class="sub-h1">おすすめ物件</h1>
<p>今月のおすすめ賃貸物件です。人気の賃貸物件をピックアップしています。あなたにぴったりのお部屋を見つけてください。</p>
<section>
<h2>スカーレットタワー青島</h2>
<p>新丸子駅より徒歩5分の2LDK。充実設備のリノベーション物件。室内から花火大会が望めます。</p>
</section>
<section>
<h3>間取り</h3>
<img src="image/bukken01.gif" alt="間取り図" width="352" height="247">
</section>
<section>
<h3>おすすめポイント</h3>
<p>花火大会開催時に、窓から見える風景が再生されます。再生ボタンをクリックしてください。</p>
</section>
<section>
<h3>物件詳細</h3>
<table>
<caption>管理番号：2024001の物件概要</caption>
<tr>
<th>住所</th>
<td>神奈川県川崎市中原区丸子通1丁目</td>
</tr>
<tr>
<th>最寄り駅</th>
<td>新丸子駅より徒歩5分</td>
</tr>
<tr>
<th>構造・種別</th>
<td>鉄骨鉄筋コンクリート・マンション</td>
</tr>
<tr>
<th>築年月</th>
<td>2010年3月</td>
</tr>
<tr>
<th>向き</th>
<td>南東</td>
</tr>
<tr>
<th>階/階建</th>
<td>4階/8階建</td>
</tr>
<tr>
<th>家賃</th>
<td>16万5千円</td>
</tr>
<tr>
<th>管理費</th>
<td>1万2千円</td>
</tr>
<tr>
<th>面積</th>
<td>51.54平方メートル</td>
</tr>
<tr>
<th>設備</th>
<td>オートロック、TVモニター付インターホン、浴室乾燥、エアコン、ベランダ、エレベーター、宅配ボックス、CATV、BS・CSアンテナ、インターネット
対応</td>
</tr>
<tr>
<th>敷金/礼金</th>
<td>2か月分/1か月分</td>
</tr>
<tr>
<th>更新料</th>
<td>1か月分</td>
</tr>
<tr>
<th>情報更新日</th>
<td><time datetime="2024-04-01">2024年4月1日</time></td>
</tr>
</table>
</section>
</article>
<footer>
<p>川崎市のお部屋探しは「ひいらぎ不動産」におまかせください</p>
<address>〒212-0014 神奈川県川崎市幸区大宮町1-5 JR川崎タワー<br>
TEL 044-XXX-XXXX</address>
<small>&copy; 2024 Hiiragi Real Estate. All Rights Reserved.</small>
</footer>
</body>
</html>
```

STEP 2 サイドメニューを作成する

1 サイドメニューの作成

ここでは、次のようなサイドメニューを作成します。

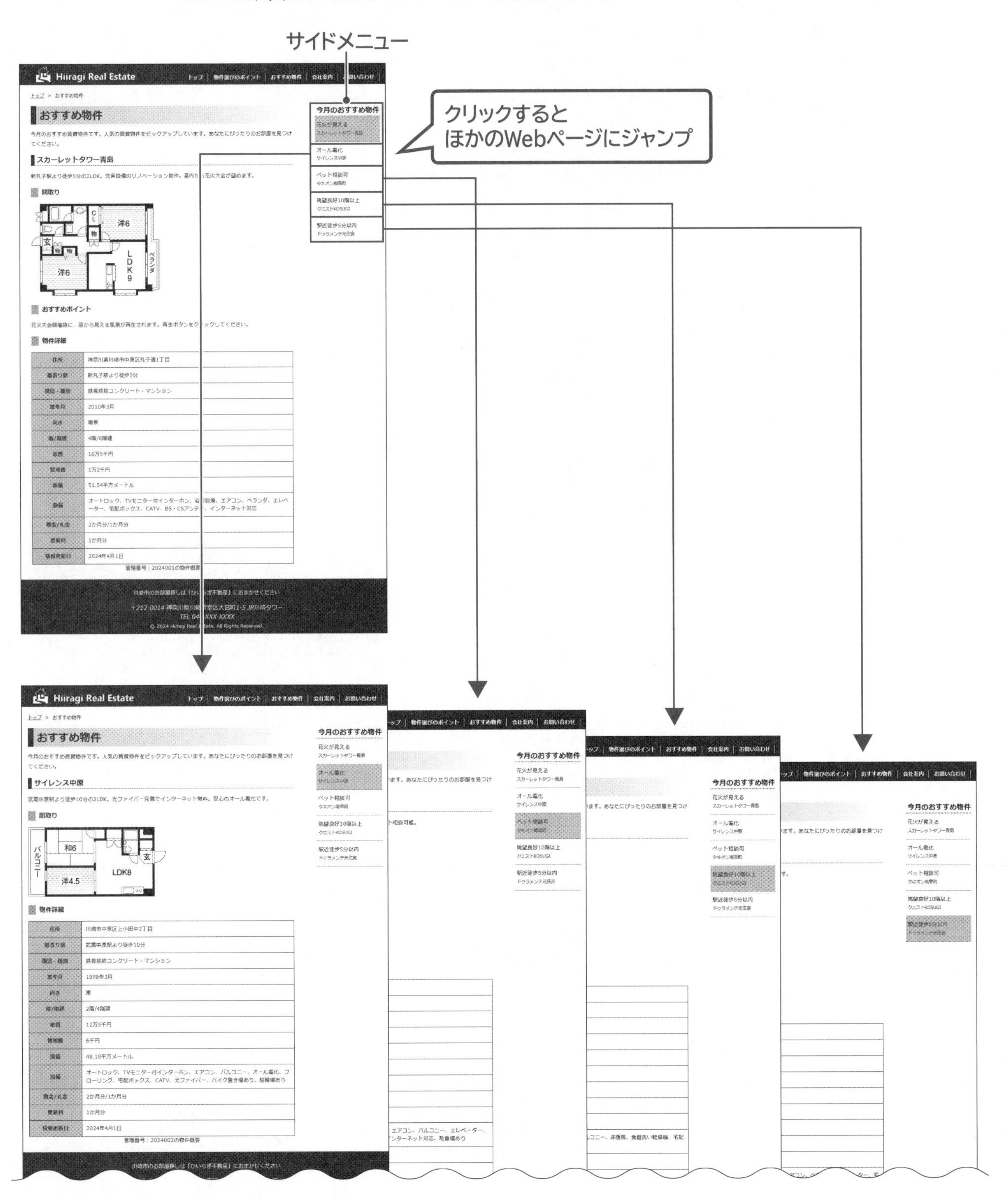

2 関連記事の記述

サブ領域やバナーなど、Webページの本題とは異なる記事を表す場合は、**「aside要素」**を使います。一般的には、サイドメニューとして利用されます。

■aside要素

Webページ本題とは異なる記事を表します。

```
<aside>内容</aside>
```

コンテンツモデルはフローコンテンツです。
内容には、p要素（段落）やimg要素（画像）などのフローコンテンツを含むことができます。

HTMLファイル**「bukken01.html」**を編集して、article要素内にaside要素を作成しましょう。aside要素内には、次のような内容を記述します。

要素	内容
見出し1	今月のおすすめ物件
番号なしリスト	・花火が見えるスカーレットタワー青島 ・オール電化サイレンス中原 ・ペット相談可タキオン南幸町 ・眺望良好10階以上クエストKOSUGI ・駅近徒歩5分以内ドゥラメンテ元住吉

①タスクバーの をクリックして、**「bukken01.html」**に切り替えます。
②次のように入力します。

```
<tr>
<th>情報更新日</th>
<td><time datetime="2024-04-01">2024年4月1日</time></td>
</tr>
</table>
</section>
<aside>
<h1>今月のおすすめ物件</h1>
<ul>
<li>花火が見えるスカーレットタワー青島</li>
<li>オール電化サイレンス中原</li>
<li>ペット相談可タキオン南幸町</li>
<li>眺望良好10階以上クエストKOSUGI</li>
<li>駅近徒歩5分以内ドゥラメンテ元住吉</li>
</ul>
</aside>
</article>
<footer>
```

※次の操作のために、上書き保存しておきましょう。

③タスクバーの をクリックして、**「bukken01.html」**のGoogle Chromeに切り替えます。
④ （このページを再読み込みします）をクリックします。
⑤編集結果が表示されます。
※表示されていない場合は、スクロールして調整します。

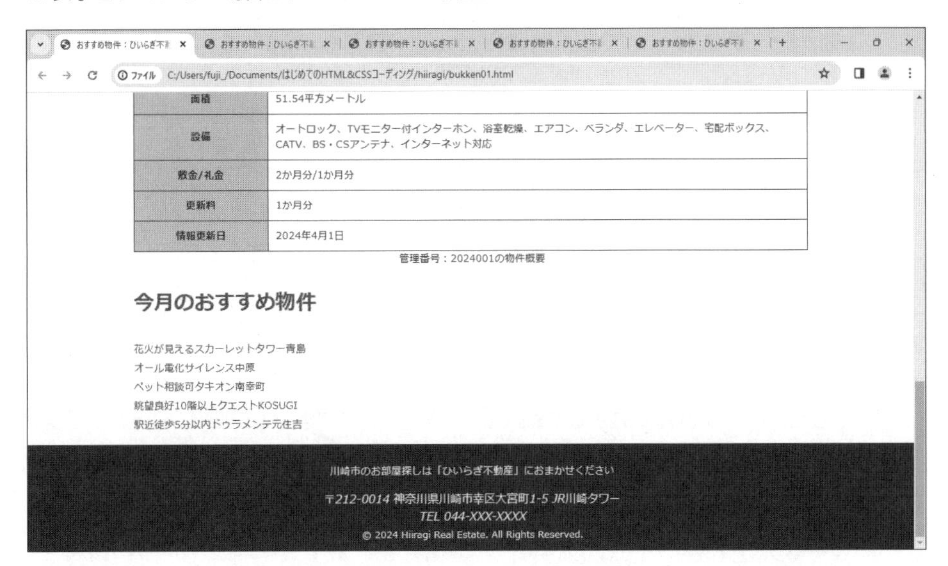

次に進む前に必ず操作しよう

次のように、Webページを編集しましょう。

①HTMLファイル**「bukken01.html」**のサイドメニューに、次のようなリンクを設定しましょう。

リンク元	リンク先
花火が見えるスカーレットタワー青島	bukken01.html
オール電化サイレンス中原	bukken02.html
ペット相談可タキオン南幸町	bukken03.html
眺望良好10階以上クエストKOSUGI	bukken04.html
駅近徒歩5分以内ドゥラメンテ元住吉	bukken05.html

※リンク先のHTMLファイルは「bukken01.html」と同じフォルダーにあります。

1 2 3 4 5 6 7 8 9 10 11 総合問題 索引

②CSSファイル「**mystyle.css**」を編集して、サイドメニューのh1要素に次のようなスタイルを設定しましょう。aside要素内のh1要素にだけ、スタイルを設定します。

スタイル	値
フォントサイズ	120%
ボーダー(下)	2px　点線(dotted)　灰色(#666666)
パディング(左)	5px
マージン(上下左右)	0

③CSSファイル「**mystyle.css**」を編集して、サイドメニューのli要素に次のようなスタイルを設定しましょう。aside要素内のli要素にだけ、スタイルを設定します。

スタイル	値
ボーダー(下)	1px　点線(dotted)　灰色(#666666)

④CSSファイル「**mystyle.css**」を編集して、サイドメニューのul要素に次のようなスタイルを設定しましょう。aside要素内のul要素にだけ、スタイルを設定します。

スタイル	値
マージン(上下左右)	0

操作手順

①次のように、HTMLファイル「bukken01.html」を編集します。

●bukken01.html

```
<ul>
<li><a href="bukken01.html">花火が見えるスカーレットタワー青島</a></li>
<li><a href="bukken02.html">オール電化サイレンス中原</a></li>
<li><a href="bukken03.html">ペット相談可タキオン南幸町</a></li>
<li><a href="bukken04.html">眺望良好10階以上クエストKOSUGI</a></li>
<li><a href="bukken05.html">駅近徒歩5分以内ドゥラメンテ元住吉</a></li>
</ul>
```

②③④

CSSファイル「mystyle.css」をメモ帳で開いておきましょう。

次のように、CSSファイル「mystyle.css」を編集します。

●mystyle.css

```
caption{
    caption-side:bottom;
}
aside h1{
    font-size:120%;
    border-bottom:2px dotted #666666;
    padding-left:5px;
    margin:0;
}
aside li{
    border-bottom:1px dotted #666666;
}
aside ul{
    margin:0;
}

/* 959px以下の場合 */
```

※HTMLファイル「bukken01.html」とCSSファイル「mystyle.css」を上書き保存して、ブラウザーで結果を確認しておきましょう。

Step 3 サイドメニューを編集する

1 ボックス全体へのリンクの設定

サイドメニューをボックスで表示して、ボックス内のどこをクリックしても、そのリンク先にジャンプできるようにするには、**「displayプロパティ」**で表示形式を**「ブロック」**にします。
CSSファイル**「mystyle.css」**を編集して、サイドメニューのa要素に次のようなスタイルを設定しましょう。aside要素内のa要素にだけ、スタイルを設定します。

スタイル	値
表示形式	ブロック(block)
文字色	濃い灰色(#333333)
文字列の装飾	なし(none)
パディング(上)(下)	10px
パディング(左)	5px
ポイント時の背景色	灰色(#dcdcdc)

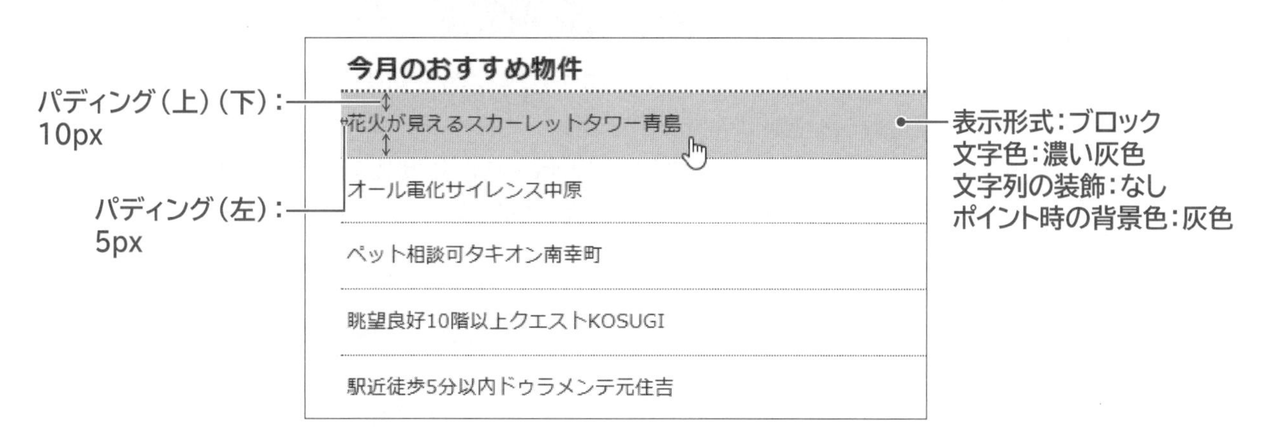

①タスクバーの をクリックして、**「mystyle.css」**に切り替えます。
②次のように入力します。

```
aside ul{
    margin:0;
}
aside a{
    display:block;
    color:#333333;
    text-decoration:none;
    padding-top:10px;
    padding-bottom:10px;
    padding-left:5px;
}
aside a:hover{
    background-color:#dcdcdc;
}

/* 959px以下の場合 */
```

※次の操作のために、上書き保存しておきましょう。

③タスクバーの をクリックして、**「bukken01.html」**のGoogle Chromeに切り替えます。
④ (このページを再読み込みします)をクリックします。
⑤編集結果が表示されます。

2 特定の文字列へのスタイルの設定

サイドメニューは、おすすめポイントと物件名がつながっていて読みにくいため、物件名にスタイルを設定して区別がつくようにします。
物件名は、おすすめポイントの次の行に表示されるようにしましょう。**「displayプロパティ」**で表示形式を**「ブロック」**に設定すると縦方向に表示することができます。また、物件名のフォントサイズと文字色を変更しましょう。

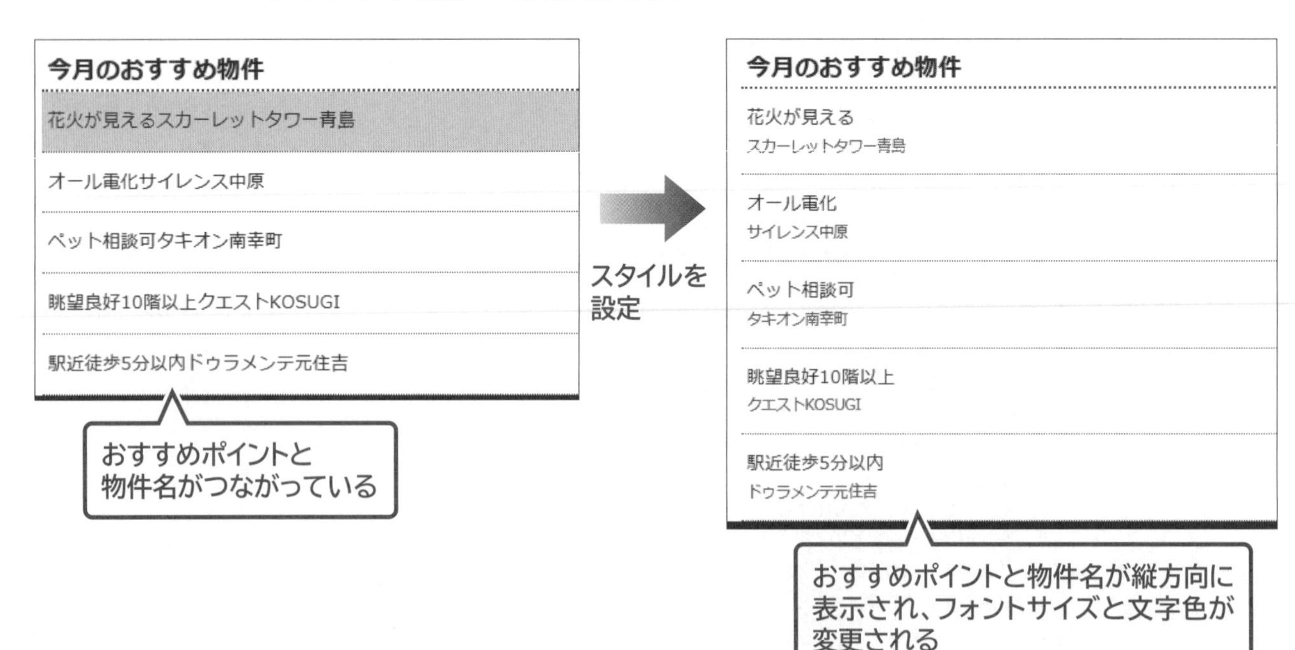

1 スタイルの設定

CSSファイル**「mystyle.css」**を編集して、クラス**「bukkenmei」**を作成し、次のようなスタイルを設定しましょう。

スタイル	値
表示形式	ブロック(block)
フォントサイズ	80%
文字色	灰色(#666666)

①タスクバーの をクリックして、**「mystyle.css」**に切り替えます。
②次のように入力します。

```
aside a:hover{
    background-color:#dcdcdc;
}
.bukkenmei{
    display:block;
    font-size:80%;
    color:#666666;
}

/* 959px以下の場合 */
```

※次の操作のために、上書き保存しておきましょう。

2 クラスの設定

HTMLファイル**「bukken01.html」**を編集して、各物件名にクラス**「bukkenmei」**を設定しましょう。

①メモ帳のタブをクリックして、**「bukken01.html」**に切り替えます。
②次のように入力します。

```
<aside>
<h1>今月のおすすめ物件</h1>
<ul>
<li><a href="bukken01.html">花火が見える<span class="bukkenmei">スカーレットタワー青島</span></a></li>
<li><a href="bukken02.html">オール電化<span class="bukkenmei">サイレンス中原</span></a></li>
<li><a href="bukken03.html">ペット相談可<span class="bukkenmei">タキオン南幸町</span></a></li>
<li><a href="bukken04.html">眺望良好10階以上<span class="bukkenmei">クエストKOSUGI</span></a></li>
<li><a href="bukken05.html">駅近徒歩5分以内<span class="bukkenmei">ドゥラメンテ元住吉</span></a></li>
</ul>
</aside>
```

※次の操作のために、上書き保存しておきましょう。

③タスクバーの をクリックして、Google Chromeに切り替えます。
④ (このページを再読み込みします) をクリックします。
⑤編集結果が表示されます。

Let's Try ためしてみよう

次のように、Webページを編集しましょう。
① CSSファイル「mystyle.css」を編集して、h3要素に次のようなスタイルを設定しましょう。

スタイル	値
パディング（左）	10px
ボーダー（左）	20px　実線（solid）　水色（#00cccc）
フォントサイズ	105%

●bukken01.html

②HTMLファイル「bukken01.html」のサイドメニューをコピーして、HTMLファイル「bukken02.html」「bukken03.html」「bukken04.html」「bukken05.html」に貼り付けましょう。

●bukken02.html

更新料	1か月分
情報更新日	2024年4月1日

管理番号：2024002の物件概要

今月のおすすめ物件

花火が見える
スカーレットタワー青島

オール電化
サイレンス中原

ペット相談可
タキオン南幸町

眺望良好10階以上
クエストKOSUGI

駅近徒歩5分以内
ドゥラメンテ元住吉

●bukken03.html

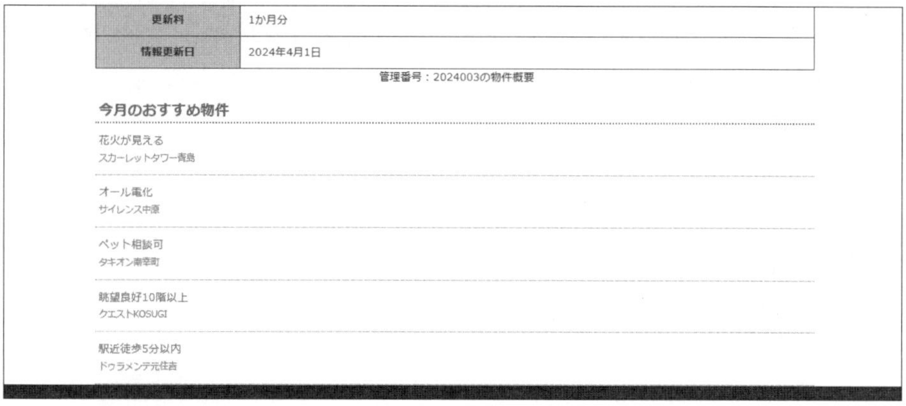

更新料	1か月分
情報更新日	2024年4月1日

管理番号：2024003の物件概要

今月のおすすめ物件

花火が見える
スカーレットタワー青島

オール電化
サイレンス中原

ペット相談可
タキオン南幸町

眺望良好10階以上
クエストKOSUGI

駅近徒歩5分以内
ドゥラメンテ元住吉

●bukken04.html

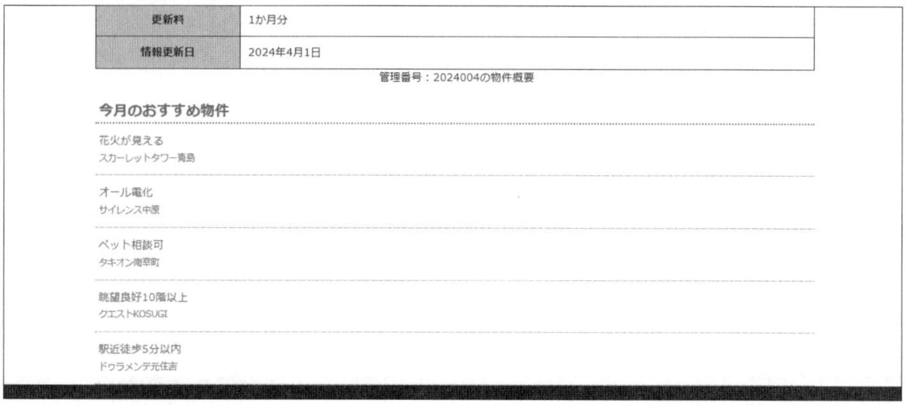

更新料	1か月分
情報更新日	2024年4月1日

管理番号：2024004の物件概要

今月のおすすめ物件

花火が見える
スカーレットタワー青島

オール電化
サイレンス中原

ペット相談可
タキオン南幸町

眺望良好10階以上
クエストKOSUGI

駅近徒歩5分以内
ドゥラメンテ元住吉

●bukken05.html

更新料	1か月分
情報更新日	2024年4月1日

管理番号：2024005の物件概要

今月のおすすめ物件

花火が見える
スカーレットタワー青島

オール電化
サイレンス中原

ペット相談可
タキオン南幸町

眺望良好10階以上
クエストKOSUGI

駅近徒歩5分以内
ドゥラメンテ元住吉

①次のように、CSSファイル「mystyle.css」を編集します。

●mystyle.css

```
.bukkenmei{
    display:block;
    font-size:80%;
    color:#666666;
}
h3{
    padding-left:10px;
    border-left:20px solid #00cccc;
    font-size:105%;
}

/* 959px以下の場合 */
```

②次のように、HTMLファイル「bukken02.html」「bukken03.html」「bukken04.html」「bukken05.html」を編集します。

●bukken02.htmlからbukken05.html

```
<tr>
<th>情報更新日</th>
<td><time datetime="2024-04-01">2024年4月1日</time></td>
</tr>
</table>
</section>
<aside>
<h1>今月のおすすめ物件</h1>
<ul>
<li><a href="bukken01.html">花火が見える<span class="bukkenmei">スカーレットタワー青
島</span></a></li>
<li><a href="bukken02.html">オール電化<span class="bukkenmei">サイレンス中原</span>
</a></li>
<li><a href="bukken03.html">ペット相談可<span class="bukkenmei">タキオン南幸町</span>
</a></li>
<li><a href="bukken04.html">眺望良好10階以上<span class="bukkenmei">クエスト
KOSUGI</span></a></li>
<li><a href="bukken05.html">駅近徒歩5分以内<span class="bukkenmei">ドゥラメンテ元住
吉</span></a></li>
</ul>
</aside>
</article>
<footer>
```

※CSSファイル「mystyle.css」とHTMLファイル「bukken02.html」「bukken03.html」「bukken04.html」「bukken05.html」を上書き保存して、ブラウザーで結果を確認しておきましょう。

3 サイドメニューの背景色の設定

現在表示しているWebページが、サイドメニューのどの部分であるかがわかりやすいように、サイドメニューの項目に背景色を設定しましょう。

1 スタイルの設定

CSSファイル**「mystyle.css」**を編集して、クラス**「select」**を作成し、次のようなスタイルを設定しましょう。

スタイル	値
背景色	オレンジ色（#ffcc00）

①タスクバーの［メモ帳アイコン］をクリックして、**「mystyle.css」**に切り替えます。
②次のように入力します。

```
h3{
    padding-left:10px;
    border-left:20px solid #00cccc;
    font-size:105%;
}
.select{
    background-color:#ffcc00;
}

/* 959px以下の場合 */
```

※次の操作のために、上書き保存しておきましょう。

2 クラスの設定

HTMLファイル**「bukken01.html」**を編集して、サブメニューのli要素**「花火が見える スカーレットタワー青島」**にクラス**「select」**を設定しましょう。

①メモ帳のタブをクリックして、**「bukken01.html」**に切り替えます。
②次のように入力します。

```
<aside>
<h1>今月のおすすめ物件</h1>
<ul>
<li class="select"><a href="bukken01.html">花火が見える<span class="bukkenmei">スカーレットタワー青島</span></a></li>
<li><a href="bukken02.html">オール電化<span class="bukkenmei">サイレンス中原</span></a></li>
<li><a href="bukken03.html">ペット相談可<span class="bukkenmei">タキオン南幸町</span></a></li>
<li><a href="bukken04.html">眺望良好10階以上<span class="bukkenmei">クエストKOSUGI</span></a></li>
<li><a href="bukken05.html">駅近徒歩5分以内<span class="bukkenmei">ドゥラメンテ元住吉</span></a></li>
</ul>
</aside>
```

※次の操作のために、上書き保存しておきましょう。

③タスクバーの をクリックして、**「bukken01.html」**のGoogle Chromeに切り替えます。

④ (このページを再読み込みします) をクリックします。

⑤編集結果が表示されます。
※表示されていない場合は、スクロールして調整します。

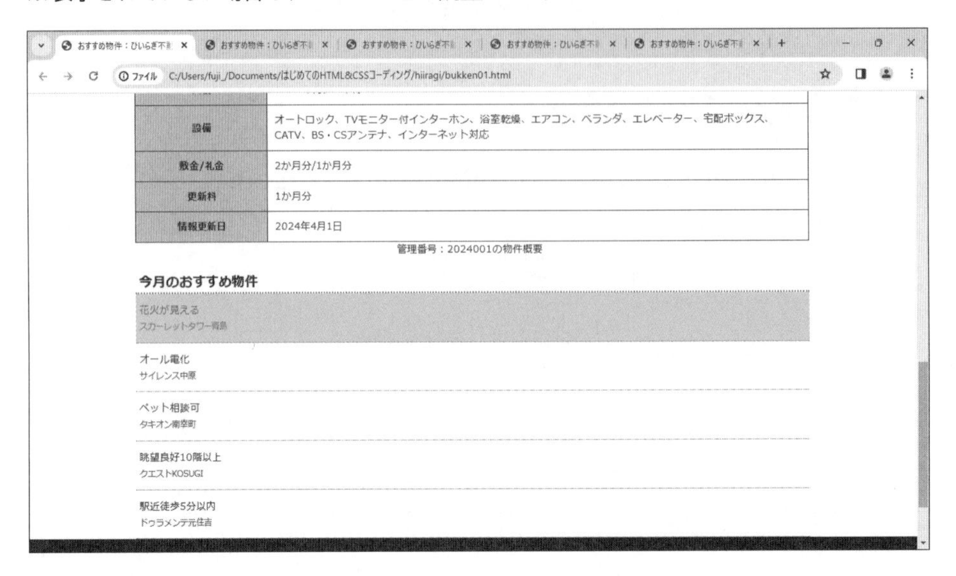

Let's Try ためしてみよう

HTMLファイル「bukken02.html」「bukken03.html」「bukken04.html」「bukken05.html」を編集して、次のli要素にクラス「select」を設定しましょう。

HTMLファイル名	要素
bukken02.html	li要素「オール電化 サイレンス中原」
bukken03.html	li要素「ペット相談可 タキオン南幸町」
bukken04.html	li要素「眺望良好10階以上 クエストKOSUGI」
bukken05.html	li要素「駅近徒歩5分以内 ドゥラメンテ元住吉」

●bukken02.html

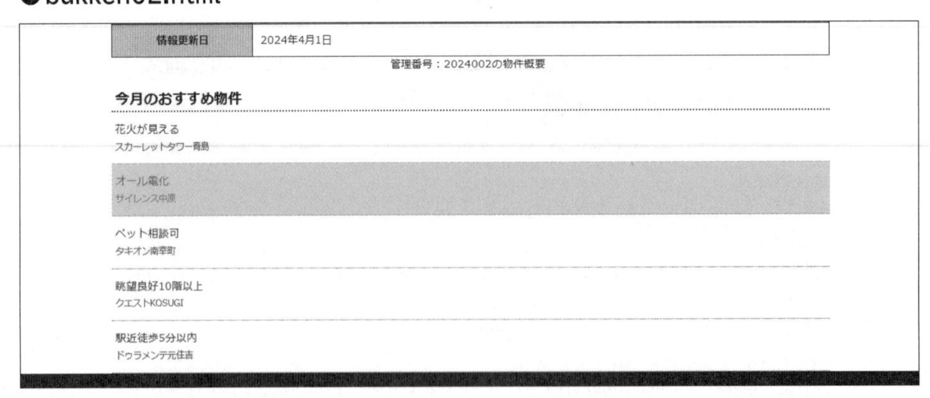

● bukken03.html

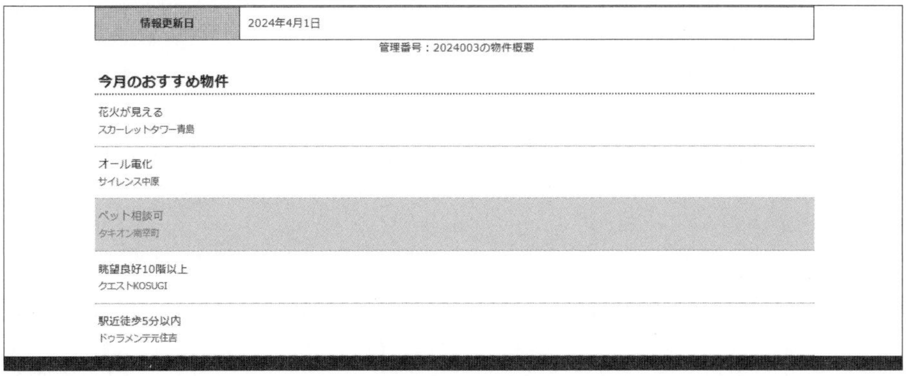

情報更新日 2024年4月1日
管理番号：2024003の物件概要
今月のおすすめ物件
花火が見える
スカーレットタワー青島
オール電化
サイレンス中原
ペット相談可
タキオン南幸町
眺望良好10階以上
クエストKOSUGI
駅近徒歩5分以内
ドゥラメンテ元住吉

● bukken04.html

情報更新日 2024年4月1日
管理番号：2024004の物件概要
今月のおすすめ物件
花火が見える
スカーレットタワー青島
オール電化
サイレンス中原
ペット相談可
タキオン南幸町
眺望良好10階以上
クエストKOSUGI
駅近徒歩5分以内
ドゥラメンテ元住吉

● bukken05.html

次のように、HTMLファイル「bukken02.html」「bukken03.html」「bukken04.html」「bukken05.html」を編集します。

● bukken02.html

```
<aside>
<h1>今月のおすすめ物件</h1>
<ul>
<li><a href="bukken01.html">花火が見える<span class="bukkenmei">スカーレットタワー青島</span></a></li>
<li class="select"><a href="bukken02.html">オール電化<span class="bukkenmei">サイレンス中原</span></a></li>
<li><a href="bukken03.html">ペット相談可<span class="bukkenmei">タキオン南幸町</span></a></li>
<li><a href="bukken04.html">眺望良好10階以上<span class="bukkenmei">クエストKOSUGI</span></a></li>
<li><a href="bukken05.html">駅近徒歩5分以内<span class="bukkenmei">ドゥラメンテ元住吉</span></a></li>
</ul>
</aside>
```

● bukken03.html

```
<aside>
<h1>今月のおすすめ物件</h1>
<ul>
<li><a href="bukken01.html">花火が見える<span class="bukkenmei">スカーレットタワー青
島</span></a></li>
<li><a href="bukken02.html">オール電化<span class="bukkenmei">サイレンス中原</
span></a></li>
<li class="select"><a href="bukken03.html">ペット相談可<span class="bukkenmei">タキ
オン南幸町</span></a></li>
<li><a href="bukken04.html">眺望良好10階以上<span class="bukkenmei">クエスト
KOSUGI</span></a></li>
<li><a href="bukken05.html">駅近徒歩5分以内<span class="bukkenmei">ドゥラメンテ元住
吉</span></a></li>
</ul>
</aside>
```

● bukken04.html

```
<aside>
<h1>今月のおすすめ物件</h1>
<ul>
<li><a href="bukken01.html">花火が見える<span class="bukkenmei">スカーレットタワー青
島</span></a></li>
<li><a href="bukken02.html">オール電化<span class="bukkenmei">サイレンス中原</
span></a></li>
<li><a href="bukken03.html">ペット相談可<span class="bukkenmei">タキオン南幸町</
span></a></li>
<li class="select"><a href="bukken04.html">眺望良好10階以上<span class="bukkenmei">
クエストKOSUGI</span></a></li>
<li><a href="bukken05.html">駅近徒歩5分以内<span class="bukkenmei">ドゥラメンテ元住
吉</span></a></li>
</ul>
</aside>
```

● bukken05.html

```
<aside>
<h1>今月のおすすめ物件</h1>
<ul>
<li><a href="bukken01.html">花火が見える<span class="bukkenmei">スカーレットタワー青
島</span></a></li>
<li><a href="bukken02.html">オール電化<span class="bukkenmei">サイレンス中原</
span></a></li>
<li><a href="bukken03.html">ペット相談可<span class="bukkenmei">タキオン南幸町</
span></a></li>
<li><a href="bukken04.html">眺望良好10階以上<span class="bukkenmei">クエスト
KOSUGI</span></a></li>
<li class="select"><a href="bukken05.html">駅近徒歩5分以内<span class="bukkenmei">
ドゥラメンテ元住吉</span></a></li>
</ul>
</aside>
```

※HTMLファイル「bukken02.html」「bukken03.html」「bukken04.html」「bukken05.html」を上書き保存して、ブラウザーで結果を確認しておきましょう。

STEP 4 サイドメニューの配置を設定する

1 サイドメニューの配置の設定

サイドメニューが物件記事の右側に配置されるように設定しましょう。

●設定前

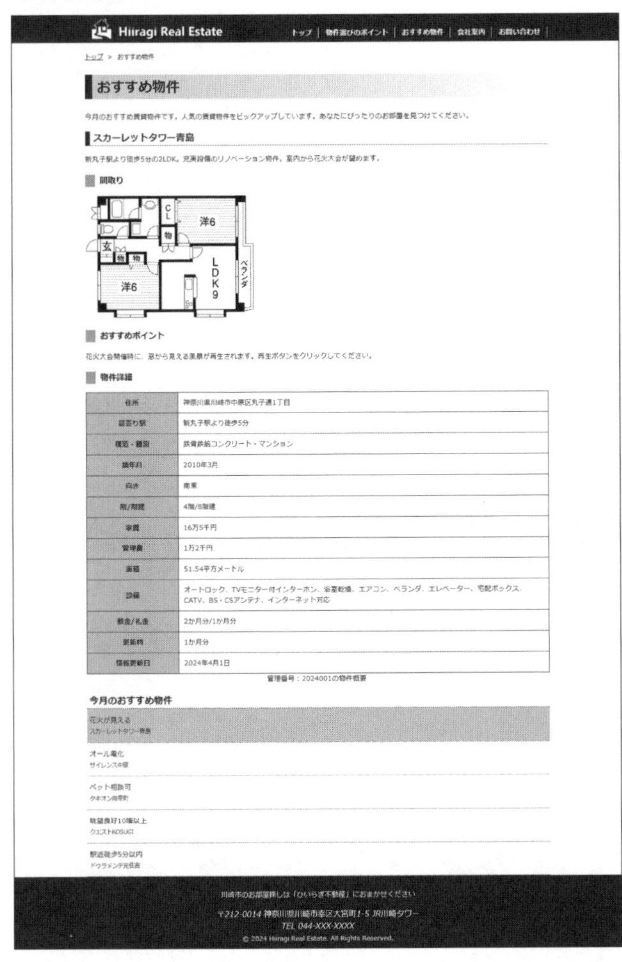

●設定後

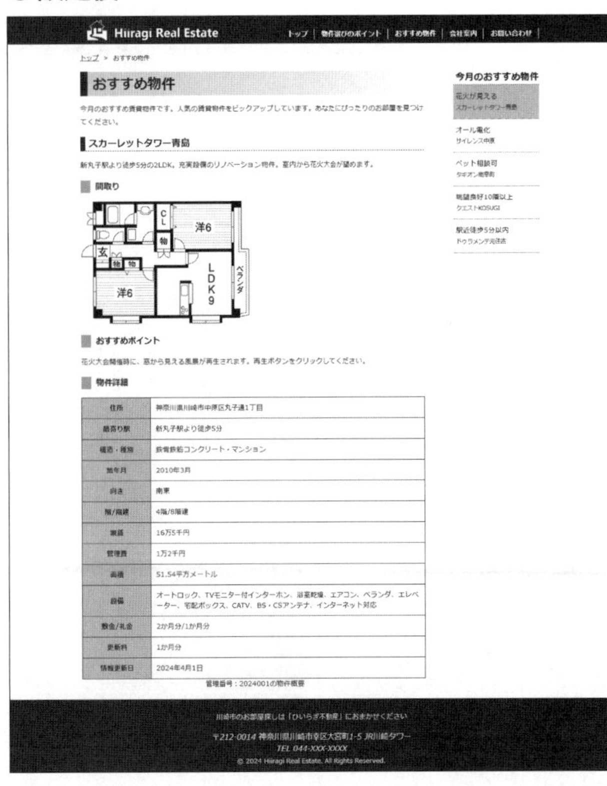

1 スタイルの設定

サイドメニューと記事を左右に表示する場合は、サイドメニューに**「右に配置」**、記事に**「左に配置」**のスタイルを設定します。
サイドメニューを物件記事の右に回り込ませて表示しましょう。物件記事はグループ化して、クラス**「bukken-kiji」**を設定します。また、回り込みはfooter要素で解除します。

●クラス「bukken-kiji」

スタイル	値
位置	左に配置（left）
幅	75%

●aside要素

スタイル	値
位置	右に配置（right）

●footer要素

スタイル	値
回り込み	すべての回り込みを解除（both）

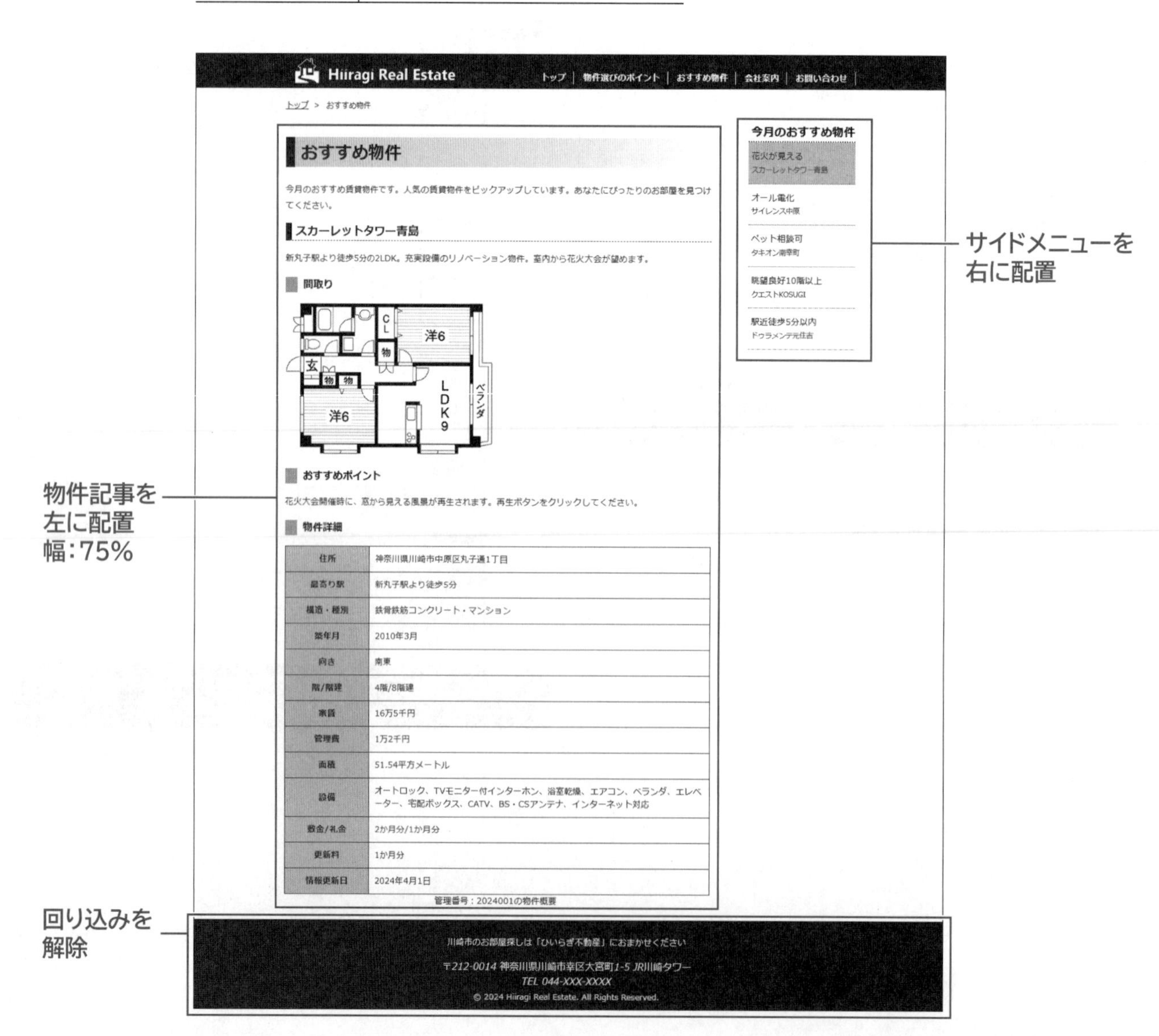

①タスクバーの[アイコン]をクリックして、**「mystyle.css」**に切り替えます。

②次のように入力します。

```
footer{
    text-align:center;
    background-color:#003366;
    color:#ffffff;
    padding-top:10px;
    padding-bottom:10px;
    clear:both;
}
～～～～～～～～～～～～～～～～～～～～～～～～～～～～
.select{
    background-color:#ffcc00;
}
.bukken-kiji{
    float:left;
    width:75%;
}
aside{
    float:right;
}

/* 959px以下の場合 */
```

※次の操作のために、上書き保存しておきましょう。

2 クラスの設定

HTMLファイル**「bukken01.html」**の物件記事をグループ化しましょう。
次に、グループ化した要素にクラス**「bukken-kiji」**を設定しましょう。

①メモ帳のタブをクリックして、**「bukken01.html」**に切り替えます。

②次のように入力します。

```
<article class="page">
<ol>
<li><a href="index.html">トップ</a>  &gt;</li>
<li>おすすめ物件</li>
</ol>
<div class="bukken-kiji">
<h1 class="sub-h1">おすすめ物件</h1>
<p>今月のおすすめ賃貸物件です。人気の賃貸物件をピックアップしています。あなたにぴったりのお部
屋を見つけてください。</p>
～～～～～～～～～～～～～～～～～～～～～～～～～～～～
<tr>
<th>更新料</th>
<td>1か月分</td>
</tr>
<tr>
<th>情報更新日</th>
<td><time datetime="2024-04-01">2024年4月1日</time></td>
</tr>
</table>
</section>
</div>
<aside>
<h1>今月のおすすめ物件</h1>
```

※次の操作のために、上書き保存しておきましょう。

③タスクバーの をクリックして、**「bukken01.html」**のGoogle Chromeに切り替えます。

④ （このページを再読み込みします）をクリックします。

⑤編集結果が表示されます。

3 見出しの配置の設定

物件記事の見出し1の上端とサイドメニューの上端の位置をそろえます。CSSファイル**「mystyle.css」**を編集し、サブページの見出し1に設定されているクラス**「sub-h1」**に次のようなスタイルを設定しましょう。

スタイル	値
マージン（上下左右）	0

①タスクバーの をクリックして、**「mystyle.css」**のメモ帳に切り替えます。

②次のように入力します。

```
.header-in{
    width:960px;
    margin-left:auto;
    margin-right:auto;
}
.sub-h1{
    background:linear-gradient(to left,#ffffff,#dcdcdc);
    padding-top:5px;
    padding-left:10px;
    border-left:15px solid #003366;
    margin:0;
}
.point-list{
    list-style-image:url(../image/list.gif);
    font-weight:bold;
    margin-left:30px;
}
```

※次の操作のために、上書き保存しておきましょう。

③タスクバーの をクリックして、Google Chromeに切り替えます。

④ （このページを再読み込みします）をクリックします。

⑤編集結果が表示されます。

※クラス「sub-h1」を使用しているトップページ以外の見出しにもスタイルが適用されます。

Let's Try ためしてみよう

次のように、Webページを編集しましょう。
HTMLファイル「bukken02.html」「bukken03.html」「bukken04.html」「bukken05.html」の各物件記事をグループ化し、クラス「bukken-kiji」を設定しましょう。

●bukken02.html

●bukken03.html

●bukken04.html

●bukken05.html

次のように、HTMLファイル「bukken02.html」「bukken03.html」「bukken04.html」「bukken05.html」を編集します。

●bukken02.htmlからbukken05.html

```
<article class="page">
<ol>
<li><a href="index.html">トップ</a>  &gt;</li>
<li>おすすめ物件</li>
</ol>
<div class="bukken-kiji">
<h1 class="sub-h1">おすすめ物件</h1>
<p>今月のおすすめ賃貸物件です。人気の賃貸物件をピックアップしています。あなたにぴったりのお部屋を見つけてください。</p>

</tr>
</table>
</section>
</div>
<aside>
```

※HTMLファイル「bukken02.html」「bukken03.html」「bukken04.html」「bukken05.html」を上書き保存して、ブラウザーで結果を確認しておきましょう。

1 サイドメニューの配置の解除

ウィンドウ幅が959px以下の場合は、サイドメニューが右に配置されないように、floatプロパティの設定を解除しましょう。
また、物件記事に設定したクラス「**bukken-kiji**」の幅を100%にします。

●パソコンでの表示（ウィンドウ幅が小さい場合）

築年月	2010年3月
向き	南東
階/階建	4階/8階建
家賃	16万5千円
管理費	1万2千円
面積	51.54平方メートル
設備	オートロック、TVモニター付インターホン、浴室乾燥、エアコン、ベランダ、エレベーター、宅配ボックス、CATV、BS・CSアンテナ、インターネット対応
敷金/礼金	2か月分/1か月分
更新料	1か月分
情報更新日	2024年4月1日

管理番号：2024001の物件概要

今月のおすすめ物件

花火が見える
スカーレットタワー青島

オール電化
サイレンス中原

ペット相談可
タキオン南幸町

眺望良好10階以上
クエストKOSUGI

駅近徒歩5分以内
ドゥラメンテ元住吉

川崎市のお部屋探しは「ひいらぎ不動産」におまかせください
〒212-0014 神奈川県川崎市幸区大宮町1-5 JR川崎タワー
TEL 044-XXX-XXXX
© 2024 Hiiragi Real Estate. All Rights Reserved.

●スマートフォンでの表示

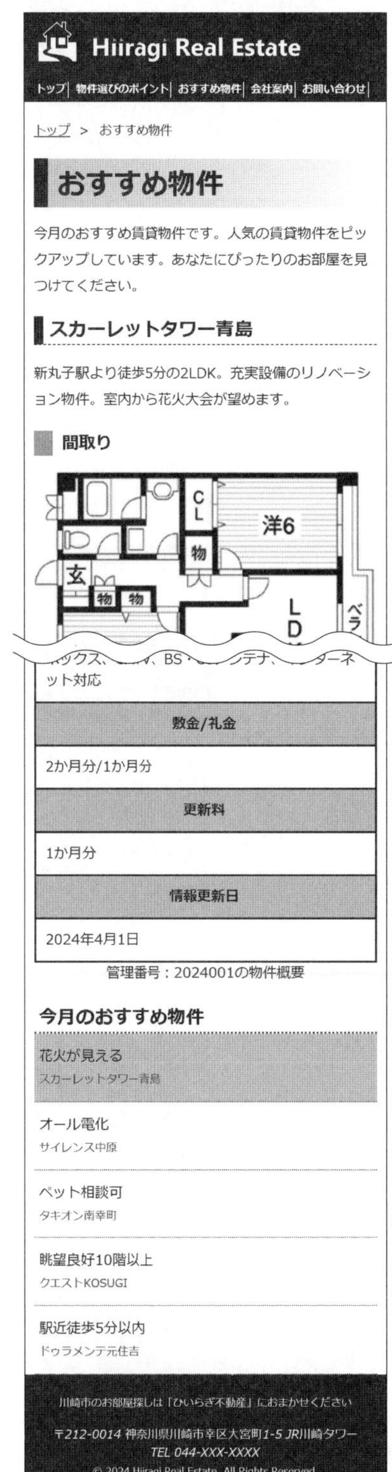

①タスクバーの[アイコン]をクリックして、**「mystyle.css」**に切り替えます。

②次のように入力します。

※メディアクエリ「@media (max-width：959px)」内に記述します。

```
/* 959px以下の場合 */
@media(max-width:959px){
header img{
    float:none;
}
～～～～～～～～～～
.header-in{
    width:auto;
}
.bukken-kiji{
    float:none;
    width:100%;
}
aside{
    float:none;
}
}

/* 600px以下の場合 */
```

※次の操作のために、上書き保存しておきましょう。

③タスクバーの[アイコン]をクリックして、**「bukken01.html」**のGoogle Chromeに切り替えます。

④ [アイコン] (このページを再読み込みします) をクリックします。

⑤編集結果が表示されます。

※ウィンドウ幅を小さくして、サイドメニューが右に配置されないことを確認しておきましょう。

※メモ帳の[×](タブを閉じる)をクリックして、すべてのファイルを閉じて終了しておきましょう。

※ブラウザーを終了しておきましょう。

第10章

動画やマップを挿入したWebページの作成

STEP 1 作成するWebページを確認する

1 作成するWebページの確認

この章では、次のようなWebページを作成します。

●bukken01.html

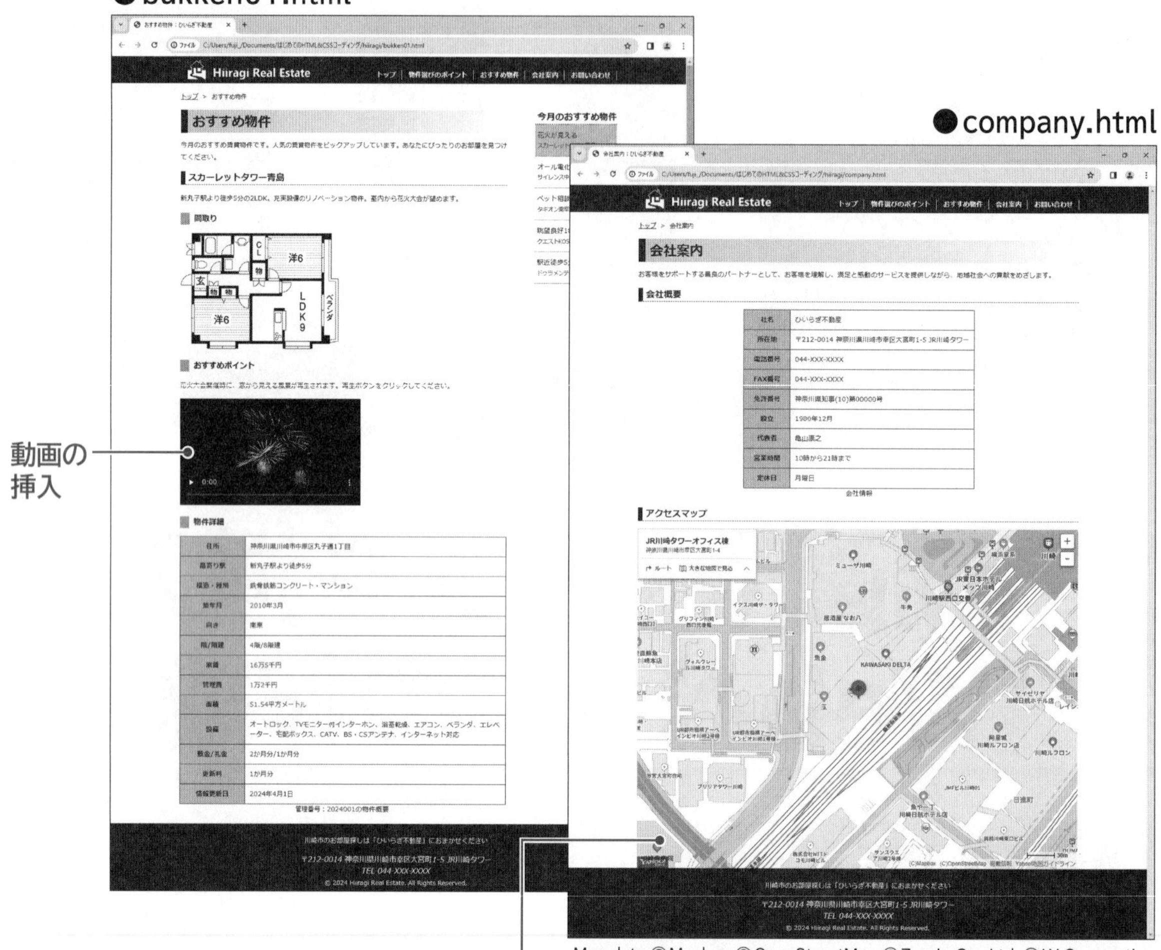

ここでは、Webページ**「おすすめ物件」**と**「会社案内」**を作成します。

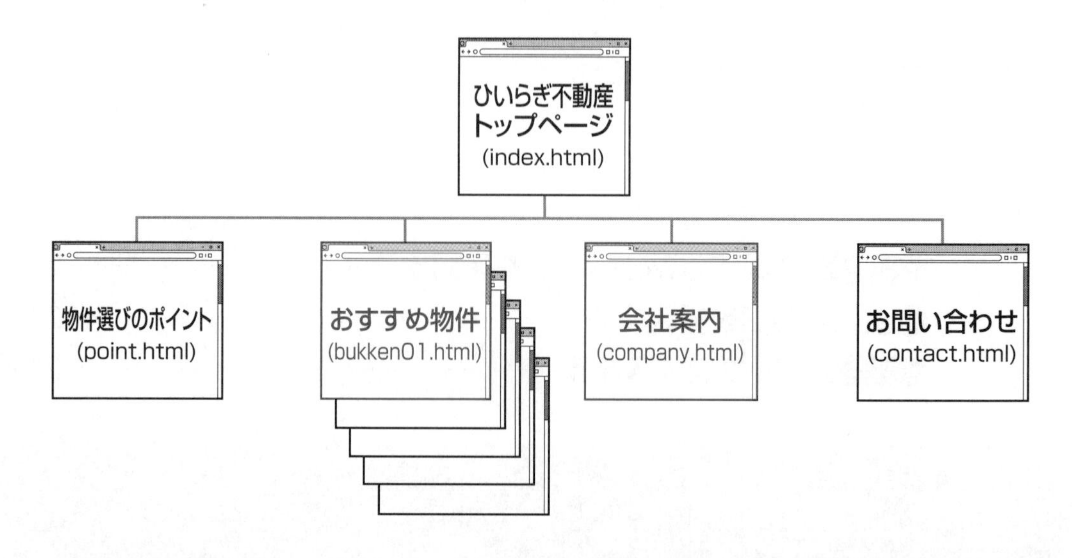

STEP 2 動画を挿入する

1 動画の挿入

Webページで伝えたい内容を文字や画像だけで表現しきれない場合は、動画の活用も検討しましょう。Webページ内に動画を挿入するには、**「video要素」**を使います。

■video要素

動画を挿入します。

```
<video src="動画ファイルのパス" poster="画像ファイルのパス" preload=
"自動読み込み" controls width="幅" height="高さ">内容</video>
```

内容には、動画ファイルに対応していないブラウザーのためのメッセージを記述します。

●src属性
動画ファイルのパスを設定します。
ファイルのパスには、URLなどを設定します。

●poster属性
動画が再生可能な状態になるまでの間、代わりに表示する画像ファイルのパスを設定します。
ファイルのパスには、URLなどを設定します。

●preload属性
動画を読み込むタイミングを設定します。
設定できるタイミングは、次のとおりです。

読み込み方法	説明
auto	Webページを表示した時点で動画を読み込む
none	Webページを表示した時点で動画を読み込まない
metadata	Webページを表示した時点で動画情報だけ先に読み込む

●controls属性
「controls」と記述すると、動画を再生したり停止したりするためのコントロールボタンを表示します。
controls属性に値はありません。

●width属性
動画を表示する幅を設定します。省略した場合は、動画ファイルのサイズで表示されます。
幅は、ピクセル単位の数値で設定します。

●height属性
動画を表示する高さを設定します。省略した場合は、動画ファイルのサイズで表示されます。
高さは、ピクセル単位の数値で設定します。

例：動画「sample.webm」を挿入する。幅は320px、高さは240pxとし、再生するためのコントロールボタンを表示する。Webページを表示した時点では動画は読み込まず、再生可能な状態になるまで画像「sample.jpg」を表示する。
ただし、video要素に対応していないブラウザーの場合は、段落「ご利用のブラウザーでは動画を再生することができません。」を表示する。

```
<video src="sample.webm" poster="sample.jpg" preload="none" controls width="320"
height="240"><p>ご利用のブラウザーでは動画を再生することができません。</p></video>
```

HTMLファイル「**bukken01.html**」を編集して、h3要素の「**おすすめポイント**」のp要素の下に、動画「**hanabi.webm**」を次のように挿入しましょう。動画が再生できない場合は、「**ご利用のブラウザーでは動画を再生することができません。**」と表示します。

※動画ファイルは、フォルダー「video」に保存されています。

属性	値
代替画像	hanabi.jpg
自動読み込み	しない
コントロール	表示
幅	400px
高さ	226px

※代替画像ファイルは、フォルダー「image」に保存されています。

OPEN

» HTMLファイル「bukken01.html」をメモ帳とブラウザーで開いておきましょう。

①タスクバーのをクリックして、「**bukken01.html**」に切り替えます。

②次のように入力します。

```
<section>
<h3>おすすめポイント</h3>
<p>花火大会開催時に、窓から見える風景が再生されます。再生ボタンをクリックしてください。</p>
<video src="video/hanabi.webm" poster="image/hanabi.jpg" preload="none" controls
width="400" height="226">
<p>ご利用のブラウザーでは動画を再生することができません。</p>
</video>
</section>
```

※次の操作のために、上書き保存しておきましょう。

③タスクバーのをクリックして、Google Chromeに切り替えます。

④ (このページを再読み込みします)をクリックします。

⑤編集結果が表示されます。

※表示されていない場合はスクロールして調整します。

⑥動画の再生ボタンをクリックします。

⑦動画が再生されます。

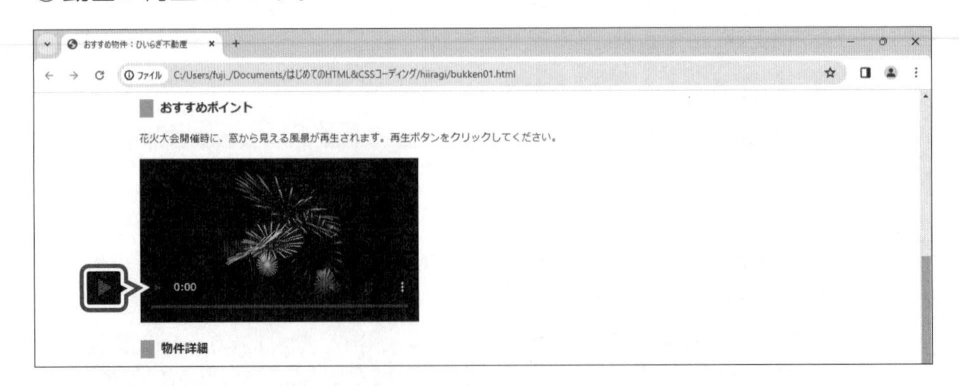
おすすめポイント
花火大会開催時に、窓から見える風景が再生されます。再生ボタンをクリックしてください。
0:00
物件詳細

POINT 動画を読み込むタイミング

video要素のpreload属性を「auto」にしたり省略したりすると、Webページを表示した時点で動画の読み込みが始まります。受信環境や動画ファイルのサイズによっては、Webページの表示速度が遅くなってしまいます。preload属性に「none」を設定して、動画を事前に読み込まないようにしておきましょう。

STEP UP 動画のコントロール

video要素にcontrols属性を記述すると、コントロールボタンが表示されます。ボタンを使って、ユーザーが動画を再生したり停止したりすることができます。各ボタンの名称と役割は、次のとおりです。

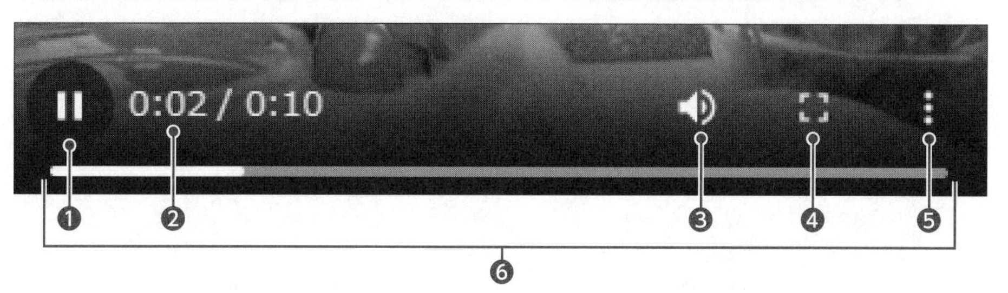

❶再生/一時停止
クリックすると、動画が再生されます。
再度クリックすると、動画が一時停止されます。

❷再生時間
現在の再生時間が表示されます。

❸音量
音量を調整できます。クリックすると、ミュート（消音）になります。
※音声が設定されていない動画では、使用できません。

❹全画面表示
動画を全画面で表示します。再度クリックすると、もとの大きさに戻すことができます。

❺その他のオプション
再生速度とピクチャーインピクチャーを設定できます。ピクチャーインピクチャーを使うと、ほかの操作をしながら、画面端の小さなウィンドウで動画を視聴することができます。

❻タイムライン
再生時間を表示します。任意の位置をクリックすると、再生を開始する位置を指定できます。

2 複数の動画ファイルの設定

動画ファイルの形式によって、対応できるブラウザーが異なります。
例えば、WebM形式の動画はGoogle ChromeやMicrosoft Edge、Firefoxでは再生できますが、iOS版のSafariでは再生できない場合があります。そのため、多くのブラウザーで再生できるMP4形式の動画ファイルも併せて記述しておくとよいでしょう。
複数の動画ファイルを用意する場合は、video要素内に**「source要素」**を使って動画ファイルを設定します。

■source要素

メタデータ

ヘディング

複数の動画ファイルを設定します。

```
<source src="動画ファイルのパス" type="ファイル形式">
```

内容が存在しない空要素です。終了タグは記述しません。

●src属性
動画ファイルのパスを設定します。
ファイルのパスには、URLなどを設定します。

●type属性
動画ファイルのファイル形式を設定します。
ファイル形式には、「video/mp4」（MP4形式）、「video/webm」（WebM形式）などを設定します。

例：動画「sample.webm」を挿入する。動画「sample.webm」が再生できない場合、動画「sample.mp4」を読み込む。

```
<video width="320" height="240">
<source src="sample.webm" type="video/webm">
<source src="sample.mp4" type="video/mp4">
</video>
```

HTMLファイル**「bukken01.html」**を編集して、動画**「hanabi.webm」**が再生できない場合、動画**「hanabi.mp4」**が読み込まれるように設定しましょう。
※動画ファイルは、フォルダー「video」に保存されています。

①タスクバーの をクリックして、**「bukken01.html」**に切り替えます。
②次のように編集します。
※video要素から「src="video/hanabi.webm"」を削除し、source要素に記述します。

```
<section>
<h3>おすすめポイント</h3>
<p>花火大会開催時に、窓から見える風景が再生されます。再生ボタンをクリックしてください。</p>
<video poster="image/hanabi.jpg" preload="none" controls width="400" height="226">
<source src="video/hanabi.webm" type="video/webm">
<source src="video/hanabi.mp4" type="video/mp4">
<p>ご利用のブラウザーでは動画を再生することができません。</p>
</video>
</section>
<section>
<h3>物件詳細</h3>
```

※次の操作のために、上書き保存しておきましょう。
③タスクバーの をクリックして、Google Chromeに切り替えます。
④ (このページを再読み込みします)をクリックします。
⑤編集結果が表示されます。
※表示されていない場合はスクロールして調整します。
※ブラウザー上での表示に変化はありません。
⑥動画の再生ボタンをクリックします。
⑦動画が再生されます。

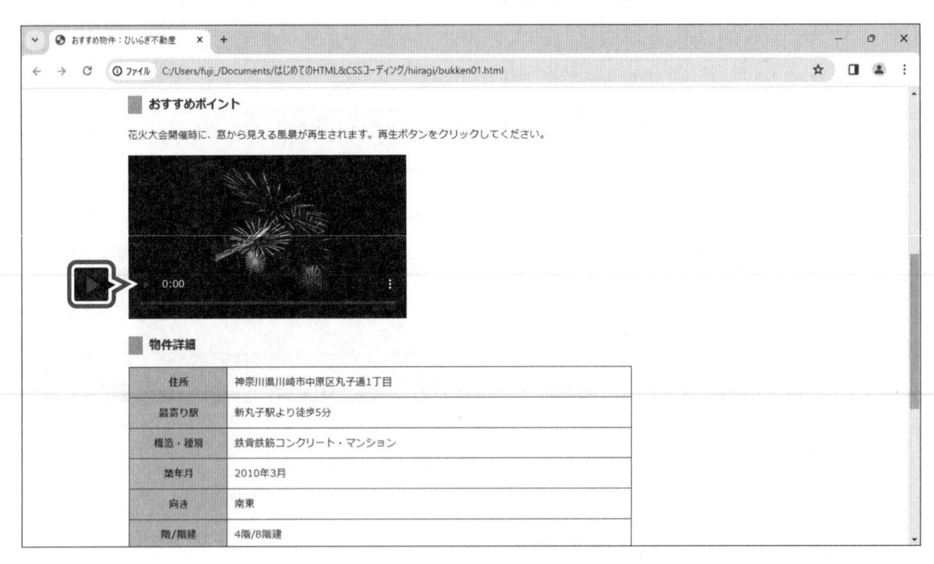

Let's Try ためしてみよう

動画はvideo要素に設定した幅・高さで表示されます。ただし、スマートフォンなど画面サイズが小さい場合、動画全体が画面におさまらない場合があります。
CSSファイル「mystyle.css」を編集して、ウィンドウ幅が600px以下の場合に、video要素がウィンドウ幅に合わせて調整されるように設定しましょう。また、動画の幅に合わせて、高さが自動的に調整されるように設定しましょう。

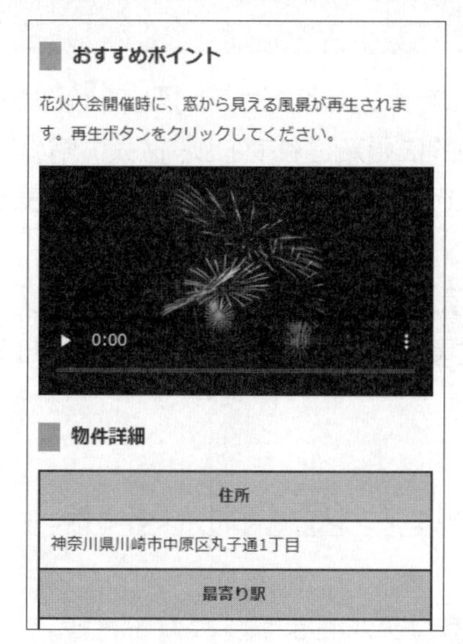

CSSファイル「mystyle.css」をメモ帳で開いておきましょう。
次のように、CSSファイル「mystyle.css」を編集します。

●mystyle.css

```
/* 600px以下の場合 */
@media(max-width:600px){
nav li{
    font-size:75%;
    padding-left:2px;
    padding-right:2px;
}
footer{
    font-size:75%;
}
.catch{
    top:5px;
    left:10px;
}
.point-img{
    float:none;
}
th,td{
    display:block;
    width:auto;
}
video{
    max-width:100%;
    height:auto;
}
}

/* プリント出力 */
```

※CSSファイル「mystyle.css」を上書き保存しておきましょう。
※HTMLファイル「bukken01.html」をWWWサーバーに転送し、スマートフォンやタブレットで表示を確認しておきましょう。
※メモ帳の × (タブを閉じる)をクリックして、すべてのファイルを閉じて終了しておきましょう。
※ブラウザーを終了しておきましょう。

STEP 3 マップを挿入する

1 マップの挿入

インターネット上には、施設名や住所などを入力するだけで、探している場所の地図を表示できるサービスがあります。地図は定期的に更新されており、拡大・縮小したり、経路を確認したりすることもできるので大変便利です。Webページの中で地図を表示する場合に、このようなマップを利用できます。
ここでは、**「Yahoo!マップ」**を使って、表示する部分を指定してマップを挿入しましょう。
HTMLファイル**「company.html」**を編集して、h2要素の**「アクセスマップ」**の下に、マップを挿入します。

» HTMLファイル「company.html」をメモ帳とブラウザーで開いておきましょう。

①Google Chromeの＋（新しいタブ）をクリックします。
②URLに**「https://map.yahoo.co.jp/」**を入力し、Enterを押します。
※アドレスを入力するとき、間違いがないか確認してください。
③Yahoo!マップが表示されます。
④**《キーワードを入力》**に**「神奈川県川崎市幸区大宮町1-5 JR川崎タワーオフィス棟」**と入力します。
⑤**《検索》**をクリックします。
⑥施設の候補と地図が表示されます。
⑦検索結果にある**「JR川崎タワーオフィス棟」**をクリックします。

Map data ©Mapbox ©OpenStreetMap ©Zenrin Co., Ltd. ©LY Corporation

⑧《**共有**》をクリックします。

Map data ©Mapbox ©OpenStreetMap ©Zenrin Co., Ltd. ©LY Corporation

⑨《**地図の埋め込み**》の《**サイズ選択**》の《**4：3（640×480ピクセル）**》を◉にします。

⑩《**選択した比率で埋め込み先の幅に合わせる**》を☑にします。

⑪《**コピー**》をクリックします。

※表示されていない場合は、スクロールして調整します。

Map data ©Mapbox ©OpenStreetMap ©Zenrin Co., Ltd. ©LY Corporation

⑫地図を埋め込むためのコードがコピーされます。

⑬タスクバーの[アイコン]をクリックして、「**company.html**」に切り替えます。

⑭見出し2「**アクセスマップ**」の下に⑫でコピーしたコードを貼り付けます。

```
<section>
<h2>アクセスマップ</h2>
<script type="text/javascript" src="https://map.yahoo.co.jp/embedmap/V3/?lon=139.69
367&lat=35.52995&zoom=17&cond=action:place;maptype:basic;gid:Oi85M1SN2bc&widt
h=100%25&padding=75%25"></script>
</section>
</article>
<footer>
<p>川崎市のお部屋探しは「ひいらぎ不動産」におまかせください</p>
```

※次の操作のために、上書き保存しておきましょう。

⑮タスクバーの[アイコン]をクリックして、**「company.html」**のGoogle Chromeに切り替えます。

⑯ [アイコン]（このページを再読み込みします）をクリックします。

編集結果が表示されます。

※スクロールして挿入されたマップを確認しておきましょう。

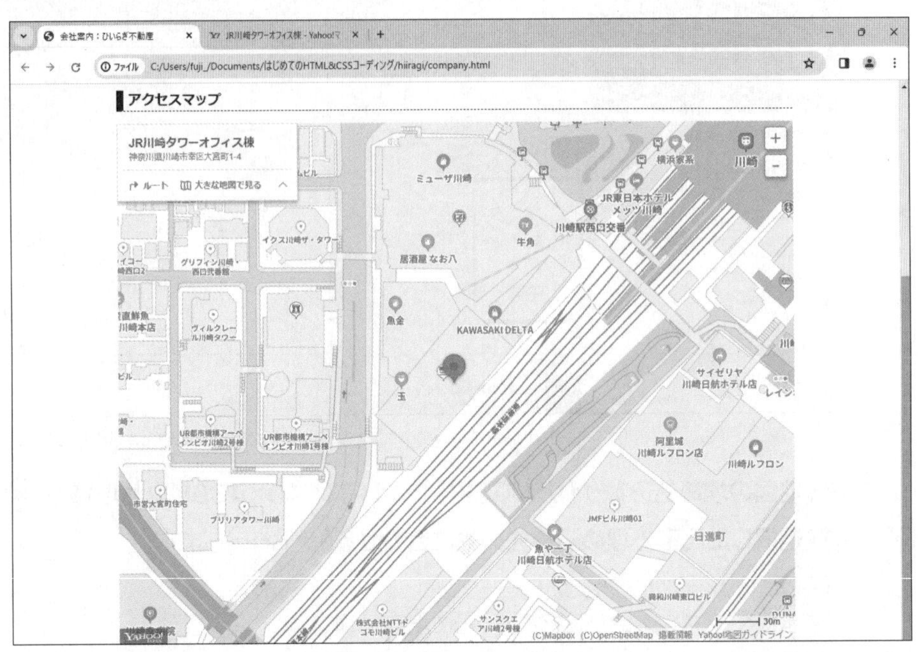

Map data ©Mapbox ©OpenStreetMap ©Zenrin Co., Ltd. ©LY Corporation

※メモ帳の[×]（タブを閉じる）をクリックして、ファイルを閉じて終了しておきましょう。

※ブラウザーを終了しておきましょう。

POINT　地図の埋め込み

Yahoo!マップでは、「選択した比率で埋め込み先の幅に合わせる」をオンにすると、比率を保ったまま、埋め込み先の横幅に合わせて地図が埋め込まれます。そのため、ディスプレイやウィンドウの幅が小さい場合でも、横にスクロールせずに表示することができます。

STEP UP　その他のコンテンツ埋め込み機能の活用

地図サービス以外にも、様々なWebサービスで埋め込み機能が提供されています。例えば、動画投稿サイトの投稿動画を埋め込んだり、SNSの投稿コメントを埋め込んだりすることができます。

他者の著作物を無断で自分のWebサイトに掲載することはできません。しかし、各Webサービスが提供する埋め込み機能を使った掲載は、利用規約で許諾されていることが多いため、大変便利に活用できます。各Webサービスの利用規約を確認してから利用するようにしましょう。

第11章

フォームを利用したWebページの作成

STEP 1 作成するWebページを確認する

1 作成するWebページの確認

この章では、次のようなWebページを作成します。

●contact.html

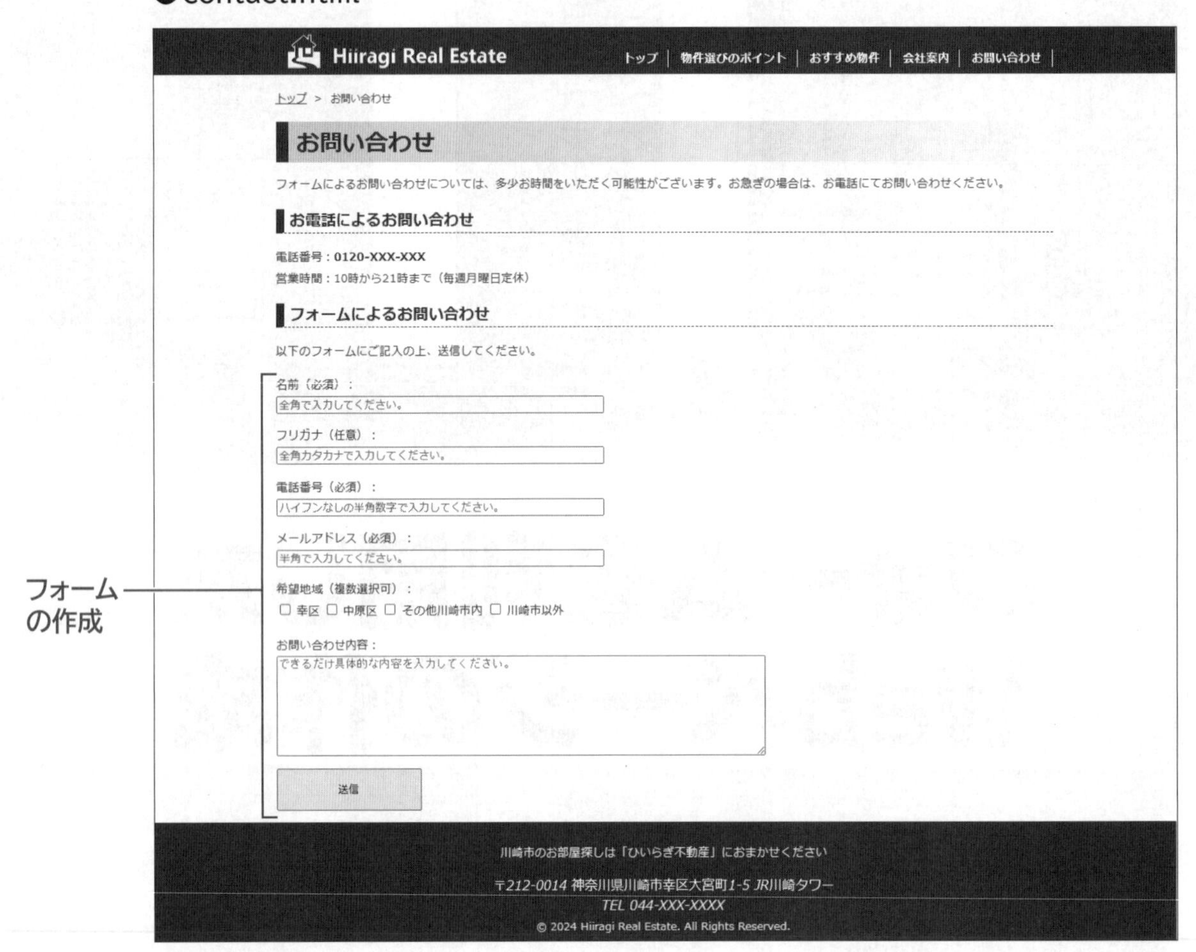

ここでは、Webページ**「お問い合わせ」**を作成します。

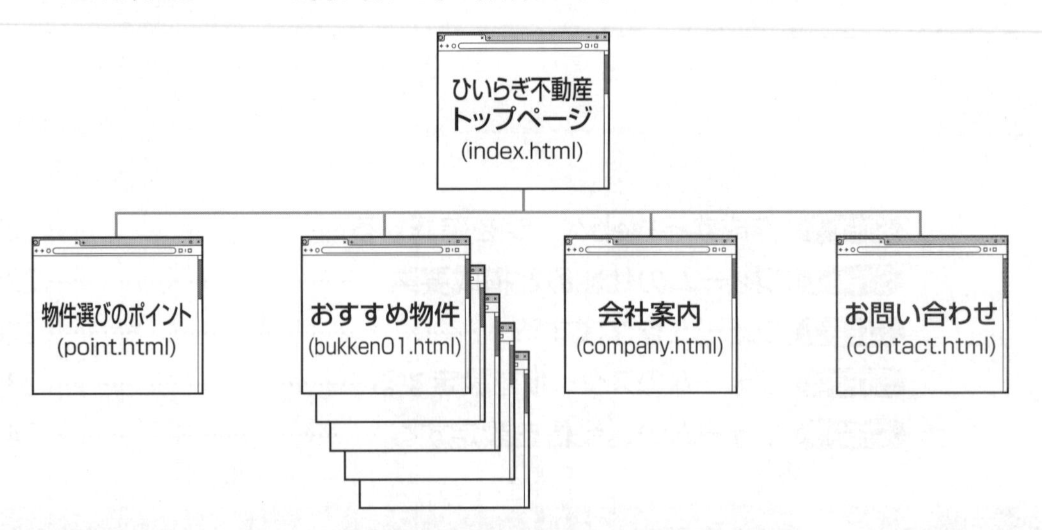

2 作成済みファイルの確認

本書では、HTMLファイル「**contact.html**」は途中まで作成済みです。

» HTMLファイル「contact.html」をブラウザーとメモ帳で表示して内容を確認しましょう。

●Webページ

●HTMLファイル

```
<!DOCTYPE html>
<html lang="ja">
<head>
<meta charset="UTF-8">
<title>お問い合わせ：ひいらぎ不動産</title>
<link rel="stylesheet" href="css/mystyle.css">
<meta name="description" content="ひいらぎ不動産のお問い合わせ先です。">
<meta name="viewport" content="width=device-width">
</head>
<body>
<header>
<div class="header-in">
<a href="index.html" id="pagetop"><img src="image/logo.png" width="300" height="56" alt="Hiiragi Real Estate"></a>
<nav>
<ul>
<li><a href="index.html">トップ</a></li>
<li><a href="point.html">物件選びのポイント</a></li>
<li><a href="bukken01.html">おすすめ物件</a></li>
<li><a href="company.html">会社案内</a></li>
<li>お問い合わせ</li>
</ul>
</nav>
</div>
</header>
<article class="page">
<ol>
<li><a href="index.html">トップ</a>  &gt;</li>
<li>お問い合わせ</li>
</ol>
<h1 class="sub-h1">お問い合わせ</h1>
<p>フォームによるお問い合わせについては、多少お時間をいただく可能性がございます。お急ぎの場合は、お電話にてお問い合わせください。</p>
<section>
<h2>お電話によるお問い合わせ</h2>
<ul>
<li>電話番号：<strong>0120-XXX-XXX</strong></li>
<li>営業時間：10時から21時まで（毎週月曜日定休）</li>
</ul>
</section>
<section>
<h2>フォームによるお問い合わせ</h2>
<p>以下のフォームにご記入の上、送信してください。</p>
</section>
</article>
<footer>
<p>川崎市のお部屋探しは「ひいらぎ不動産」におまかせください</p>
<address>〒212-0014 神奈川県川崎市幸区大宮町1-5 JR川崎タワー<br>
TEL 044-XXX-XXXX</address>
<small>&copy; 2024 Hiiragi Real Estate. All Rights Reserved.</small>
</footer>
</body>
</html>
```

ヘッダー
メイン記事
サブ記事
サブ記事
フッター

STEP 2 フォームの仕組みと構成要素

1 フォームの仕組み

「フォーム」とは、アンケートやオンラインショップなどで、ユーザーが情報を入力するための画面のことです。
フォームに入力された内容を送信するためには、WWWサーバー上の**「CGI」**というプログラムを利用するのが一般的です。
そのため、Webサイト内にフォームを作成する場合は、アップロード先のWWWサーバーのCGIを利用できるかを確認します。WWWサーバーのCGIが利用できない場合は、**「フォームデコードサービス」**の利用を検討するとよいでしょう。
※フォームデコードサービスについては、P.242を参照してください。

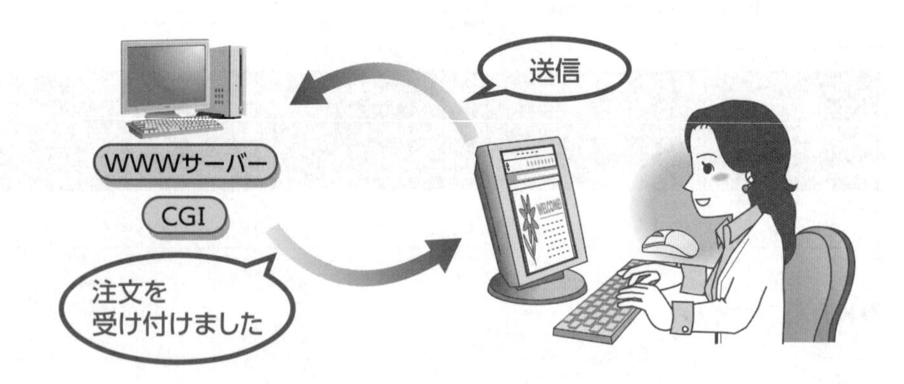

2 フォームを構成する要素

フォームは次のような部品で構成されています。

フォームによるお問い合わせ

以下のフォームにご記入の上、送信してください。

❶ 名前（必須）：
❷ 富士太郎

メールアドレス（必須）：
半角で入力してください。

本サイトを何でお知りになりましたか？（複数選択可）：
❸ □ 雑誌 □ SNS □ Webサイト □ TV・ラジオ □ 友人に勧められて

お問い合わせ内容：
❹ ○ ご購入について ○ お支払方法について ○ 返品・交換について ○ その他

詳細：
❺ できるだけ具体的な内容を入力してください。

❻ 送信

❶ラベル
各入力部品の表示名です。

❷テキスト入力フィールド
文字列を入力するための部品です。

❸チェックボックス
複数の選択肢から1つまたは複数の項目を選択するための部品です。

❹ラジオボタン
複数の選択肢から1つの項目を選択するための部品です。

❺複数行テキスト入力フィールド
複数行の文字列を入力するための部品です。

❻コマンドボタン
コマンドを実行するためのボタンです。

STEP 3 フォームを作成する

1 フォームの作成

フォームを作成する場合は、**「form要素」**を記述します。form要素の中に、ラベルや入力フィールドなどを記述します。

■form要素

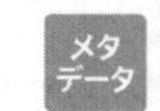
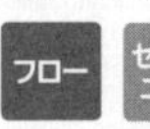

フォームを表します。

```
<form>内容</form>
```

コンテンツモデルはフローコンテンツです。
内容には、フォームの部品となるテキスト入力フィールドやコマンドボタンなどのフローコンテンツを含むことができます。

HTMLファイル**「contact.html」**を編集して、段落**「以下のフォームにご記入の上、送信してください。」**の下にフォームを作成しましょう。

①タスクバーの をクリックして、**「contact.html」**に切り替えます。
②次のように入力します。

```
<article class="page">
<ol>
<li><a href="index.html">トップ</a>  &gt;</li>
<li>お問い合わせ</li>
</ol>
<h1 class="sub-h1">お問い合わせ</h1>
<p>フォームによるお問い合わせについては、多少お時間をいただく可能性がございます。お急ぎの場合は、お電話にてお問い合わせください。</p>
<section>
<h2>お電話によるお問い合わせ</h2>
<ul>
<li>電話番号：<strong>0120-XXX-XXX</strong></li>
<li>営業時間：10時から21時まで（毎週月曜日定休）</li>
</ul>
</section>
<section>
<h2>フォームによるお問い合わせ</h2>
<p>以下のフォームにご記入の上、送信してください。</p>
<form>
</form>
</section>
</article>
```

※次の操作のために、上書き保存しておきましょう。
※ブラウザー上での表示に変化はありません。

2 ラベルの作成

ラベルを作成する場合は、**「label要素」**を記述します。

■ label要素

ラベルを表します。

```
<label for="識別子">内容</label>
```

コンテンツモデルはフレージングコンテンツです。
内容には、ラベル名や入力フィールドなどのフレージングコンテンツ（ただし、label要素を除く）を含むことができます。

●for属性
要素を識別するための名前を指定します。ラベルと入力フィールドを関連付けるため、input要素のid属性と同じ値にします。

HTMLファイル**「contact.html」**を編集して、form要素の中に、**「名前（必須）：」「フリガナ（任意）：」「電話番号（必須）：」「メールアドレス（必須）：」「希望地域（複数選択可）：」「お問い合わせ内容：」**のラベルを作成しましょう。それぞれの入力欄は、1つの段落として記述します。

ラベル	識別子
名前（必須）：	username
フリガナ（任意）：	userfurigana
電話番号（必須）：	usertel
メールアドレス（必須）：	usermail
希望地域（複数選択可）：	
お問い合わせ内容：	usercomment

※「希望地域（複数選択可）」の選択肢のラベル、識別子は、チェックボックス作成時に設定します。

フォームによるお問い合わせ

以下のフォームにご記入の上、送信してください。

名前（必須）：

フリガナ（任意）：

電話番号（必須）：

メールアドレス（必須）：

希望地域（複数選択可）：

お問い合わせ内容：

①「**contact.html**」がメモ帳で表示されていることを確認します。

②次のように入力します。

```
<p>以下のフォームにご記入の上、送信してください。</p>
<form>
<p>
<label for="username">名前（必須）：
</label>
</p>
<p>
<label for="userfurigana">フリガナ（任意）：
</label>
</p>
<p>
<label for="usertel">電話番号（必須）：
</label>
</p>
<p>
<label for="usermail">メールアドレス（必須）：
</label>
</p>
<p>
希望地域（複数選択可）：
</p>
<p>
<label for="usercomment">お問い合わせ内容：
</label>
</p>
</form>
```

※次の操作のために、上書き保存しておきましょう。

③タスクバーの をクリックして、Google Chromeに切り替えます。

④ （このページを再読み込みします）をクリックします。

⑤編集結果が表示されます。

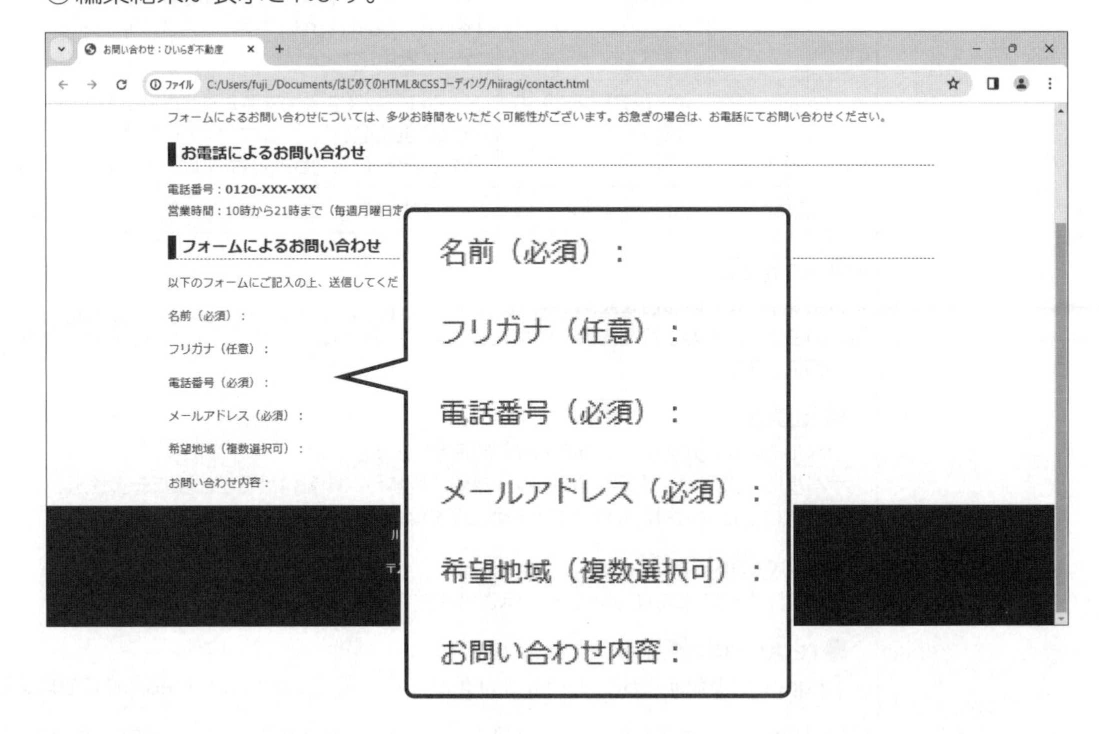

3　入力フィールドの作成

入力フィールドを作成する場合は、**「input要素」**を記述します。

■input要素

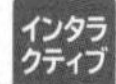

フォームの入力フィールドを表します。

```
<input type="種類" name="名前" id="識別子" placeholder="文字列"
required>
```

内容が存在しない空要素です。終了タグは記述しません。

●type属性

入力フィールドの種類を設定します。
設定できる種類は、次のとおりです。

種類	入力フィールド	説明
text	テキスト入力フィールド	文字列を入力するためのテキストボックス
password	パスワード入力フィールド	入力した文字列を「●」で隠して表示するテキストボックス
checkbox	チェックボックス	複数の選択肢から1つまたは複数の項目を選択するためのチェックボックス
radio	ラジオボタン	複数の選択肢から1つの項目を選択するためのラジオボタン
submit	送信ボタン	フォームの内容を送信するボタン
reset	リセットボタン	フォームに入力されている内容を消去するボタン
tel	電話番号入力フィールド	電話番号を入力するためのテキストボックス スマートフォンやタブレットでは入力時にテンキーが表示される
url	URL入力フィールド	WebページのURLを入力するためのテキストボックス 「http:」や「https:」で始まる文字列以外を入力した場合はエラーが表示される
email	メールアドレス入力フィールド	メールアドレスを入力するためのテキストボックス 「@」を含まない場合、または「¥」や「?」などメールアドレスに使えない記号を入力した場合はエラーが表示される
hidden	隠しフィールド	ブラウザーに表示されないデータ

●name属性

入力フィールドの名前を設定します。
この名前は、入力された内容と一緒にWWWサーバーに送信されるので、何のデータかがわかるような名前にします。

●id属性

ラベル（要素を識別するための名前）を設定します。
ラベルには文字列を設定し、Webページ内で同じラベルを付けることはできません。
関連付けるlabel要素のfor属性と一致している必要があります。

●placeholder属性

テキストボックスに初期値として表示させる文字列を設定します。

●required属性

「required」と記述すると、必須の入力フィールドに設定します。required属性に値はありません。

例：「pass」という名前のパスワード入力フィールドを作成する。フィールド内には「半角英数字8文字で入力」と表示し、入力を必須とする。
<input type="password" name="pass" placeholder="半角英数字8文字で入力" required>

1 テキスト入力フィールドの作成

HTMLファイル**「contact.html」**を編集して、次のようなテキスト入力フィールドを作成しましょう。label要素のfor属性、input要素のid属性には同じ値を設定します。

ラベル	名前	識別子	表示する文字列	必須・任意
名前（必須）：	username	username	全角で入力してください。	必須
フリガナ（任意）：	userfurigana	userfurigana	全角カタカナで入力してください。	任意

①タスクバーの をクリックして、**「contact.html」**に切り替えます。
②次のように入力します。

```
<form>
<p>
<label for="username">名前（必須）：
<input type="text" name="username" id="username" placeholder="全角で入力してください。" required>
</label>
</p>
<p>
<label for="userfurigana">フリガナ（任意）：
<input type="text" name="userfurigana" id="userfurigana" placeholder="全角カタカナで入力してください。">
</label>
</p>
<p>
<label for="usertel">電話番号（必須）：
</label>
</p>
```

※次の操作のために、上書き保存しておきましょう。
③タスクバーの をクリックして、Google Chromeに切り替えます。
④ （このページを再読み込みします）をクリックします。
⑤編集結果が表示されます。

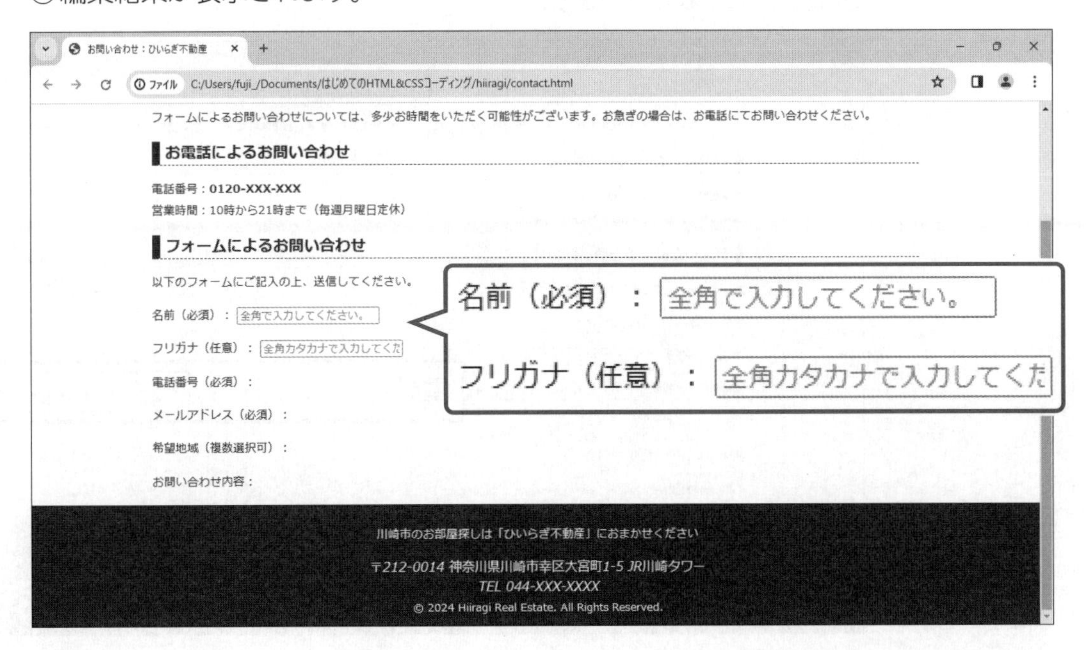

2 電話番号入力フィールドの作成

HTMLファイル**「contact.html」**を編集して、次のような電話番号入力フィールドを作成しましょう。

ラベル	名前	識別子	表示する文字列	必須・任意
電話番号（必須）	usertel	usertel	ハイフンなしの半角数字で入力してください。	必須

①タスクバーの をクリックして、**「contact.html」**に切り替えます。

②次のように入力します。

```
<form>
<p>
<label for="username">名前（必須）：
<input type="text" name="username" id="username" placeholder="全角で入力してください。" required>
</label>
</p>
<p>
<label for="userfurigana">フリガナ（任意）：
<input type="text" name="userfurigana" id="userfurigana" placeholder="全角カタカナで入力してください。">
</label>
</p>
<p>
<label for="usertel">電話番号（必須）：
<input type="tel" name="usertel" id="usertel" placeholder="ハイフンなしの半角数字で入力してください。" required>
</label>
</p>
```

※次の操作のために、上書き保存しておきましょう。

③タスクバーの をクリックして、Google Chromeに切り替えます。

④ （このページを再読み込みします）をクリックします。

⑤編集結果が表示されます。

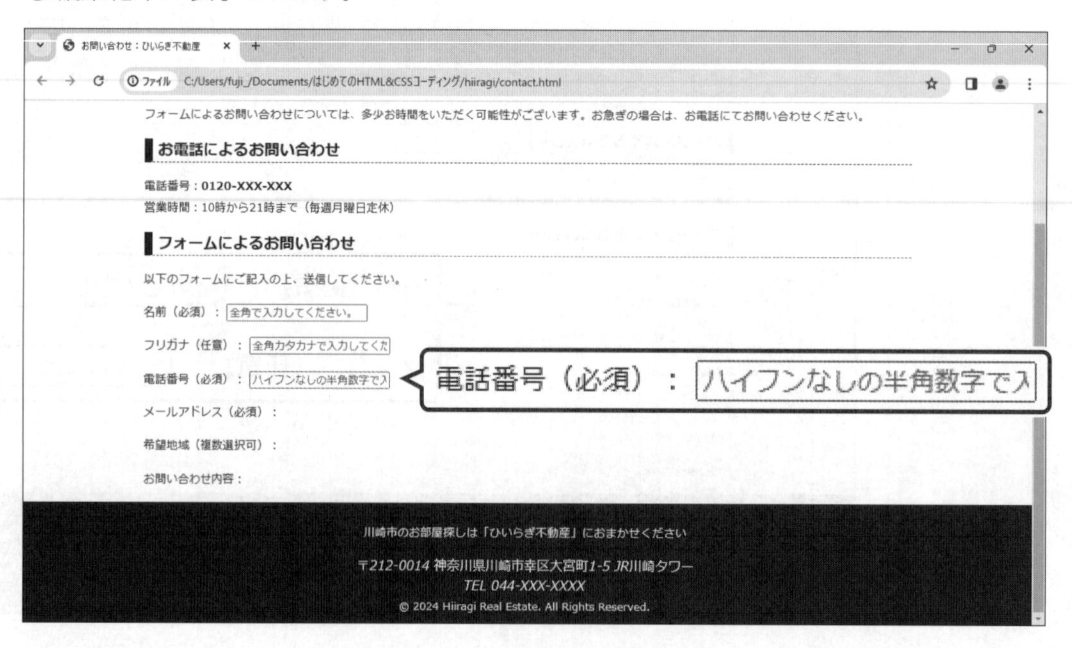

3 メールアドレス入力フィールドの作成

HTMLファイル**「contact.html」**を編集して、次のようなメールアドレス入力フィールドを作成しましょう。

ラベル	名前	識別子	表示する文字列	必須・任意
メールアドレス（必須）	usermail	usermail	半角で入力してください。	必須

①タスクバーの をクリックして、**「contact.html」**に切り替えます。
②次のように入力します。

```
<p>
<label for="usertel">電話番号（必須）：
<input type="tel" name="usertel" id="usertel" placeholder="ハイフンなしの半角数字で入力してください。" required>
</label>
</p>
<p>
<label for="usermail">メールアドレス（必須）：
<input type="email" name="usermail" id="usermail" placeholder="半角で入力してください。" required>
</label>
</p>
```

※次の操作のために、上書き保存しておきましょう。
③タスクバーの をクリックして、Google Chromeに切り替えます。
④ （このページを再読み込みします）をクリックします。
⑤編集結果が表示されます。

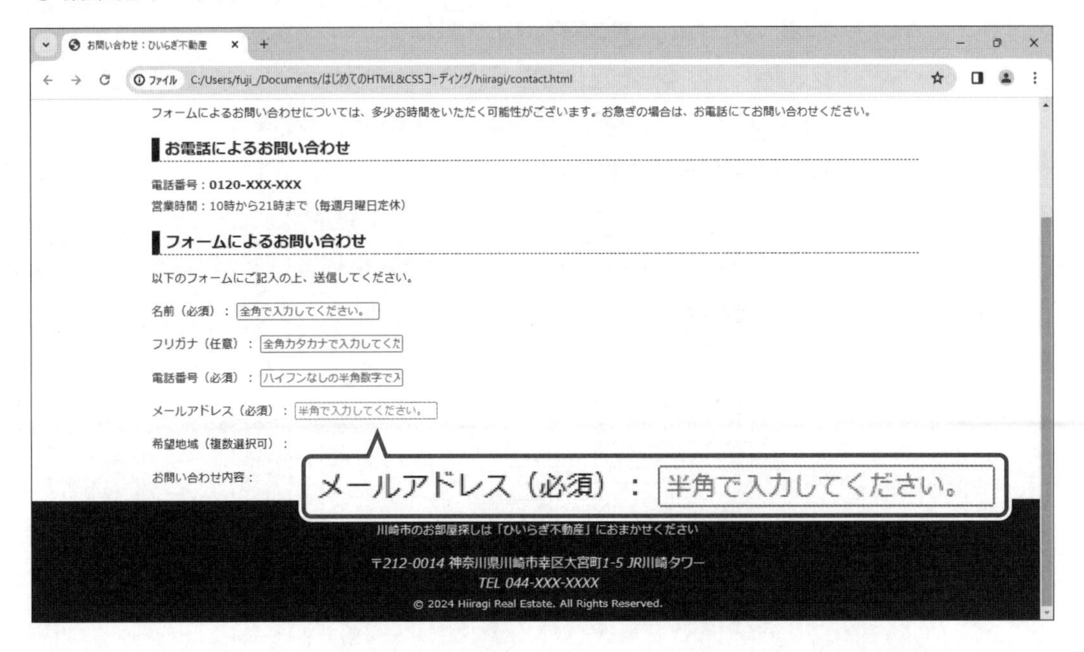

4 チェックボックスの作成

HTMLファイル**「contact.html」**を編集して、次のようなチェックボックスを作成しましょう。value属性には、表示する文字列と同じ値を設定します。見栄えを整えるために、ラベルのうしろで改行しておきます。

ラベル	名前	識別子	表示する文字列	必須・任意
希望地域（複数選択可）：	userchiiki	saiwai	幸区	任意
	userchiiki	nakahara	中原区	任意
	userchiiki	shinai	その他川崎市内	任意
	userchiiki	shigai	川崎市以外	任意

①タスクバーの をクリックして、**「contact.html」**に切り替えます。
②次のように入力します。

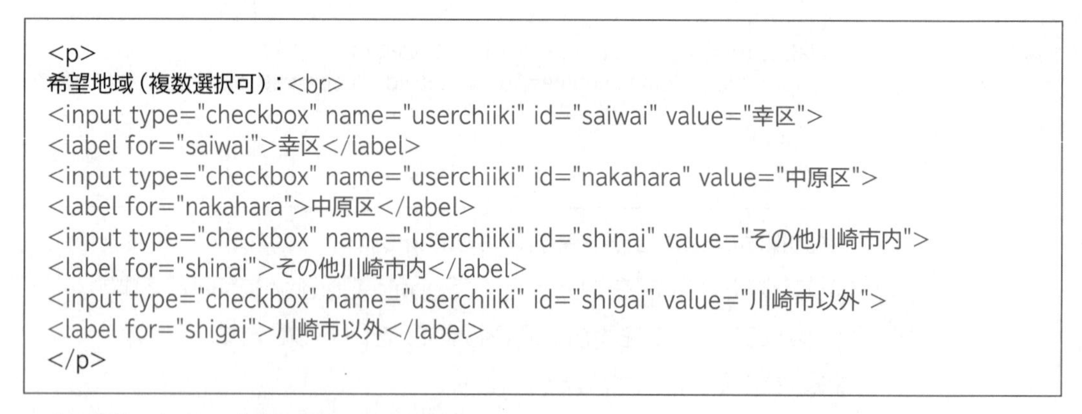

```
<p>
希望地域（複数選択可）：<br>
<input type="checkbox" name="userchiiki" id="saiwai" value="幸区">
<label for="saiwai">幸区</label>
<input type="checkbox" name="userchiiki" id="nakahara" value="中原区">
<label for="nakahara">中原区</label>
<input type="checkbox" name="userchiiki" id="shinai" value="その他川崎市内">
<label for="shinai">その他川崎市内</label>
<input type="checkbox" name="userchiiki" id="shigai" value="川崎市以外">
<label for="shigai">川崎市以外</label>
</p>
```

※次の操作のために、上書き保存しておきましょう。
③タスクバーの をクリックして、Google Chromeに切り替えます。
④ （このページを再読み込みします）をクリックします。
⑤編集結果が表示されます。

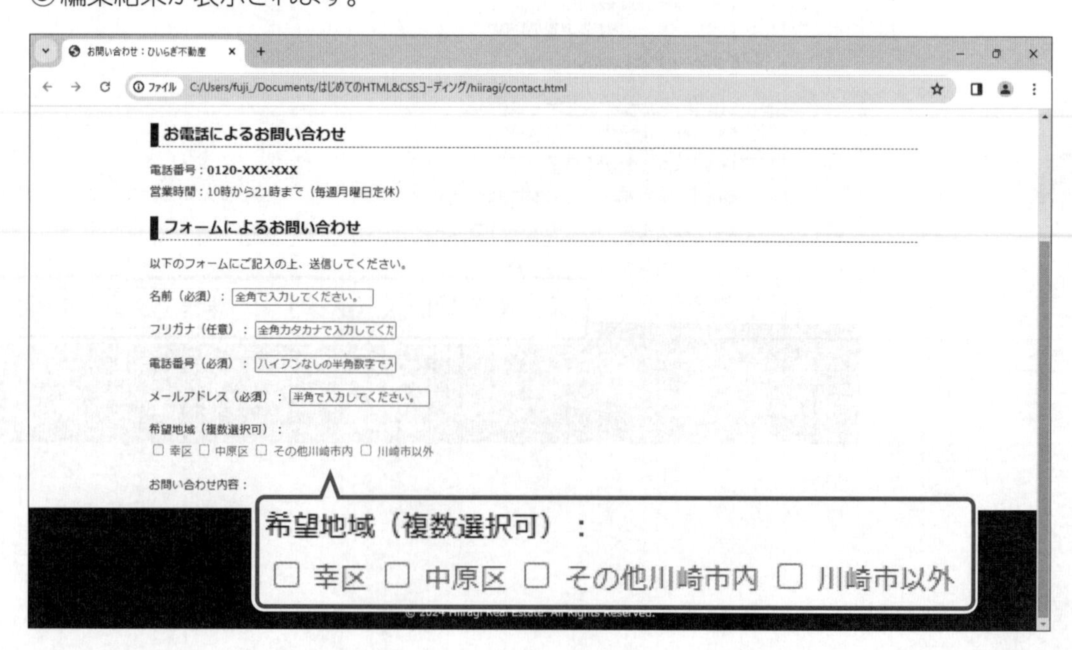

5 複数行テキスト入力フィールドの作成

複数行テキスト入力フィールドを作成する場合は、**「textarea要素」**を記述します。

■textarea要素

複数行テキスト入力フィールドを表します。

```
<textarea name="名前" id="識別子" placeholder="文字列" required>
内容</textarea>
```

内容には、表示しておく文字列を記述することができます。

●name属性
入力フィールドの名前を設定します。
この名前は、入力された内容と一緒にWWWサーバーに送信されるので、何のデータかがわかるような名前にします。

●id属性
ラベル（要素を識別するための名前）を設定します。
ラベルには文字列を設定し、Webページ内で同じラベルを付けることはできません。
関連付けるlabel要素のfor属性と一致している必要があります。

●placeholder属性
テキストボックスに初期値として表示させる文字列を設定します。
内容に文字列が記述されている場合、placeholder属性で設定した値は表示されません。

●required属性
「required」と記述すると、必須の入力フィールドに設定します。required属性に値はありません。

HTMLファイル**「contact.html」**を編集して、次のような複数行テキスト入力フィールドを記述しましょう。

ラベル	名前	識別子	文字列	必須・任意
お問い合わせ内容：	usercomment	usercomment	できるだけ具体的な内容を入力してください。	任意

①タスクバーの［アイコン］をクリックして、**「contact.html」**に切り替えます。
②次のように入力します。

```
<p>
<label for="usercomment">お問い合わせ内容：
<textarea name="usercomment" id="usercomment" placeholder="できるだけ具体的な内容を
入力してください。"></textarea>
</label>
</p>
</form>
```

※次の操作のために、上書き保存しておきましょう。

1
2
3
4
5
6
7
8
9
10
11
総合問題
索引

③タスクバーの をクリックして、Google Chromeに切り替えます。

④ (このページを再読み込みします)をクリックします。

⑤編集結果が表示されます。

4 送信ボタンの作成

送信ボタンを作成する場合は、「**button要素**」を記述します。

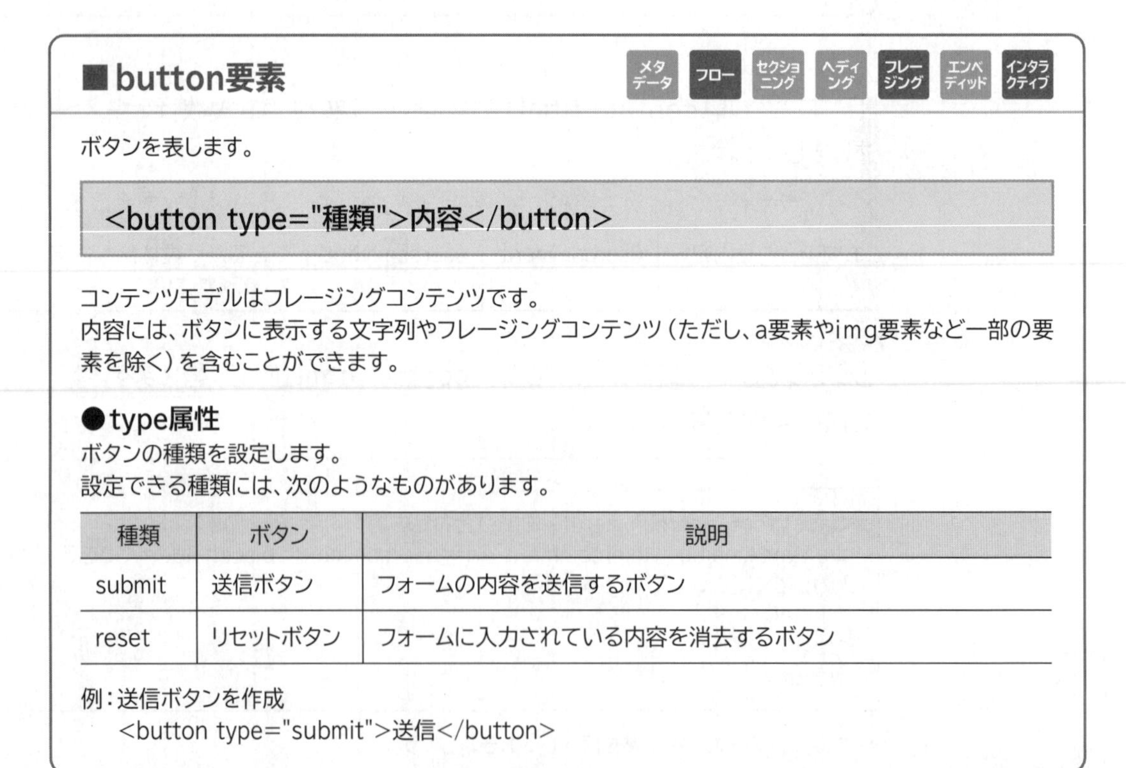

■button要素

メタデータ　フロー　セクショニング　ヘディング　フレージング　エンベディッド　インタラクティブ

ボタンを表します。

```
<button type="種類">内容</button>
```

コンテンツモデルはフレージングコンテンツです。
内容には、ボタンに表示する文字列やフレージングコンテンツ（ただし、a要素やimg要素など一部の要素を除く）を含むことができます。

●type属性

ボタンの種類を設定します。
設定できる種類には、次のようなものがあります。

種類	ボタン	説明
submit	送信ボタン	フォームの内容を送信するボタン
reset	リセットボタン	フォームに入力されている内容を消去するボタン

例：送信ボタンを作成

```
<button type="submit">送信</button>
```

HTMLファイル**「contact.html」**を編集して、複数行テキスト入力フィールドの下に、送信ボタンを作成しましょう。ボタンに表示する文字列は、**「送信」**とします。ボタンは1つの段落として記述します。

①タスクバーの をクリックして、**「contact.html」**に切り替えます。
②次のように入力します。

```
<p>
<label for="usercomment">お問い合わせ内容：
<textarea name="usercomment" id="usercomment" placeholder="できるだけ具体的な内容を入力してください。"></textarea>
</label>
</p>
<p>
<button type="submit">送信</button>
</p>
</form>
```

※次の操作のために、上書き保存しておきましょう。
③タスクバーの をクリックして、Google Chromeに切り替えます。
④ （このページを再読み込みします）をクリックします。
⑤編集結果が表示されます。

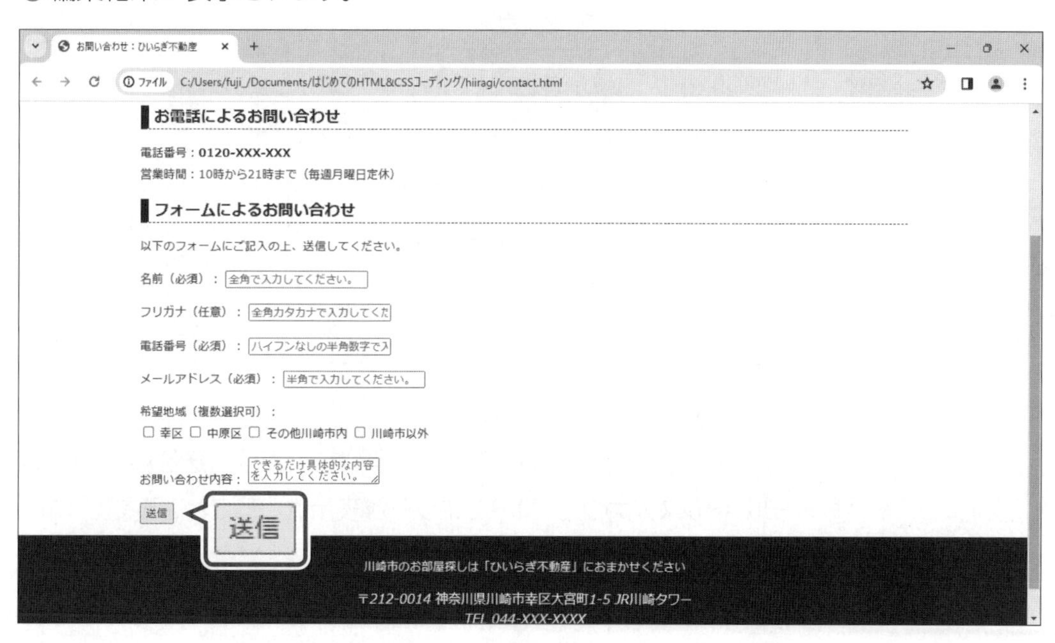

STEP UP input要素のボタン

送信ボタンは、「input要素」で記述することもできます。input要素で送信ボタンを作成するには、type属性に「submit」を記述します。ボタンに表示する文字列は、value属性に設定します。

```
<input type="submit" value="送信">
```

5 入力フィールドの内容チェック

フォームからデータを送信するときに、入力フィールドに正しいデータが入力されているかをブラウザー上でチェックすることができます。
例えば、入力が必須の項目を設定した場合、データが入力されていないとエラーが表示されます。また、メールアドレス入力フィールドでは、正しいメールアドレスの形式が入力されていないとエラーが表示されます。
必須入力項目のデータを未入力にしたり、誤ったメールアドレスの形式で入力したりして、エラーが表示されることを確認しましょう。

①HTMLファイル**「contact.html」**が、Google Chromeで表示されていることを確認します。
②フォームに何も入力せずに**《送信》**をクリックします。
③必須入力項目でエラーが表示されることを確認します。

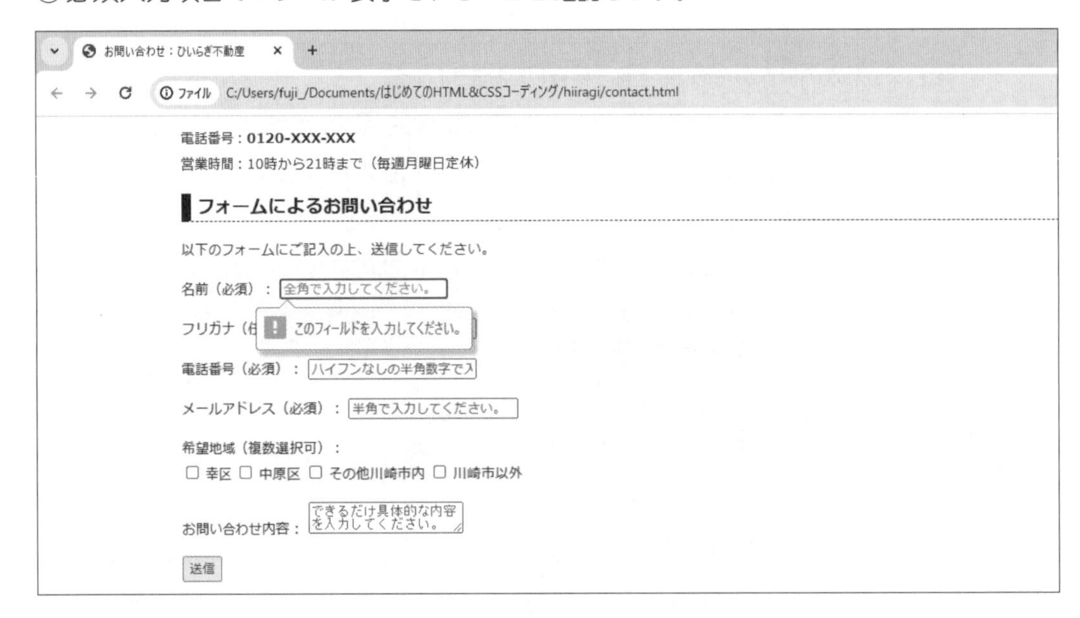

④名前や電話番号を入力します。
⑤メールアドレスに**「@」**のない任意の文字列を入力し、**《送信》**をクリックします。
⑥メールアドレス入力フィールドでエラーが表示されることを確認します。

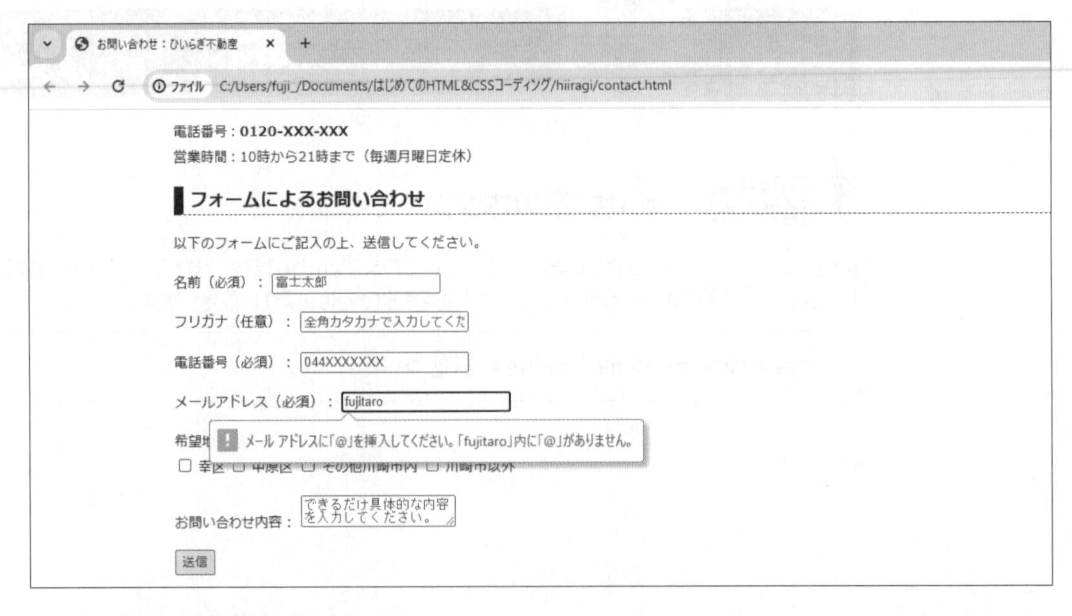

※入力した文字列を削除しておきましょう。

STEP4 フォームのスタイルを設定する

1 入力フィールドの表示位置の設定

input要素とtextarea要素は、インラインで表示されるため、ラベルと入力フィールドが横に並びます。表示形式をブロックとして設定すると、ラベルの下に入力フィールドを表示できます。
CSSファイル**「mystyle.css」**を編集して、チェックボックス以外のinput要素とtextarea要素の表示形式を**「ブロック」**に設定しましょう。

» CSSファイル「mystyle.css」をメモ帳で開いておきましょう。

1 スタイルの設定

CSSファイル**「mystyle.css」**を編集して、スタイルを設定しましょう。スタイルは、input要素のチェックボックス以外で使用するため、クラス**「form」**を作成します。

①次のように入力します。

```
aside{
    float:right;
}
.form{
    display:block;
}
textarea{
    display:block;
}

/* 959px以下の場合 */
```

※次の操作のために、上書き保存しておきましょう。

2 クラスの設定

HTMLファイル**「contact.html」**を編集して、チェックボックス以外のinput要素にクラス**「form」**を設定しましょう。

①メモ帳のタブをクリックして、**「contact.html」**に切り替えます。
②次のように入力します。

```
<form>
<p>
<label for="username">名前（必須）：
<input type="text" name="username" id="username" placeholder="全角で入力してください。" required class="form">
</label>
</p>
```

③フリガナ、電話番号、メールアドレスのinput要素にも、同様にクラス**「form」**を設定します。
※次の操作のために、上書き保存しておきましょう。

④タスクバーの をクリックして、Google Chromeに切り替えます。

⑤ （このページを再読み込みします）をクリックします。

⑥編集結果が表示されます。

2　入力フィールドのサイズの設定

CSSファイル**「mystyle.css」**を編集して、クラス**「form」**とtextarea要素の幅や高さを、次のように設定するスタイルを作成しましょう。

●クラス「form」

スタイル	値
幅	400px

●textarea要素

スタイル	値
幅	600px
高さ	120px

①タスクバーの をクリックして、**「mystyle.css」**に切り替えます。

②次のように入力します。

```
.form{
    display:block;
    width:400px;
}
textarea{
    display:block;
    width:600px;
    height:120px;
}

/* 959px以下の場合 */
```

※次の操作のために、上書き保存しておきましょう。

③タスクバーの をクリックして、Google Chromeに切り替えます。

④ (このページを再読み込みします) をクリックします。

⑤編集結果が表示されます。

3 送信ボタンのスタイルの設定

CSSファイル「**mystyle.css**」を編集して、送信ボタンに次のようなスタイルを設定しましょう。

スタイル	値
幅	180px
高さ	50px
パディング(上下左右)	10px

①タスクバーの をクリックして、「**mystyle.css**」に切り替えます。

②次のように入力します。

```
.form{
    display:block;
    width:400px;
}
textarea{
    display:block;
    width:600px;
    height:120px;
}
button{
    width:180px;
    height:50px;
    padding:10px;
}

/* 959px以下の場合 */
```

※次の操作のために、上書き保存しておきましょう。

③タスクバーの をクリックして、Google Chromeに切り替えます。

④ (このページを再読み込みします) をクリックします。

⑤編集結果が表示されます。

Let's Try ためしてみよう

CSSファイル「mystyle.css」を編集して、ウィンドウ幅が600px以下の場合に、クラス「form」とtextarea要素の幅が「320px」で表示されるように設定しましょう。

フォームによるお問い合わせ

以下のフォームにご記入の上、送信してください。

名前（必須）：
全角で入力してください。

フリガナ（任意）：
全角カタカナで入力してください。

電話番号（必須）：
ハイフンなしの半角数字で入力してください。

メールアドレス（必須）：
半角で入力してください。

希望地域（複数選択可）：
幸区 中原区 その他川崎市内 川崎市以外

お問い合わせ内容：
できるだけ具体的な内容を入力してください。

送信

次のように、CSSファイル「mystyle.css」を編集します。

●mystyle.css

```
/* 600px以下の場合 */
@media(max-width:600px){
  …
  }
  .form,textarea{
    width:320px;
  }
}
```

※.form、textareaの2つのセレクタに同じ宣言を記述しています。

※CSSファイル「mystyle.css」を上書き保存して、ブラウザーで結果を確認しておきましょう。

Step 5 フォームの送受信を設定する

1 フォームデコードサービスとは

「フォームデコードサービス」とは、Webページ上のフォームに入力されたデータを指定したメールアドレスに送信するサービスです。WWWサーバーでCGIが利用できないときでも、フォームデコードサービスを利用すると、Webページを閲覧しているユーザーから、意見や情報を集めることができます。

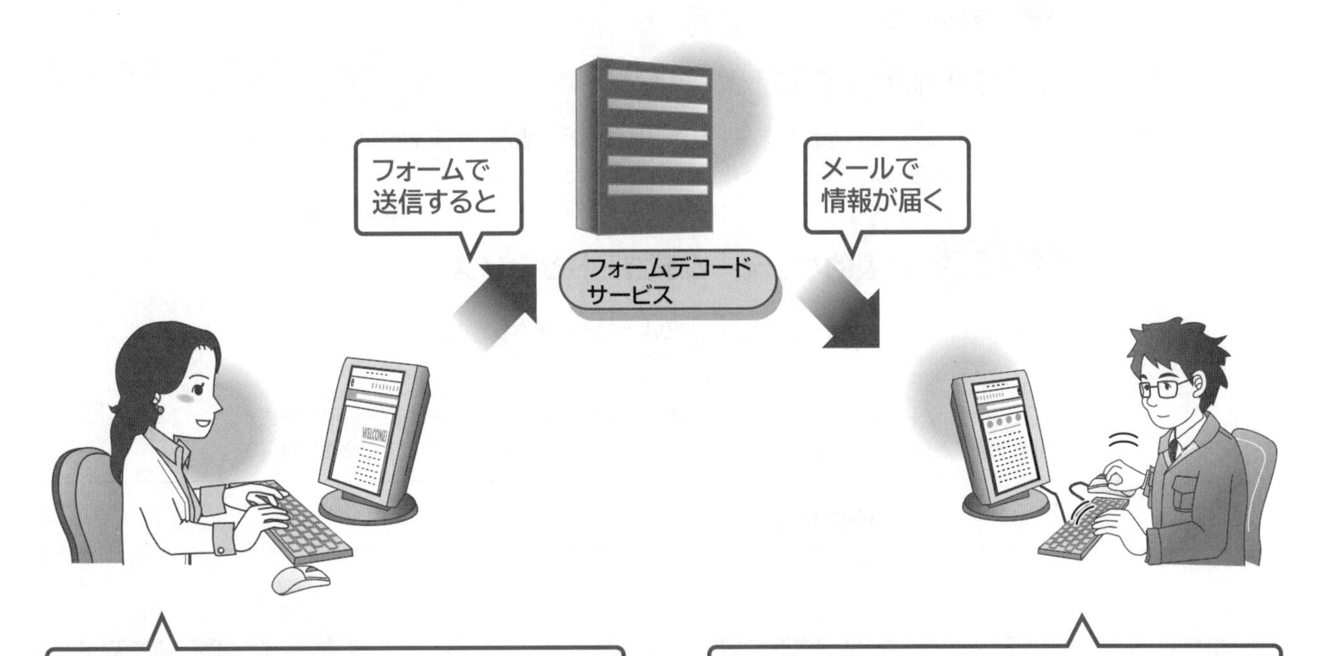

●フォーム入力画面

フォームによるお問い合わせ

以下のフォームにご記入の上、送信してください。

名前（必須）：
富士花子

フリガナ（任意）：
フジハナコ

電話番号（必須）：
044XXXXXXX

メールアドレス（必須）：
hanako@fujitsu.xx.xx

希望地域（複数選択可）：
□ 幸区 ☑ 中原区 □ その他川崎市内 □ 川崎市以外

お問い合わせ内容：
ドゥラメンテ元住吉を内覧したいのですが、どのようにしたらよいでしょうか？

送信

●メール受信画面

フォームからの送信メールをお届けします。

[username]
富士花子

[userfurigana]
フジハナコ

[usertel]
044XXXXXXX

[usermail]
hanako@fujitsu.xx.xx

[userchiiki]
中原区

[usercomment]
ドゥラメンテ元住吉を内覧したいのですが、どのようにしたらよいでしょうか？

2 フォームデコードサービスの利用

フォームデコードサービスを利用する一般的な流れは、次のとおりです。

1 サービスを申し込む

フォームデコードサービスに申し込みます。申し込みが完了すると、利用に必要な情報が発行されます。

2 form要素に必要な設定を行う

form要素に、申し込んだフォームデコードサービスから提示された次のような内容を設定します。
- ●フォームデータの送信先
- ●フォームデータの送信方法
- ●利用者ID

3 その他の設定を行う

フォームに入力されたデータを送信したあとに表示されるWebページを設定したり、データを受け取る際のメールのタイトルなどを設定したりします。

STEP UP 代表的なフォームデコードサービス

代表的なフォームデコードサービスには、次のようなものがあります。

●CGI RESCUE
申し込みを行い、利用者IDを登録すれば、無料でフォームデコードサービスを利用できます。
利用時の条件として、フォームのページにCGI RESCUEへのリンクを設定する必要があります。

https://www.rescue.ne.jp/

3 フォームの送受信の設定

フォームに入力したデータの送信先を設定する場合は、form要素の**「action属性」**を記述します。フォームに入力したデータの送信方法を設定する場合は、form要素の**「method属性」**を記述します。
フォームデコードサービスで利用者IDや文字コードなどの指定が必要な場合は、input要素を使って隠しフィールドを作成し、その中に記述します。

■form要素

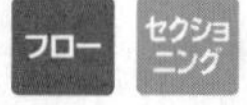

フォームを表します。

```
<form action="ファイルのパス" method="送信方法">
```

●action属性
フォームに入力したデータの送信先のURLを設定します。URLは、WWWサーバーまたはフォームデコードサービスの指示に従います。

●method属性
フォームに入力したデータの送信方法を設定します。送信方法は、WWWサーバーまたはフォームデコードサービスの指示に従います。

HTMLファイル**「contact.html」**を編集して、フォームデコードサービスから提供された情報をもとにフォームデータの送信先、送信方法、利用者ID、送信後に表示するWebページ、文字コードなどを記述しましょう。

※本書では、フォームデコードサービスの「CGI RESCUE」を利用してフォームの送受信の設定を行っています。設定内容は、ご利用のWWWサーバーまたはフォームデコードサービスによって異なります。

①タスクバーの［メモ帳］をクリックして、**「contact.html」**に切り替えます。

②提供された情報をもとに入力します。

```
<h2>フォームによるお問い合わせ</h2>
<p>以下のフォームにご記入の上、送信してください。</p>
<form action="https://www.rescue.ne.jp/form/mail.cgi" method="POST">
<input type="hidden" name="_uid" value="○○○○○○○○○○">
<input type="hidden" name="_done" value="https://www.○○○○○○○○○○/">
<input type="hidden" name="_encode" value="utf8">
<p>
<label for="username">名前（必須）：
<input type="text" name="username" id="username" placeholder="全角で入力してください。" required class="form">
</label>
</p>
```

1つ目と2つ目のinput要素のvalue属性には、フォームデコードサービスから提示された内容を入力します。

※次の操作のために、上書き保存しておきましょう。

※メモ帳の［×］（タブを閉じる）をクリックして、すべてのファイルを閉じて終了しておきましょう。

※ブラウザーを終了しておきましょう。

4 送受信の確認

フォームデータの送受信を確認するには、WWWサーバーにWebサイトのデータを転送しておく必要があります。

※フォルダー「hiiragi」をWWWサーバーに転送しておきましょう。

※ファイルを転送する前に、ファイルのチェックを行っておきましょう。ファイルのチェックについては、P.62を参照してください。

①ブラウザーを起動します。

②自分のWebサイトを表示します。

③ナビゲーションメニューの**「お問い合わせ」**をクリックします。

④フォームにデータを入力します。

⑤**《送信》**をクリックします。

※送信内容の確認画面が表示される場合は、確認して《送信》をクリックします。

⑥設定したWebページが表示されます。

※ここでは、トップページが表示されるように設定しています。

※設定したメールアドレス宛に入力したデータが送信されていることを確認しましょう。

※ブラウザーを終了しておきましょう。

第11章 フォームを利用したWebページの作成

総合問題

Exercise

総合問題1 トップページを作成する

PDF 標準解答▶P.1

次のようなWebページを作成しましょう。
※標準解答は、FOM出版のホームページで提供しています。P.3「5 学習ファイルと標準解答のご提供について」を参照してください。

●index.html

①HTMLファイル**「index.html」**を新規に作成し、フォルダー**「総合問題」**に保存しましょう。文字コードとして**「UTF-8」**を設定します。

②HTMLファイル**「index.html」**に**「HTML Living Standardの仕様に準拠している」**という文書型宣言を記述しましょう。

③HTMLファイル**「index.html」**にhtml要素、head要素、body要素を記述しましょう。

④HTMLファイルの言語を**「日本語」**に設定し、文字コードとして**「UTF-8」**を設定しましょう。

⑤Webページのタイトルを**「トップページ：城川商店街」**に設定しましょう。

⑥次のような文書構造のWebページになるように、header要素、nav要素、article要素、section要素、aside要素、footer要素を記述しましょう。

●Webページの文書構造

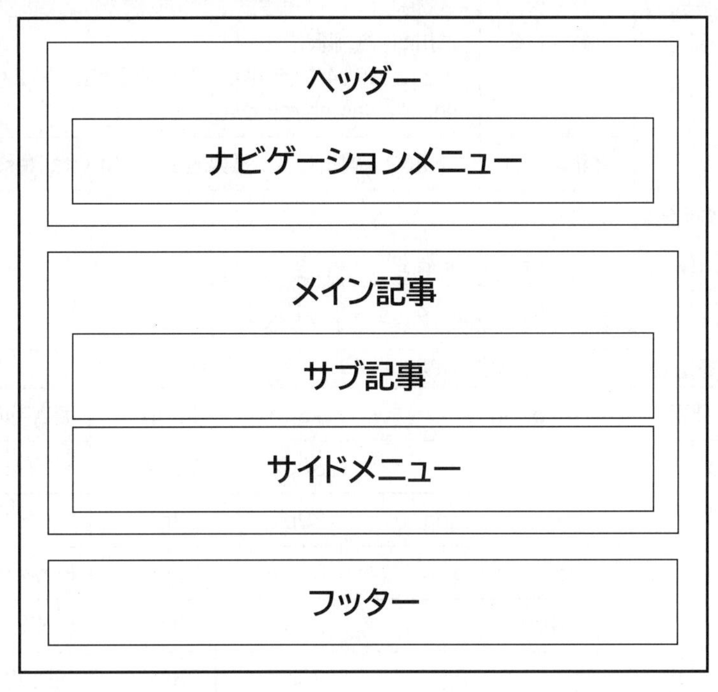

⑦次のような見出しと段落を記述しましょう。空白は半角で入力します。

記述位置	種類	内容
header要素	見出し1	SHIROKAWA Shopping Street
article要素	見出し1	ようこそ城川商店街へ
	段落	城川商店街で、あなたの探し物がきっと見つかる。

⑧次のような見出しとリストを記述しましょう。

記述位置	種類	内容
nav要素	番号なしリスト	・トップ ・今月のピックアップ品 ・イベント ・お問い合わせ
section要素	見出し2	新着情報
	番号なしリスト	・03/20 イベント第2弾 春の大抽選会が始まりました。 ・03/10 手作り体験「オリジナルサンドイッチを作ってみよう」参加者募集中。 ・03/01 フラワーショップ「Flower Castle」がオープンしました。
aside要素	見出し1	今月のピックアップ品
	番号なしリスト	・城川が誇る老舗の手打ちそばそば処みやた ・大人気の焼きたてバゲットブーランジェリー城川 ・毎日の生活に花をFlower Castle ・クラフトビール5種以上を常備S-BREWING ・プロが選ぶこだわりの眼鏡坂口眼鏡店

⑨HTMLファイル「**index.html**」の見出し2「**新着情報**」内のリスト項目の日付に、2024年の月日が正確に認識できる書式を記述しましょう。

⑩次のような連絡先情報と注釈を記述しましょう。

記述位置	種類	内容
footer要素	連絡先情報	城川商店街振興組合↵ 〒212-0014 神奈川県川崎市幸区大宮町X-X↵ shirokawa@shirokawa.xx.xx
	注釈	© 2024 城川商店街振興組合 All Rights Reserved.

※↵は改行を表します。

⑪完成図を参考に、次のような画像を配置しましょう。

※画像ファイルは、フォルダー「image」に保存されています。

記述位置	画像ファイル	幅	高さ	代替テキスト
article要素	shop.jpg	960px	638px	商店街のイメージ
aside要素	soba-s.jpg	80px	53px	そば処みやたの写真
	baguette-s.jpg	80px	53px	ブーランジェリー城川の写真
	flower-s.jpg	80px	53px	Flower Castleの写真
	beer-s.jpg	80px	53px	S-BREWINGの写真
	glasses-s.jpg	80px	53px	坂口眼鏡店の写真

※HTMLファイル「index.html」を上書き保存して、ブラウザーで結果を確認しておきましょう。
※メモ帳の × (タブを閉じる)をクリックして、ファイルを閉じて終了しておきましょう。
※ブラウザーを終了しておきましょう。

総合問題2 トップページにスタイルを設定する

PDF 標準解答 ▶ P.2

次のようなWebページを作成しましょう。

● index.html

SHIROKAWA Shopping Street
トップ 今月のピックアップ品 イベント お問い合わせ
ようこそ城川商店街へ
城川商店街で、あなたの探し物がきっと見つかる。
OPEN
新着情報
03/20 イベント第2弾 春の大抽選会が始まりました。
03/10 手作り体験「オリジナルサンドイッチを作ってみよう」参加者募集中。
03/01 フラワーショップ「Flower Castle」がオープンしました。
今月のピックアップ品
城川が誇る老舗の手打ちそば
そば処みやた
大人気の焼きたてバゲット
ブーランジェリー城川
毎日の生活に花を
Flower Castle
クラフトビール5種以上を常備
S-BREWING
プロが選ぶこだわりの眼鏡
坂口眼鏡店
城川商店街振興組合
〒212-0014 神奈川県川崎市幸区大宮町X-X
shirokawa@shirokawa.xx.xx
© 2024 城川商店街振興組合 All Rights Reserved.

» HTMLファイル「index.html」をメモ帳で開いておきましょう。

①CSSファイル「**mystyle.css**」を作成し、フォルダー「**css**」に保存しましょう。文字コードとして「**UTF-8**」を設定します。

②CSSファイル「**mystyle.css**」に文字コードの宣言を記述しましょう。「**UTF-8**」を設定します。

③HTMLファイル「**index.html**」に、CSSファイル「**mystyle.css**」を関連付けましょう。

④Webページ全体に、次のようなスタイルを設定しましょう。

スタイル	値
フォント	「メイリオ」「Hiragino Sans」「sans-serif」
文字色	白色（#ffffff）
背景色	黒色（#000000）
行間	1.5
マージン（上下左右）	0
パディング（上下左右）	0

⑤ヘッダーの見出し1**「SHIROKAWA Shopping Street」**に、次のようなスタイルを設定しましょう。

スタイル	値
フォント	「Cambria」「Palatino」「serif」
フォントサイズ	200%
文字色	薄い水色（#ccffff）
マージン（上下左右）	0

⑥番号なしリストに、次のようなスタイルを設定しましょう。

スタイル	値
行頭文字	なし
マージン（上）	0
パディング（上下左右）	0

⑦ナビゲーションメニューの背景色を青緑色（#006666）に設定しましょう。

⑧ナビゲーションメニューの番号なしリストのパディングを上下**「10px」**、左右**「0px」**に設定しましょう。

⑨ナビゲーションメニューのリスト項目の表示形式をインライン（inline）に変更しましょう。

⑩メイン記事の見出し**「ようこそ城川商店街へ」**と段落**「城川商店街で…」**をグループ化しましょう。そのグループにクラス**「catch」**を設定し、article要素を親要素として、親要素を基準にクラス**「catch」**に次のようなスタイルを設定しましょう。

スタイル	値
上	40px
左	50px

⑪クラス**「catch」**に、次のようなスタイルを設定しましょう。

スタイル	値
文字列の影	横方向のずれ幅：0px　縦方向のずれ幅：5px ぼかし幅：10px　影の色：黒色（#000000）
背景色	透明度0.5の黒色
パディング（上下左右）	15px

HINT 背景色に透明度を設定するには、background-colorプロパティに「rgba()」を使って指定します。

総合問題

⑫サブ記事の見出し2**「新着情報」**を特定の文字列としてグループ化しましょう。そのグループにクラス**「new」**を設定し、次のようなスタイルを設定しましょう。

スタイル	値
フォントサイズ	80%
文字色	濃い灰色(#333333)
グラデーション	上から下の方向に、薄い水色(#ccffff)から緑系の色(#66cc99)のグラデーション
ボックスの4つの角を丸くする	半径10px
パディング(左)(右)	15px

⑬サイドメニューの見出し1**「今月のピックアップ品」**に、次のようなスタイルを設定しましょう。

スタイル	値
フォントサイズ	120%
ボーダー(下)	2px　点線(dotted)　灰色(#666666)
マージン(上下左右)	0

⑭サイドメニューのリスト項目に、次のようなスタイルを設定しましょう。

スタイル	値
ボーダー(下)	1px　点線(dotted)　灰色(#666666)
高さ	53px

⑮サイドメニューの店名**「そば処みやた」「ブーランジェリー城川」「Flower Castle」「S-BREWING」「坂口眼鏡店」**をそれぞれ特定の文字列としてグループ化しましょう。そのグループにクラス**「shop」**を設定し、次のようなスタイルを設定しましょう。

スタイル	値
表示形式	ブロック(block)
フォントサイズ	90%
文字色	薄い水色(#ccffff)
文字列の太さ	太字(bold)

⑯サイドメニューの画像の右側に文章が回り込むように、次のようなスタイルを設定しましょう。

●サイドメニューの画像

スタイル	値
配置	左
マージン(右)	10px

●サイドメニューのリスト項目

スタイル	値
回り込み	解除

⑰フッターに、次のようなスタイルを設定しましょう。

スタイル	値
文字の配置	中央揃え
ボーダー(上)	1px　実線(solid)　青緑色(#006666)

※HTMLファイル「index.html」とCSSファイル「mystyle.css」を上書き保存して、ブラウザーで結果を確認しておきましょう。
※メモ帳の × (タブを閉じる)をクリックして、すべてのファイルを閉じて終了しておきましょう。
※ブラウザーを終了しておきましょう。

総合問題3 レスポンシブWebデザインに対応させる

標準解答 ▶ P.4

次のようなWebページを作成しましょう。

●index.html
（ウィンドウ幅が1024px以上の場合）

●index.html
（ウィンドウ幅が600px以下の場合）

» HTMLファイル「index.html」とCSSファイル「mystyle.css」をメモ帳で開いておきましょう。

①ウィンドウ幅に合わせて画像の幅が調整されるように設定しましょう。
画像の高さは幅に合わせて自動調整されるようにします。

②ウィンドウ幅が小さいデバイスでも左右に余白を持たせるように、section要素にクラス**「page」**を設定し、次のようなスタイルを設定しましょう。

スタイル	値
パディング（左）（右）	10px

③ウィンドウ幅が1024px以上の場合の幅と余白を設定します。ヘッダーの見出し1**「SHIROKAWA Shopping Street」**とナビゲーションメニューの番号なしリスト、article要素にクラス**「placement」**を設定し、次のようなスタイルを設定しましょう。

スタイル	値
幅	960px
マージン（左）（右）	自動（auto）

HINT ウィンドウ幅が○○px以上の場合という条件を設定するには、メディアクエリに「@media (min-width：ウィンドウ幅)」を記述します。

④ウィンドウ幅が1024px以上の場合に、aside要素が画面の右側に配置されるように、次のようなスタイルを設定しましょう。

●クラス「kiji」

スタイル	値
位置	左に配置（left）
幅	64%

●aside要素

スタイル	値
位置	右に配置（right）

●footer要素

スタイル	値
回り込み	すべての回り込みを解除（both）

次に、画像**「shop.jpg」**からsection要素の最後までをグループ化し、クラス名**「kiji」**を設定しましょう。

⑤ウィンドウ幅が600px以下の場合に、ヘッダーの見出し1**「SHIROKAWA Shopping Street」**のフォントサイズを**「150%」**に設定しましょう。

⑥ウィンドウ幅が600px以下の場合に、ナビゲーションメニューの番号なしリストのフォントサイズを**「70%」**に設定しましょう。

⑦ウィンドウ幅が600px以下の場合に、メイン記事の見出し**「ようこそ城川商店街へ」**と段落**「城川商店街で…」**の表示位置が調整されるように、クラス**「catch」**に次のようなスタイルを設定しましょう。

スタイル	値
上	20px
左	10px
パディング（上下左右）	5px

⑧ウィンドウ幅が600px以下の場合に、記事全体の表示位置が調整されるように、article要素に次のようなスタイルを設定しましょう。

スタイル	値
マージン（左）（右）	8px

※HTMLファイル「index.html」とCSSファイル「mystyle.css」を上書き保存して、ブラウザーで結果を確認しておきましょう。
※メモ帳の × （タブを閉じる）をクリックして、すべてのファイルを閉じて終了しておきましょう。
※ブラウザーを終了しておきましょう。

総合問題4 Webページを検証する

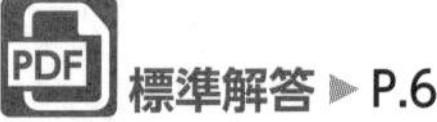

標準解答 ▶ P.6

次のようなWebページを作成しましょう。

● index.html

» HTMLファイル「index.html」とCSSファイル「mystyle.css」をメモ帳で開いておきましょう。

①次のような要約を設定しましょう。

項目	値
要約	どこか懐かしい商店街。各種イベントや店舗情報など盛りだくさんのWebサイトです。

②ブラウザー「**Microsoft Edge**」「**Firefox**」「**Safari（macOS）**」などを使って、Webページの表示を確認しましょう。

③スマートフォンやタブレットなどの各種デバイスの画面サイズに合わせてWebページが表示されるように、head要素内にビューポートを設定しましょう。content属性に「**width=device-width**」を設定します。

④Webページを印刷して結果を確認しましょう。次に、印刷用のスタイルとして、クラス「**catch**」に太字、文字色を黒色（#000000）、影なしを設定しましょう。

HINT 印刷用のスタイルを作成するには、メディアクエリの「@media print」を使います。

※HTMLファイル「index.html」とCSSファイル「mystyle.css」を上書き保存して、ブラウザーで結果を確認しておきましょう。
※メモ帳の × （タブを閉じる）をクリックして、すべてのファイルを閉じて終了しておきましょう。
※ブラウザーを終了しておきましょう。

総合問題5 サブページを作成する

PDF 標準解答 ▶ P.7

次のようなWebページを作成しましょう。

●shop01.html

※リンクの色は、総合問題7で設定します。

●shop01.html
（ウィンドウ幅が600px以下の場合）

» HTMLファイル「shop01.html」とCSSファイル「mystyle.css」をメモ帳で開いておきましょう。

①次のような番号付きリストを記述し、パンくずリストを作成しましょう。

記述位置	種類	内容
article要素	番号付きリスト	1.トップ□□> 2.今月のピックアップ品

※□は半角空白を表します。

②パンくずリストのリスト項目に、次のようなスタイルを設定しましょう。

スタイル	値
表示形式	インライン（inline）
フォントサイズ	80%
マージン（右）	5px

③パンくずリストのパディング（左）を「0」に設定しましょう。

④見出し2**「手打ちそば」**の下の画像に、クラス**「img-sub」**を設定し、次のようなスタイルを設定しましょう。

スタイル	値
影	横方向のずれ幅:5px 縦方向のずれ幅:5px ぼかし幅:0px 広がり幅:0px 影の色:灰色(#999999)

⑤完成図を参考に、見出し2**「お店情報」**の下に表を作成し、次のようなスタイルを設定しましょう。

項目名	データ
住所	神奈川県川崎市幸区大宮町X-X
電話	044-XXX-XXXX
営業時間	10時から19時まで
定休日	火曜日
取扱い商品	せいろ、ざるそば、天ぷら、丼物など

●table要素

スタイル	値
フォントサイズ	90%
文字色	濃い灰色(#333333)
マージン(下)	20px
ボーダー(上下左右)	1px　実線(solid)　濃い灰色(#333333)
ボーダーの表示形式	表やセルの隣り合う枠線を1本にまとめて表示

●th要素

スタイル	値
背景色	薄い青紫色(#ccccff)
幅	テーブルの幅の20%
パディング(上下左右)	10px
ボーダー(上下左右)	1px　実線(solid)　濃い灰色(#333333)

●td要素

スタイル	値
背景色	白色(#ffffff)
パディング(上下左右)	10px
ボーダー(上下左右)	1px　実線(solid)　濃い灰色(#333333)

⑥表のタイトルを**「そば処みやたの詳細情報」**とし、次のようなスタイルを設定しましょう。

スタイル	値
文字色	薄い青緑色（#66cccc）
文字列の太さ	太字（bold）

⑦見出し1にクラス**「h1-sub」**を設定し、次のようなスタイルを設定しましょう。

スタイル	値
フォントサイズ	180%
マージン（上下左右）	0
パディング（左）	10px
ボーダー（左）	20px　実線（solid）　灰色（#666666）

⑧ウィンドウ幅が600px以下の場合に、表が縦方向に表示されるように、表のth要素とtd要素にスタイルを設定しましょう。幅は自動的に調整されるようにします。

※HTMLファイル「shop01.html」とCSSファイル「mystyle.css」を上書き保存して、ブラウザーで結果を確認しておきましょう。
※メモ帳の[×]（タブを閉じる）をクリックして、すべてのファイルを閉じて終了しておきましょう。
※ブラウザーを終了しておきましょう。

総合問題6 その他のWebページを作成する

標準解答 ▶ P.9

次のようなWebページを作成しましょう。

●event.html

●contact.html

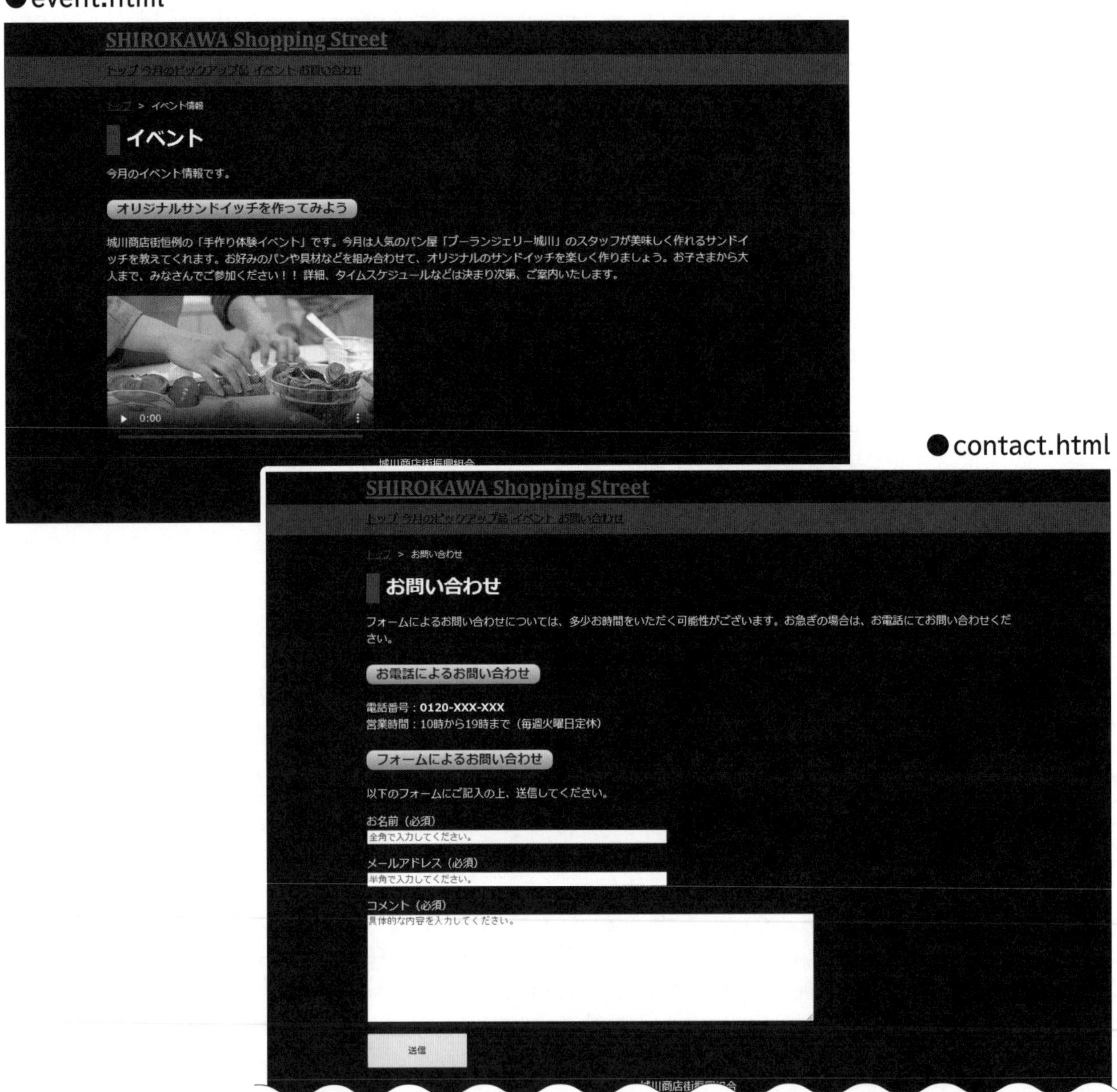

※リンクの色は、総合問題7で設定します。

» HTMLファイル「event.html」と「contact.html」、CSSファイル「mystyle.css」をメモ帳で開いておきましょう。

①「event.html」の見出し2「オリジナルサンドイッチを作ってみよう」の段落の下に動画「sandwich.mp4」を、次のような設定で挿入しましょう。動画が再生できない場合は、「ご利用のブラウザーでは動画を再生することができません。」と表示します。

※動画ファイルは、フォルダー「video」に保存されています。

属性	値
代替画像	sandwich.jpg
自動読み込み	しない
コントロール	表示
幅	400px
高さ	226px

※代替画像ファイルは、フォルダー「image」に保存されています。

②ウィンドウ幅に合わせて動画の幅が調整されるように設定しましょう。動画の高さは幅に合わせて自動調整されるようにします。

③**「contact.html」**の段落**「以下のフォームにご記入の上、・・・」**の下に、form要素を記述し、次のような入力フィールドを作成しましょう。それぞれの入力フィールドは、1つの段落として記述します。

ラベル	入力フィールド	名前	識別子	表示する文字列	必須・任意
お名前（必須）	テキスト入力フィールド	name	name	全角で入力してください。	必須
メールアドレス（必須）	メールアドレス入力フィールド	email	email	半角で入力してください。	必須
コメント（必須）	複数行テキスト入力フィールド	comment	comment	具体的な内容を入力してください。	必須

④ラベル名が**「コメント（必須）」**の複数行テキスト入力フィールドの下に、送信ボタンを作成しましょう。ボタンに表示する文字列は**「送信」**とし、ボタンは1つの段落として記述します。

⑤すべての入力フィールドがラベルの下に表示されるように設定しましょう。

⑥入力フィールドやボタンに、次のようなスタイルを設定しましょう。

●input要素

スタイル	値
幅	440px

●textarea要素

スタイル	値
幅	660px
高さ	150px

●button要素

スタイル	値
幅	150px
高さ	50px
パディング（上下左右）	10px

⑦ウィンドウ幅が600px以下の場合、すべての入力フィールドの幅を**「330px」**に設定しましょう。

※HTMLファイル「event.html」と「contact.html」、CSSファイル「mystyle.css」を上書き保存して、ブラウザーで結果を確認しておきましょう。
※メモ帳の ✕ （タブを閉じる）をクリックして、すべてのファイルを閉じて終了しておきましょう。
※ブラウザーを終了しておきましょう。

総合問題7 リンクを設定する

PDF 標準解答 ▶ P.11

Webサイトに次のようなリンクを設定しましょう。

●リンク図

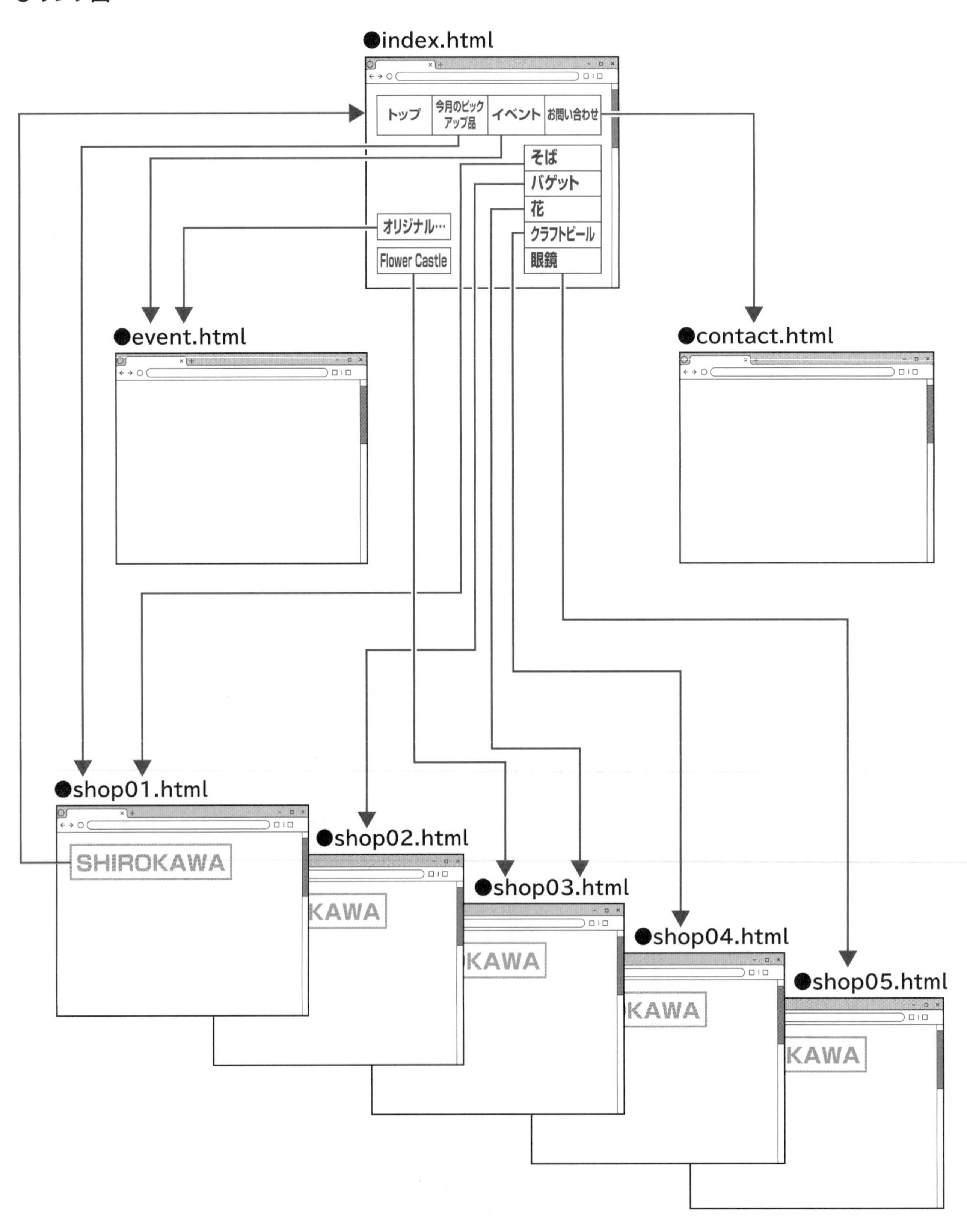

OPEN

» HTMLファイル「index.html」と「shop01.html」、CSSファイル「mystyle.css」をメモ帳で開いておきましょう。

①リンク図を参考にして、**「index.html」**のナビゲーションメニューに、次のようなリンクを設定しましょう。

リンク元	リンク先
トップ	index.html
今月のピックアップ品	shop01.html
イベント	event.html
お問い合わせ	contact.html

②リンク図を参考にして、**「index.html」**のサブ記事の文字列に、次のようなリンクを設定しましょう。

リンク元	リンク先
オリジナルサンドイッチを作ってみよう	event.html
Flower Castle	shop03.html

③リンク図を参考にして、**「index.html」**のサイドメニューに、次のようなリンクを設定しましょう。

リンク元	リンク先
そば処みやたの画像と1つ目のリスト項目	shop01.html
ブーランジェリー城川の画像と2つ目のリスト項目	shop02.html
Flower Castleの画像と3つ目のリスト項目	shop03.html
S-BREWINGの画像と4つ目のリスト項目	shop04.html
坂口眼鏡店の画像と5つ目のリスト項目	shop05.html

④リンク図を参考にして、**「shop01.html」**のヘッダーの見出し1に、次のようなリンクを設定しましょう。

リンク元	リンク先
SHIROKAWA Shopping Street	index.html

⑤ナビゲーションメニューのリンクに、次のようなスタイルを設定しましょう。

スタイル	値
文字色	白色(#ffffff)
文字列の装飾	なし(none)
文字列の太さ	太字(bold)
パディング(上下左右)	10px

⑥ナビゲーションメニューのリンクをポイントしたとき、次のような書式で表示されるように、スタイルを設定しましょう。

スタイル	値
文字色	黒色（#000000）
背景色	薄い青緑色（#99ffcc）

⑦サイドメニューのリンクに、次のようなスタイルを設定しましょう。

スタイル	値
表示形式	ブロック（block）
文字色	白色（#ffffff）
文字列の装飾	なし（none）

⑧ヘッダーの見出し1のリンクとサブ記事のリンクに、次のようなスタイルを設定しましょう。

スタイル	値
文字色	薄い水色（#ccffff）
文字列の装飾	なし（none）

⑨**「shop01.html」**のパンくずリストにある文字列**「トップ」**に**「index.html」**へのリンクを設定しましょう。

⑩パンくずリストのリンクの文字色をオレンジ色（#ffcc66）に設定しましょう。

※HTMLファイル「index.html」と「shop01.html」、CSSファイル「mystyle.css」を上書き保存して、ブラウザーで結果を確認しておきましょう。
※メモ帳の[×]（タブを閉じる）をクリックして、すべてのファイルを閉じて終了しておきましょう。
※ブラウザーを終了しておきましょう。

索引

Index

索引

記号

A

B

C

D

E

F

G

H

I

J

L

M

N

O

P

あ

い

う

え

お

か

き

く

け

こ

さ

し

す

せ

そ

た

ち

て

と

な

に

は

ひ

ふ

へ

ほ

ま

み

め

も

ゆ

よ

ら

り

る

れ

わ

おわりに

最後まで学習を進めていただき、ありがとうございました。HTMLやCSSの学習はいかがでしたか？

本書では、実践的なWebサイトの作成を通して、トップページとサブページ、リンク、表、サイドメニュー、動画やマップの挿入、フォームなど基本的なHTMLとCSSの記述方法を学習しました。

はじめてのコーディングは難しいと感じた部分もあったかもしれません。HTMLやCSSのコードは、何度も繰り返し書いたり、コードの一部を変えて表示がどのように変わるかを試してみたりしながら、めざすサイト構造やデザインの実現に向けて理解を深めていきましょう。

また、設計から運用までのWebサイト構築の流れ、誰もが利用できるようにするためのWebアクセシビリティの考え方、スマートフォンやタブレットなど様々なデバイスで見やすくするためのレスポンシブWebデザインなど、利用する側を配慮してWebサイトを作成することの重要性をご紹介しました。

Webサイトは、私たちの生活になくてはならない大切な存在です。必要な情報を、誰もが正確に得られるわかりやすいWebサイトの実現に向けてチャレンジしていただければ幸いです。

FOM出版

よくわかる
はじめての HTML&CSSコーディング
HTML Living Standard準拠
(FPT2318)

2024年３月31日　初版発行

著作／制作：株式会社富士通ラーニングメディア

発行者：青山　昌裕

発行所：FOM（エフオーエム）出版（株式会社富士通ラーニングメディア）
〒212-0014 神奈川県川崎市幸区大宮町１番地５ JR川崎タワー
https://www.fom.fujitsu.com/goods/

印刷／製本：株式会社サンヨー

●本書に関するご質問は、ホームページまたはメールにてお寄せください。
<ホームページ>
上記ホームページ内の「FOM出版」から「QAサポート」にアクセスし、「QAフォームのご案内」からQAフォームを選択して、必要事項をご記入の上、送信してください。
<メール>
FOM-shuppan-QA@cs.jp.fujitsu.com
なお、次の点に関しては、あらかじめご了承ください。
・ご質問の内容によっては、回答に日数を要する場合があります。
・本書の範囲を超えるご質問にはお答えできません。　・電話やFAXによるご質問には一切応じておりません。

●本製品に起因してご使用者に直接または間接的損害が生じても、株式会社富士通ラーニングメディアはいかなる責任も負わないものとし、一切の賠償などは行わないものとします。

●本書に記載された内容などは、予告なく変更される場合があります。

●落丁・乱丁はお取り替えいたします。

ISBN978-4-86775-099-5